高职高专土建专业"互联网+"创新规划教材

市政工程概论

第二版

主　编 ◎ 郭　福　　乔卫华
副主编 ◎ 张海芳　杨瑞华　虎东霞
　　　　曹永先　常　蕾
参　编 ◎ 吕冬梅　秦纪伟　雷彩虹
　　　　张雪丽　张恩成

内 容 简 介

本书由道路工程认知、桥梁工程认知及排水工程认知三个学习情境组成，内容包括道路工程基础知识学习、城市道路构造认知、道路工程施工、桥梁工程基础知识学习、城市桥梁构造认知、桥梁工程施工、排水工程基础知识学习、城市排水管道构造认知、排水管道工程施工。

本书可作为高职高专院校工程造价、工程监理和市政工程等专业的教学用书，也可作为市政施工企业工程技术人员的参考用书。

图书在版编目（CIP）数据

市政工程概论/郭福，乔卫华主编. —2版. 北京：北京大学出版社，2024.7. —（高职高专土建专业"互联网+"创新规划教材）. — ISBN 978-7-301-35221-2

Ⅰ. TU99

中国国家版本馆 CIP 数据核字第 2024H8S641 号

书　　　名	市政工程概论（第二版）
	SHIZHENG GONGCHENG GAILUN（DI-ER BAN）
著作责任者	郭　福　乔卫华　主编
策 划 编 辑	杨星璐
责 任 编 辑	于成成
数 字 编 辑	蒙俞材
标 准 书 号	ISBN 978-7-301-35221-2
出 版 发 行	北京大学出版社
地　　　址	北京市海淀区成府路 205 号　100871
网　　　址	http://www.pup.cn　新浪微博：@北京大学出版社
电 子 邮 箱	编辑部 pup6@pup.cn　总编室 zpup@pup.cn
电　　　话	邮购部 010-62752015　发行部 010-62750672　编辑部 010-62750667
印 刷 者	三河市博文印刷有限公司
经 销 者	新华书店
	787 毫米×1092 毫米　16 开本　19.5 印张　467 千字
	2017 年 5 月第 1 版
	2024 年 7 月第 2 版　2024 年 7 月第 1 次印刷
定　　　价	56.00 元

未经许可，不得以任何方式复制或抄袭本书之部分或全部内容。
版权所有，侵权必究
举报电话：010-62752024　电子邮箱：fd@pup.cn
图书如有印装质量问题，请与出版部联系，电话：010-62756370

第二版前言
Preface

编者为满足工程造价和工程监理等专业需求编写了本书,通过对本书的学习,学生能够熟悉道路工程、桥梁工程和排水工程等有关构造知识;了解相关的施工工艺和施工方法;掌握并读懂道路工程、桥梁工程和排水工程施工图,为后续专业课程如"市政工程计量与计价"等的学习奠定基础。

本书建议安排72学时进行学习,各院校可以根据各专业的教学要求对内容进行选择性讲解和扩展。各任务的学时分配建议如下。

学习情境	任务	教学内容	重要知识点	教学要求	学时分配
道路工程认知	道路工程基础知识学习	①道路发展简史;②道路的分类与技术指标;③路线设计的基本要求及依据;④城市道路的组成及分类;⑤城市道路系统及其分类	道路的技术指标;城市道路的组成及分类	熟悉道路工程的基础知识;掌握城市道路的组成及分类;了解城市道路系统及其分类	4
	城市道路构造认知	①城市道路横断面形式、横坡与路拱;②城市道路平面构造;③城市道路纵断面构造;④城市道路的交叉;⑤路基路面构造;⑥道路工程图识读	城市道路的三维构造	掌握城市道路构造及三维图;能根据道路工程图进行分部分项工程量计算	10
	道路工程施工	①道路施工准备;②路基施工;③基层施工;④面层施工;⑤道路附属工程施工;⑥道路季节性施工;⑦道路施工机械设备	道路工程的施工工艺流程	掌握路基和路面施工技术	12
桥梁工程认知	桥梁工程基础知识学习	①桥梁发展简史;②桥梁的组成与分类;③桥梁的设计荷载及总体规划原则	桥梁的组成与分类	了解桥梁的发展简史;熟悉桥梁的设计荷载及总体规划原则;掌握桥梁的组成与分类	4

续表

学习情境	任务	教学内容	重要知识点	教学要求	学时分配
桥梁工程认知	城市桥梁构造认知	①简支桥构造；②连续梁桥构造；③拱桥构造；④斜拉桥构造；⑤悬索桥构造；⑥桥梁附属构造；⑦桥梁墩台构造；⑧桥梁支座构造；⑨桥梁工程图识读	简支桥与连续梁桥的上部构造；桥梁墩台构造	掌握各种桥型的构造；能根据桥梁工程图进行分部分项工程量计算	16
	桥梁工程施工	①桥施工准备；②桥梁下部结构施工技术；③桥梁上部结构施工技术；④桥面及附属结构施工技术；⑤桥梁施工机械设备	桥梁的施工工艺流程	掌握常见城市桥梁的施工技术	12
排水工程认知	排水工程基础知识学习	①排水工程的作用；②排水系统的体制和组成	排水系统的体制和组成	熟悉排水系统的体制和组成	2
	城市排水管道构造认知	①排水管道布置；②排水管材；③排水管道构造；④排水管道附属构筑物；⑤排水管道工程图识读	排水管道构造	熟悉排水管道布置原则；能根据排水管道工程图进行分部分项工程量计算	4
	排水管道工程施工	①排水管道工程施工准备；②排水管道施工	排水管道的施工工艺流程	掌握排水管道开槽和不开槽的施工技术	8

本书按照高职高专院校提倡的任务驱动模式进行编写，反映了国家现行的规范、规程和标准，并以国家施工和验收规范为主线，还涉及新技术、新设备、新工艺、新材料等方面的知识，同时配套了相关的练习题，为读者掌握本专业相关知识或参加相关职业资格考试提供了自我检测的手段。本书贯彻"互联网+"教材的建设理念，以二维码的形式链接了相关的学习素材，使读者学习不局限于教材，可以通过扫描书中的二维码来阅读更多学习资料。此外，本书在再版时融入了党的二十大报告内容，突出思政教育元素，优化了职业素养的培养，全面贯彻党的二十大精神。

本书由山东城市建设职业学院郭福、乔卫华担任主编，山东城市建设职业学院张海芳、上海城建职业学院杨瑞华、新疆交通职业技术学院虎东霞、山东城市建设职业学院曹永先和常蕾担任副主编，参编人员有内蒙古建筑职业技术学院吕冬梅、北京京北职业技术学院秦纪伟、杭州科技职业技术学院雷彩虹和张雪丽，济南黄河路桥集团有限公司张恩成。本书具体编写分工如下：郭福、张海芳、曹永先、张恩成编写学习情境 1，乔卫华、虎东霞、郭福、杨瑞华编写学习情境 2，乔卫华、常蕾、吕冬梅、秦纪伟编写学习情境 3，雷彩虹、张雪丽参与了二维码教学资源的编写和整理。全书由郭福统稿。

编者在编写本书的过程中，参考和引用了本书所列参考文献中的内容，在此向相关文献的作者深表谢意。由于编者水平有限，书中不足之处在所难免，恳请专家和广大读者批评指正。

编 者
2024 年 2 月

资源索引

目录 Catalog

学习情境 1　道路工程认知

任务 1　道路工程基础知识学习 … 002
1.1　道路的发展现状及趋势 …… 003
1.2　道路的分类与技术指标 …… 004
1.3　城市道路的功能和组成 …… 005
1.4　城市道路系统的结构形式和
　　 特点 …………………………… 006
1.5　道路设计的基本依据 ………… 008
职业能力与拓展训练 ………………… 010

任务 2　城市道路构造认知 ……… 011
2.1　城市道路横断面构造 ………… 011
2.2　城市道路平面构造 …………… 014
2.3　城市道路纵断面构造 ………… 018
2.4　城市道路交叉设计 …………… 019
2.5　路基路面构造 ………………… 021
2.6　道路工程图识读 ……………… 027
职业能力与拓展训练 ………………… 035

任务 3　道路工程施工 ……………… 036
3.1　道路施工准备 ………………… 037
3.2　路基施工 ……………………… 039
3.3　基层施工 ……………………… 049
3.4　面层施工 ……………………… 063
3.5　道路附属工程施工 …………… 090
3.6　道路季节性施工 ……………… 099
3.7　道路施工机械设备 …………… 102
职业能力与拓展训练 ………………… 112

学习情境 2　桥梁工程认知

任务 4　桥梁工程基础知识学习 … 115
4.1　桥梁发展简史 ………………… 115
4.2　桥梁的概念、作用、组成及
　　 分类 …………………………… 120
4.3　桥梁的设计作用、总体规划原则
　　 及基本设计资料 ……………… 126
职业能力与拓展训练 ………………… 132

任务 5　城市桥梁构造认知 ……… 134
5.1　简支桥构造 …………………… 134
5.2　连续梁桥构造 ………………… 140
5.3　拱桥构造 ……………………… 143
5.4　斜拉桥构造 …………………… 150
5.5　悬索桥构造 …………………… 154
5.6　桥梁附属构造 ………………… 155
5.7　桥梁墩台构造 ………………… 161
5.8　桥梁支座构造 ………………… 169
5.9　桥梁工程图识读 ……………… 172
职业能力与拓展训练 ………………… 184

任务 6　桥梁工程施工 ……………… 185
6.1　桥梁施工常备式结构与常用主要
　　 施工设备 ……………………… 185
6.2　桥梁施工准备 ………………… 194

6.3 桥梁通用施工技术 …………… 196
6.4 桥梁下部结构施工技术 ………… 210
6.5 桥梁上部结构施工技术 ………… 219
6.6 桥面及附属结构施工技术 …… 231
6.7 管涵和箱涵顶进施工 …………… 238
职业能力与拓展训练 ………………… 242

学习情境 3　排水工程认知

任务 7　排水工程基础知识学习 … 245
7.1 排水工程的作用 ……………… 245
7.2 排水系统的体制和组成 ………… 246
职业能力与拓展训练 ………………… 251

任务 8　城市排水管道构造认知 … 253
8.1 排水管道布置 ………………… 253
8.2 排水管材 ……………………… 256
8.3 排水管道构造 ………………… 259
8.4 排水管道附属构筑物 …………… 261

8.5 排水管道工程图识读 …………… 265
职业能力与拓展训练 ………………… 266

任务 9　排水管道工程施工 ……… 268
9.1 施工准备 ……………………… 268
9.2 排水管道开槽施工 …………… 270
9.3 排水管道不开槽施工 …………… 289
职业能力与拓展训练 ………………… 301

参考文献 …………………………… 303

学习情境 1

道路工程认知

情境概述

在市政公用基础设施中,城市道路扮演着重要的角色,是城市交通中的重要组成部分。随着城镇化步伐的加快及城市建设的高速发展,人们对城市道路设计和施工提出了更高的要求,现代城市道路在"城市公共交通一体化"等政策的引导下,取得了很大成绩。

本情境以认知城市道路为主线,了解道路发展简史,掌握城市道路构造及道路工程的施工工艺流程。

知识目标

(1) 道路的分类;
(2) 道路的设计依据;
(3) 城市道路横断面构造;
(4) 城市道路平面构造;
(5) 城市道路纵断面构造;
(6) 路基路面构造;
(7) 道路工程图。

技能目标

(1) 掌握道路的分类方法;
(2) 能够分清城市道路各组成部分;
(3) 能够识读城市道路工程图;
(4) 能根据道路工程图计算各分部分项工程的工程量。

任务 1　道路工程基础知识学习

任务导入

道路伴随人类活动而产生，又促进社会的进步和发展，是历史文明的象征、科学进步的标志。中国古代道路是由人们踩踏而形成的径。东汉训诂书《释名》解释道路为"道，蹈也。路，露也。人所践蹈而露见也"。

川藏公路，东起四川省省会成都市，西止西藏自治区首府拉萨市，是川康公路和康藏公路的合称。

川康公路建设于 20 世纪 30 年代，是四川成都通往当时的西康省省会雅安的省际公路。

康藏公路是从西康雅安到西藏拉萨之间的路段，西康撤省后两条路合称川藏公路，分南线和北线。

南线和北线大体同时建设，其中，先修好北线，后修好南线（从康定起）。川藏公路通车前，交通运输主要靠牦牛，一年只能往返一次，骑马旅行也需要半年多的时间，建成后只需数天。

在修建川藏公路的过程中，11 万人民解放军、工程技术人员和各族工人以高度的革命热情和顽强的战斗意志，用铁锤、钢钎和镐头劈开悬崖峭壁，降服险川大河。在 4 年多的时间里，川藏公路穿越整个横断山脉的二郎山、折多山、雀儿山等 14 座大山；横跨岷江、大渡河、金沙江、怒江等江河；横穿龙门山、青尼洞等 8 条大断裂带，战胜种种困难。

工程的巨大和艰险，在世界公路修筑史上是前所未有的。在整个川藏公路的修建过程中，3000 多名干部、战士和工人英勇捐躯，一代业绩永垂青史。在建设公路的过程中形成的"两路"精神（一不怕苦、二不怕死，顽强拼搏、甘当路石，军民一家、民族团结）作为我们战胜任何困难的法宝，激励着一代又一代人砥砺前行。

"两路"精神

党的二十大报告提出，加快建设制造强国、质量强国、航天强国、交通强国、网络强国、数字中国。随着交通强国的建设，道路已逐渐向现代化方向发展。那么你知道现代化道路有哪些种类？道路的等级又是如何划分的呢？

1.1 道路的发展现状及趋势

1.1.1 道路的发展现状

1. 公路的发展现状

中华人民共和国成立以来，公路建设有了长足的发展。截至 2023 年年底，全国公路总里程约达到 540 万公里。国家高速公路网基本建成，高速公路总里程约达到 18 万公里，覆盖 90% 以上的 20 万人以上城镇人口城市，二级及以上公路总里程约达到 75 万公里，国、省道总体技术状况达到良等水平，农村公路总里程超过 450 万公里。

2. 城市道路的发展现状

改革开放以来，我国城市道路建设取得了很大成绩。2023 年年底城市道路长度和道路面积分别约达到 60 万公里和 125 亿平方米。特别是在大力发展公共交通新政策的引导下，城市轨道交通设施的规划和建设提速明显。

1.1.2 道路工程的发展趋势

1. 公路的发展趋势

2022 年中华人民共和国国家发展和改革委员会同中华人民共和国交通运输部印发的《国家公路网规划》提出，到 2035 年，我国国家公路网规划总规模约 46.1 万公里，其中国家高速公路约 16.2 万公里，普通国道约 29.9 万公里。规划实施后，国家公路将依然保持"国家高速公路+普通国道"两个层次，普通国道提供普遍的、非收费的交通基本公共服务，国家高速公路提供高效、快捷的运输服务。

国家高速公路网由 7 条首都放射线、11 条北南纵线、18 条东西横线，以及 6 条地区环线、12 条都市圈环线、30 条城市绕城环线、31 条并行线、163 条联络线组成，未来建设改造需求约 5.8 万公里，其中含扩容改造约 3 万公里。普通国道网由 12 条首都放射线、47 条北南纵线、60 条东西横线，以及 182 条联络线组成，未来建设改造需求约 11 万公里。

 拓展讨论

党的二十大报告提出，十年来，我国建成世界最大的高速铁路网、高速公路网，机场港口、水利、能源、信息等基础设施建设取得重大成就。而为了建设高速铁路网、高速公路网，2018 年至 2022 年，我国完成交通固定资产投资超 17 万亿元。截至 2022 年年底，全国综合交通网络总里程超 600 万公里。请查阅相关资料，思考为何我国大力发展铁路、公路建设？其特点是什么？

2. 城市道路的发展趋势

通过对城市交通需求量发展的预测，我国城市交通规划为较长时期内城市的各项交通用地、交通设施、交通项目的建设与发展提供了综合布局与统筹规划；针对城市主要交通问题，以城市道路系统的整体运输效益提高和交通环境改善为目标，为城市用地发展、功能调整创造了良好的交通条件。

1.2 道路的分类与技术指标

1.2.1 道路的分类

公路

道路是供各种车辆和行人等通行的工程设施，按其使用范围分为公路、城市道路、厂矿道路、林区道路及乡村道路等。下面仅介绍前面四项内容。

1. 公路

公路是连接城市、乡村，主要供汽车行驶的具备一定技术条件和设施的道路。公路按其使用性质又分为国道、省道、县道及专用公路等。

2. 城市道路

公路等级的分类

城市道路是在城市范围内，供车辆和行人通行的，具备一定技术条件和设施的道路。城市道路是组织生产、安排生活、搞活经济、流通物资所必要的交通设施，也是城市市政设施的重要组成部分。

3. 厂矿道路

厂矿道路主要是为了工厂、矿山运输通行的道路，按《厂矿道路设计规范》(GBJ 22—1987)设计。

4. 林区道路

林区道路是指修建在林区的主要供各种林业运输工具通行的道路。林区道路的技术要求应按专门制定的林区道路工程技术标准执行。

1.2.2 公路的分级与技术标准

1. 公路等级划分

我国现行《公路工程技术标准》(JTG B01—2014)中根据公路的功能和适应交通量将其分为五个等级，即高速公路、一级公路、二级公路、三级公路和四级公路。

2. 技术标准

技术标准是根据汽车的行驶性能、数量、荷载等方面的要求，在总结公路设计、施工、汽车运输养护经验的基础上，经过调查研究、理论分析制定的，是公路设计和施工的基本依据和必须遵守的准则。

各级公路的技术指标汇总见表1-1。

表 1-1　各级公路的技术指标汇总

公路等级		高速公路			一级公路			二级公路		三级公路		四级公路	
服务水平		三级			三级			四级		四级		—	
设计速度/(km/h)		120	100	80	100	80	60	80	60	40	30	30	20
车道宽度/m		3.75	3.75	3.75	3.75	3.75	3.50	3.75	3.50	3.50	3.25	3.25	3.00
车道数		≥4			≥4			2		2		2 (1)	
停车视距/m		210	160	110	160	110	75	110	75	40	30	30	20
超车视距/m								550	350	200	150	150	100
最大纵坡		3%	4%	5%	4%	5%	6%	5%	6%	7%	8%	8%	9%
竖曲线最小半径/m	凸形	11000	6500	3000	6500	3000	1400	3000	1400	450	250	250	100
	凹形	4000	3000	2000	3000	2000	1000	2000	1000	450	250	250	100
竖曲线最小长度/m		100	85	70	85	70	50	70	50	35	25	25	20
路基设计洪水频率		1/100			1/100			1/50		1/25		视情况决定	

注：四级公路应采用双车道，交通量小或困难路段可采用单车道。

1.2.3　城市道路的分级

根据《城市道路工程设计规范（2016 年版）》（CJJ 37—2012），城市道路按道路在道路网中的地位、交通功能及对沿线的服务功能等，分为快速路、主干路、次干路和支路四个等级。

（1）快速路：中央分隔、全部控制出入、控制出入口间距及形式，应实现交通连续通行，单向设置不少于两条车道，并有配套的交通安全与管理设施。快速路两侧不应设置吸引大量车流、人流的公共建筑物的出入口。

（2）主干路：应连接城市各主要分区，以交通功能为主。主干路两侧不宜设置吸引大量车流、人流的公共建筑物的出入口。

（3）次干路：应与主干路结合组成干路网，起集散交通的功能，兼有服务功能。

（4）支路：与次干路和居住区、工业区、交通设施等内部道路相连接，应解决局部地区交通，以服务功能为主。

1.3　城市道路的功能和组成

1.3.1　城市道路的功能

城市道路是组织城市交通运输的基础，是城市的主要基础设施之一，是市区范围内人工建筑的交通路线，主要作用在于安全、迅速、舒适地通行车辆和行人，为城市工业生产与居民生活服务。同时，城市道路也是布置城市公用事业地上、地下管线设施，进行街道绿化，组织沿街建筑和划分街坊的基础，并为城市公用设施提供容纳空间。城市道路用地是在

城市道路

城市总体规划中所确定的道路规划红线之间的用地部分，是道路规划红线与城市建筑用地、生产用地，以及其他用地的分界控制线。因此，城市道路是城市市政设施的重要组成部分。

1.3.2 城市道路的组成

一般情况下，在城市道路规划红线之间，城市道路由以下各个不同功能部分组成。

(1) 车行道：供各种车辆行驶的道路部分。其中，供汽车、无轨电车等机动车行驶的称为机动车道；供自行车、三轮车等行驶的称为非机动车道。

(2) 路侧带：车行道外侧缘石至道路规划红线之间的部分，包括人行道、设施带、路侧绿化带三部分。

(3) 分隔带：在多幅路的横断面上，沿道路纵向设置的带状分隔部分。其作用是分隔交通流、安设交通标志和设立公用设施等。分隔带又分为设在道路中央的中央分隔带、设在车行道两侧的机非分隔带，以及设在路侧带上的人行分隔带三大类。

(4) 道路交叉口和交通广场。

(5) 路边停车场和公交停靠站。

(6) 道路雨水排水系统。

(7) 其他设施，如渠化岛、安全护栏（墩、柱）、照明设备、交通信号（标志、标线）等。

1.4 城市道路系统的结构形式和特点

我国现有城市道路网的形成，是在一定的社会历史条件下，结合当地的自然地理环境，适应当时的政治、经济、文化发展与交通运输需要逐渐演变来的。目前现有城市道路系统的结构形式可归纳为四种主要类型：方格网式道路网、环形放射式道路网、自由式道路网和混合式道路网。

1.4.1 方格网式道路网

方格网式道路网又称棋盘式道路网，是道路网中常见的一种形式。方格网式道路网划分的街坊用地多为长方形，即每隔一定距离设一干路及干路间设支路，分为大小适当的街坊。其优点是街坊整齐，便于建筑物布置，道路定线方便；交通组织简单便利，系统明确，易于识别方向等（图1.1）。方格网式道路网的缺点是对角线两点间的交通绕行路程长，增加了市内两点间的行程。

1.4.2 环形放射式道路网

环形放射式道路网以市中心为中心，环绕市中心布置若干环形干道，联系各条通往中心向四周放射的干道。其优点是中心区与各区及市区与郊区都有短捷的道路联系，道路分工明确，路线曲直均有，较易适应自然地形（图1.2）。环形放射式道路网的缺点是容易把车流导向市中心，造成市中心交通压力过重。

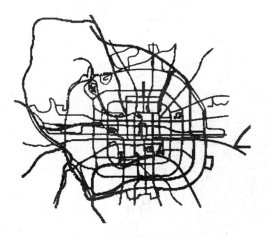

图1.1　方格网式道路网

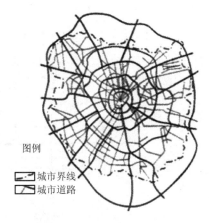

图1.2　环形放射式道路网

1.4.3　自由式道路网

自由式道路网以结合地形为主，路线弯曲无一定的几何图形。我国许多山丘城市地势起伏大，道路选线时常常沿山麓或河岸布置，形成自由式道路网（图1.3），如重庆、青岛、南宁等城市。

图1.3　自由式道路网（青岛）

1.4.4　混合式道路网

混合式道路网是结合城市的条件，采用几种基本形式的道路网组合而成的。目前不少大城市在原有道路网的基础上增设了多层环状路和放射状出口路，形成了混合式道路网（图1.4）。这种形式的道路网既有前述几种形式道路网的优点，也能避免它们的缺点。例如，北京、上海、天津、沈阳、武汉、南京等地均采用这种道路网。

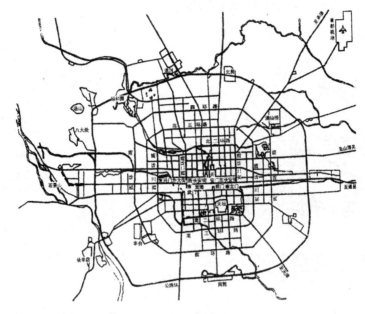

图 1.4　混合式道路网（北京）

1.5　道路设计的基本依据

1.5.1　设计车速

道路设计车速，也叫设计速度，是指道路几何设计所采用的行车速度。也就是当路段上的各项道路设计特征符合规定时，在气候条件、交通条件等均良好的条件下，一般驾驶员能安全、舒适行驶的最大行车速度。各级道路的设计速度见表1-2。

表1-2　各级道路的设计速度

道路等级	快速路			主干路			次干路			支路		
设计速度/(km/h)	100	80	60	60	50	40	50	40	30	40	30	20

设计速度的大小对道路弯道半径、弯道超高、行车视距等线型要素的取值及设计起着决定性作用。另外，道路的横断面尺寸、侧向净宽及道路纵断面坡度等也与设计速度有着密切的关系。可以说，设计速度的大小直接反映出道路的类别、等级的高低，同时还与道路工程造价直接相关。因此，设计速度的确定，既要考虑车辆交通效果，又要考虑工程的经济性。

快速路和主干路的辅路设计速度宜为主路的0.4～0.6倍。机非分行的辅路宜取高值，机非混行的辅路宜取低值。

结合城市道路特点，适当控制立交规模和用地。在立体交叉范围内，主路设计速度应与路段一致,匝道及集散车道设计速度宜为主路的0.4~0.7倍。使用中应结合立交等级、匝道形式、匝道交通量等条件确定。

平面交叉口内的设计速度宜为路段的0.5~0.7倍。城市道路中的平面交叉口多受信号控制及行人、非机动车的干扰,为保证行车安全,可考虑降速行驶。

1.5.2 设计车辆

设计车辆是作为道路几何设计依据的车型。设计车辆的外廓尺寸直接关系到车行道宽度、弯道加宽、道路净空、行车视距等道路几何设计问题。因此,设计车辆的规定对道路几何设计具有极为重要的意义。机动车设计车辆及其外廓尺寸见表1-3,非机动车设计车辆及其外廓尺寸见表1-4。

表1-3 机动车设计车辆及其外廓尺寸(m)

车辆类型	总长	总宽	总高	前悬	轴距	后悬
小客车	6	1.8	2.0	0.8	3.8	1.4
大型车	12	2.5	4.0	1.5	6.5	4.0
铰接车	18	2.5	4.0	1.7	5.8+6.7	3.8

表1-4 非机动车设计车辆及其外廓尺寸(m)

车辆类型	总长	总宽	总高
自行车	1.93	0.60	2.25
三轮车	3.40	1.25	2.25

1.5.3 设计小时交通量

设计小时交通量是确定道路等级、评价道路运行状态和服务水平的重要参数。设计小时交通量越小,道路的建设规模就越小,建设费用也就越低。设计道路车行道宽度和人行道宽度时,应考虑道路设计年限内交通高峰小时可能出现的较大交通流量。

1.5.4 设计年限

道路设计年限是指道路的正常工作年限,包括两层含义,即道路交通量设计年限和道路路面结构使用年限。

道路交通量设计年限是预测或估算道路交通量达到饱和状态时采用的年限。一般来说,道路级别越高,设计年限越长。《城市道路工程设计规范(2016年版)》(CJJ 37—2012)规定:快速路、主干路为20年;次干路为15年;支路为10~15年。

各种类型路面结构的使用年限应符合表1-5的规定。

表 1-5　各种类型路面结构的使用年限

道路等级	路面结构类型		
	沥青路面	水泥混凝土路面	砌块路面
快速路	15	30	—
主干路	15	30	—
次干路	15	20	—
支路	10	20	10（20）

注：砌块路面采用混凝土预制块时，设计年限为10年；采用石材时，为20年。

职业能力与拓展训练

职业能力训练

一、填空题

1. 《城市道路工程设计规范（2016年版）》（CJJ 37—2012）规定城市道路分为_____、_____、_____、_____四个等级。
2. 城市道路网形式有_____、_____、_____和_____四种。
3. 城市快速路的最大设计速度可以达到_____km/h。
4. 一般情况下，城市道路主要是由_____、_____、_____、_____、_____、_____、_____等部分组成的。

二、单项选择题

1. 城市道路分类方法有多种形式，无论如何分类，主要是满足道路的（　　）功能。
   A. 服务　　　B. 交通运输　　　C. 生活　　　D. 货运
2. 必须设置中央分隔带的道路属于（　　）。
   A. 快速路　　B. 主干路　　　C. 次干路　　D. 支路
3. 在道路网中起着主要骨架作用的道路属于（　　）。
   A. 快速路　　B. 主干路　　　C. 次干路　　D. 支路
4. 容易把车流导向市中心的道路网属于（　　）。
   A. 方格网式　B. 环形放射式　C. 自由式　　D. 混合式
5. 规划整齐、便于识别线路的道路网属于（　　）。
   A. 方格网式　B. 环形放射式　C. 自由式　　D. 混合式

三、简答题

1. 城市道路和公路有何区别？
2. 为什么要规定设计速度？
3. 方格网式道路网的特点是什么？
4. 环形放射式道路网适合哪些场合？

拓展训练

城市道路的设计程序有哪些？

任务 2　城市道路构造认知

任务导入

经十路，东起济南市章丘区双山街道与普集街道交界处，西经历山路、穿津浦铁路至段店桥再至济南市长清区陈庄路口，长约 93.4km，中段（历山路至纬十二路）系市区内环路南段。段店桥至营市街路幅宽 35m，其中车行道 23～30m，两侧人行道各 2.5～6m（铺装 3m）；营市街至济王公路路幅宽 50m，其中快车道 15m，两侧绿隔带各 2m，慢车道各 7.5m，人行道各 8m（铺装 2～3m）。历山路口至营市街路面快车道为沥青混凝土路；人行道铺水泥花砖。2006 年 1 月，经十路道路及环境建设工程荣膺全国建设最高奖"鲁班奖"，这是济南市市政工程建设史上第一次获此殊荣。

经十路

这条城市道路各结构层使用了哪些建筑材料？其车道数、车道的宽度、分隔带及人行道的设置，在设计上是如何考虑的？

2.1　城市道路横断面构造

横断面设计应按道路等级、服务功能、交通特性，结合各种控制条件，在道路规划红线宽度范围内合理布设。一般情况下，地面快速路红线宽度为 60～80m，高架路红线宽度为 50～60m；城市主干路红线宽度为 40～50m；城市次干路红线宽度为 30～40m；支路红线宽度为 15～25m。

横断面设计应满足远期交通功能需要。分期修建时应近远期结合，使近期工程成为远期工程的组成部分，并应预留管线位置，控制道路用地，给远期实施留有余地。城市建成区道路不宜分期修建。

改建道路采取工程措施与交通管理措施相结合的办法，以提高道路通行能力和保证交通安全。

2.1.1　横断面的形式

1. 市区道路横断面的形式

城市道路的横断面包括车行道、分车带、路侧带（人行道、绿化带、设施带）等。横断面设计也称"路幅设计",主要有以下几种形式。

(1) 单幅路:俗称"一块板"断面[图 2.1(a)]。其适用于机动车交通量不大且非机动车较少的次干路、支路,以及用地不足、拆迁困难的旧城改建的城市道路。

(2) 双幅路:俗称"两块板"断面[图 2.1(b)]。其主要用于各向两条机动车道以上,非机动车较少的道路,地形地物特殊,或有平行道路可供非机动车通行的快速路和郊区道路。

(3) 三幅路:俗称"三块板"断面[图 2.1(c)]。对于机动车交通量大、非机动车多的城市道路宜优先考虑采用。但三幅路占地较多,只有当红线宽度大于或等于 40m 时才能满足车道布置要求。

(4) 四幅路:俗称"四块板"断面[图 2.1(d)]。其在三幅路的基础上,再将中间机动车道分隔为两条,分向行驶。四幅路不但将机动车和非机动车分开,还将对向行驶的机动车分开,其安全性和车速较三幅路更为有利。它适用于机动车辆车速较高,各向两条机动车道以上,非机动车多的快速路与主干路。

道路横断面

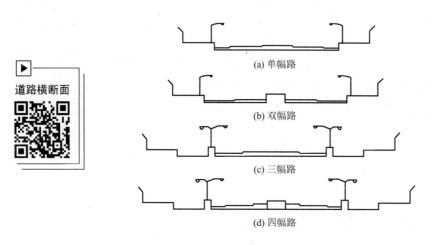

图 2.1　市区道路横断面的形式

2. 郊区道路横断面的形式

与市区道路相比,郊区道路横断面的特点是明沟排水,路基基本上处于低填方或不填不挖状态,无专门的人行道,路面两侧设置一定宽度的路肩,用以保护支撑路面及临时停车。

一般情况下,郊区道路路基横断面形式有三种:填方路基(路堤)[图 2.2(a)]、挖方路基(路堑)[图 2.2(b)]、半填半挖路基[图 2.2(c)]。

2.1.2　横断面的宽度布置

1. 机动车道宽度

一条机动车道最小宽度应符合表 2-1 的规定。

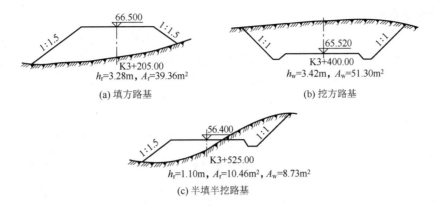

图 2.2 郊区道路横断面的形式

表 2-1 一条机动车道最小宽度

车型及车道类型	设计速度/(km/h)	
	>60	≤60
大型车或混行车道/m	3.75	3.50
小客车专用车道/m	3.50	3.25

机动车道宽度应包括车行道宽度及两侧路缘带宽度,单幅路及三幅路采用中间分隔物或双黄线分隔对向交通时,机动车道宽度还应包括分隔物或双黄线的宽度。

2. 非机动车道宽度

一条非机动车道最小宽度应符合表 2-2 的规定。

表 2-2 一条非机动车道最小宽度

车辆种类	自行车	三轮车
非机动车道宽度/m	1.0	2.0

与机动车道合并设置的非机动车道,车道数单向不应少于 2 条,宽度不应小于 2.5m。

3. 人行道宽度

人行道宽度应满足行人安全顺畅通过的要求,应设置无障碍设施。人行道最小宽度应符合表 2-3 的规定。

表 2-3 人行道最小宽度

项 目	人行道最小宽度/m	
	一般值	最小值
各级道路	3.0	2.0
商业或公共场所集中路段	5.0	4.0
火车站、码头附近路段	5.0	4.0
长途汽车站	4.0	3.0

4. 分车带宽度

分车带按其在横断面中的不同位置及功能，可分为中间分车带（简称中间带）和两侧分车带（简称两侧带），分车带由分隔带和两侧路缘带组成。中间带最小宽度不小于2.0m，两侧带最小宽度不应小于1.5m。

2.1.3 横坡与路拱

为了使人行道、车行道与绿化带上的雨水通畅地流入街沟，必须使它们都具有一定的横坡与路拱。

1. 横坡

车行道一般采用双向横坡，由道路中心线向两边倾斜，形成路拱。

人行道横坡宜采用单向横坡，且向侧石方向倾斜。

人行道、车行道等在道路横向单位长度内升高或降低的数值，称为横坡度，常用%表示。

道路横坡度应根据路面宽度、路面类型、纵坡及气候条件确定，宜采用1.0%～2.0%。快速路和降雨量大的地区宜采用1.5%～2.0%；严寒积雪地区、透水路面宜采用1.0%～1.5%。保护性路肩横坡度可比路面横坡度加大1.0%。

2. 路拱

路拱的基本形式有抛物线形、直线形和折线形三种。

(1) 抛物线形路拱为沥青路面所常用。路拱上各点横坡度逐渐变化，比较圆顺，形式美观，且越到路的两旁横坡度越大，对排除雨水十分有利。其缺点是车行道中部过于平缓，易使车辆集中在路中行驶，从而造成中间部分的路面损坏较快。

(2) 直线形路拱多用于刚性路面，如水泥混凝土路面及其他预制大板铺装路面。这种路拱施工简单，但对行车颇为不便，多用于车行道较窄和单向排水的路面。

(3) 折线形路拱包括单折线形及多折线形两种，适用于水泥混凝土路面。这种路拱的直线段较短，路面施工易摊压平顺。其缺点是在转折处有尖峰凸出，不利于行车。

2.2 城市道路平面构造

道路是一条带状的三维空间实体。路线是道路中心线的空间形态，其在水平面上的投影线形称作道路的平面线形。

2.2.1 平面的布置内容

城市道路平面设计应符合城市路网规划、道路规划红线、道路功能的要求，并考虑土地利用、文物保护、环境景观、征地拆迁等因素。平面应与地形地物、地质水文、地域气候、地下管线、排水等要求结合，并符合各级道路的技术指标，与周围环境相协调，线形应连续且均衡。

道路平面线形由直线、平曲线组成，平曲线由圆曲线、缓和曲线组成。平面设计中应主要处理好直线与平曲线的衔接，合理设置缓和曲线、超高、加宽等。

2.2.2 平面要素

城市道路平面线形设计中经常采用直线，因为两点之间直线最短，方向明确，驾驶员操作简单；从测设上看，直线比较容易能测定方向和距离。但过长的直线对道路工程不利，容易使驾驶员感到疲倦、单调，难以目测车间距离，导致事故的发生。因此，《城市道路工程设计规范（2016年版）》（CJJ 37—2012）中对直线的最大长度有所限制。

当受到地形地物和布局限制，以及适应《城市道路工程设计规范（2016年版）》（CJJ 37—2012）中的要求时，常常需要根据要求改变路线的方向。使路线在平面上发生转折的点，称为路线的交角点（简称交点）。转向的直线之间，为适应行车需要，总是用曲线来连接，就成为平曲线。

平曲线

(1) 当平曲线采用圆曲线时，几何要素如图2.3所示。

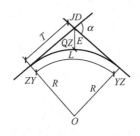

图 2.3 圆曲线的几何要素

JD—路线转点；α—路线转向的折角，它是沿路线前进方向向左或向右偏转的角度；
R—圆曲线半径；T—切线长；L—曲线长；E—外矢距；ZY—直圆点；
QZ—曲中点；YZ—圆直点

$$L = \frac{\pi}{180}\alpha R$$

$$E = R\left(\sec\frac{\alpha}{2} - 1\right)$$

$$T = R\tan\frac{\alpha}{2}$$

此时，主点桩号的计算公式为

$$ZY = JD - T$$
$$YZ = ZY + L$$
$$QZ = ZY + L/2$$

(2) 当平曲线采用缓和曲线时，几何要素如图2.4所示。

$$\Delta R = \frac{l_s^2}{24R} - \frac{l_s^4}{2384R^3}$$

$$q = \frac{l_s}{2} - \frac{l_s^3}{240R^2}$$

$$\beta_0 = 28.6479 \frac{l_s}{R}(°)$$

$$T_s = (R+\Delta R)\tan\frac{\alpha}{2} + q$$

$$L_s = (\alpha - 2\beta_0)R + 2l_s$$

$$E = (R+\Delta R)\sec\frac{\alpha}{2} - R$$

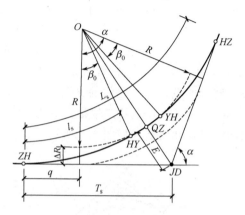

ZH—第一缓和曲线起点（直缓点）；HY—第一缓和曲线终点（缓圆点）；
QZ—圆曲线中点（曲中点）；YH—第二缓和曲线起点（圆缓点）；
HZ—第二缓和曲线终点（缓直点）

图 2.4 缓和曲线的几何要素

式中　l_s——缓和曲线长度，m；
　　　T_s——总切线长，m；
　　　L_s——总曲线长，m；
　　　E——外矢距，m；
　　　R——圆曲线半径，m；
　　　α——路线转角，°；
　　　β_0——缓和曲线终点处的缓和角，°；
　　　q——缓和曲线切线增值，m；
　　　ΔR——主圆曲线内移值，m。

主点桩号的计算公式为

$$ZH = JD - T_s$$
$$HY = ZH + l_s$$
$$HZ = ZH + L_s$$
$$YH = HZ - l_s$$
$$QZ = ZH + L_s/2$$

当圆曲线半径小于不设超高最小半径时，为抵消一部分横向力，将行车道绕旋转轴逐渐形成外侧高而内侧低的单一横坡度，这种设置称为超高，如图2.5所示。直线段的正常路拱断面过渡到圆曲线上的超高断面时，必须设置超高缓和段。

为适应汽车在平曲线上行驶时后轮轨迹偏向曲线内侧的需要，平曲线内侧相应增加的行车道宽度称为曲线加宽（图 2.6）。《城市道路工程设计规范（2016 年版）》（CJJ 37—2012）规定，当圆曲线半径小于或等于 250m 时，应在圆曲线内侧加宽，并设置加宽缓和段。

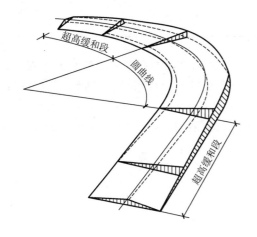

ZH—直缓点；HY—缓圆点；
YH—圆缓点；HZ—缓直点；JD—转点；
L_y（L_c）—缓和直线长度；b_j—外距

图 2.5　超高　　　　　　　图 2.6　曲线加宽

为了行车安全，道路应保证驾驶员在一定的距离内清楚地看到前面道路，以便遇到障碍物或迎面驶来的其他车辆时，能及时采取措施或绕越障碍物，这个必不可少的最短距离，称为安全行车视距，简称安全距离（图 2.7）。

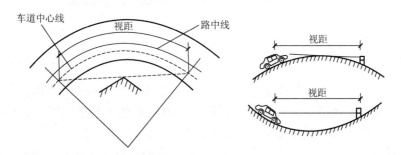

图 2.7　安全行车视距

两辆相向行驶的汽车在相互发现后，已无法或来不及错车的情况下，双方采取制动保证安全所必需的最短距离，称为会车视距。

视距长度的设计依据是设计速度、驾驶员发现障碍物至采取措施的时间和车辆仍继续行驶的距离。驾驶员采取制动直至车辆完全停下来的距离，以及车辆停止后与前方障碍物必须保持的安全距离等组成停车视距，见表 2-4。

表 2-4 停车视距

设计速度/(km/h)	100	80	60	50	40	30	20
停车视距/m	160	110	70	60	40	30	20

2.2.3 道路平面图

道路平面图的内容：一是道路的平面位置；二是在道路规划红线之间的平面布置（包括车行道、人行道、分车带、绿化带、停车站、停车场等），以及沿道路两侧一定范围内的地形地物与道路的相互关系。

城市道路与公路相比，里程较短而路幅较宽，通常采用（1∶1000）～（1∶500）的比例尺。绘图横向范围，一般在道路规划红线以外各 20～50m。

道路平面图应画明下列内容。
① 工程范围。
② 原有地物情况（包括地上、地下构筑物）。
③ 起讫点及里程桩号。
④ 设计道路的中心线、边线、弯道及其组成部分。
⑤ 设计道路各组成部分的尺寸。
⑥ 检查井、雨水井的布置和水流方向，雨水口的位置。
⑦ 其他需说明的内容（如道路沿线工厂、学校等门口斜坡要求，公用事业配合的位置，以及附近水准点标志的位置、指北针、文字说明、接图线等）。

2.3 城市道路纵断面构造

2.3.1 一般规定

用一曲面沿着道路中心线竖直剖切，将其展开即为路线纵断面。纵断面主要反映路线起伏、纵坡与原地面的填挖关系等情况，把道路的纵断面图与平面图、横断面图结合起来，就能够完整地表达出道路的空间位置和立体线形。

道路纵断面上的设计高程一般采用道路中心线处路面设计标高，有中央分隔带时可采用中央分隔带的外侧边缘处路面设计标高。改建道路设计高程视具体情况也可采用行车道中线标高。

道路纵断面设计应满足城市竖向规划要求，与临街建筑立面布置相适应，有利于沿线范围内地面水的排除。

机动车与非机动车混合行驶的车行道，宜按非机动车设计纵坡度标准控制。

2.3.2 纵断面构造

反映路线在纵断面上的形状、位置及尺寸的图形称为路线纵断面图。

纵断面图的比例尺，水平方向一般采用（1∶1000）～（1∶500）（与道路平面图比例尺一致），垂直方向为了能反映路线起伏情况，一般采用（1∶100）～（1∶50）的比例尺（比水平方向扩大10倍）。

在纵断面图上主要有两条连续线形：一条是地面线，它是根据中心线上各桩点的地面高程点绘出的一条不规则的折线，反映了沿道路中心线的地面起伏变化情况；另一条是设计线，它是经过技术、经济及美学等方面比较后定出的一条具有规则形状的几何图形，反映了所设计道路的起伏变化情况。

设计线由直线和竖曲线组成。直线有上坡和下坡之分，是用坡度和坡长表示的。在直线的坡度转折处（变坡点），为使其平顺过渡，需要设置竖曲线，竖曲线宜采用圆曲线，分为凸形竖曲线和凹形竖曲线，竖曲线最小半径与竖曲线最小长度应符合规范规定。

设计线上各点的标高（设计标高）与地面线上各对应点标高（地面标高）之差，称为施工填挖高度。设计线低于地面线的需填土，高于地面线的需挖土。

2.4　城市道路交叉设计

交叉口是城市道路网的重要组成部分。在城市道路中，车辆只有在交叉处才可改变其行驶方向，完成转向功能。按照相交道路的空间位置，道路交叉可分为平面交叉和立体交叉两种类型。

2.4.1　平面交叉

平面交叉，是指各相交道路中心线在同一平面相交的道口。

常见的平面交叉按几何形状分为十字交叉、X形交叉、T形交叉、错位交叉、Y形交叉、多路交叉等几种，如图2.8所示。

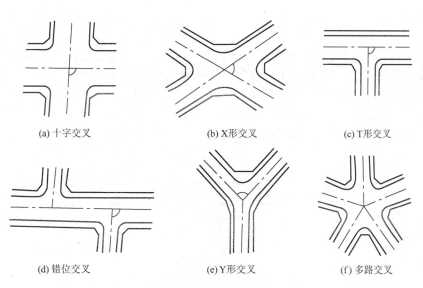

(a) 十字交叉　　(b) X形交叉　　(c) T形交叉

(d) 错位交叉　　(e) Y形交叉　　(f) 多路交叉

图 2.8　平面交叉的形式

进出交叉口的车辆，由于行驶方向不同，车辆与车辆相交的方式亦不相同。当行车方向互相交叉时可能产生碰撞的地点称为冲突点。当车辆从不同方向驶向同一方向或成锐角相交时可能产生挤撞的地点称为交织点。设置交叉口时应尽量设法减少冲突点和交织点，尤其应减少或消灭对交通影响最大的冲突点，以左转所产生的冲突点为最多。

2.4.2 立体交叉

互通式立体交叉

立体交叉，是指交叉道路在不同标高相交时的道口。其特点是各相交道路上的车流互不干扰，可以各自保持原有的行车速度通过交叉口，既能保证行车安全，也可有效地提高道路通行能力。立体交叉的主要组成部分包括跨路桥、匝道、外环和内环、入口和出口、加速车道、减速车道、引道等。

按交通功能分类，立体交叉可分为分离式和互通式两种。

按几何形状分类，立体交叉分为苜蓿叶形立体交叉、喇叭形立体交叉、环形立体交叉、叶形立体交叉和菱形立体交叉，如图2.9所示。

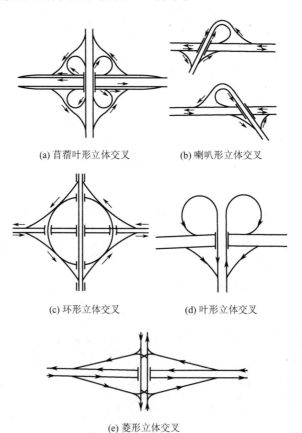

(a) 苜蓿叶形立体交叉 　　　(b) 喇叭形立体交叉

(c) 环形立体交叉 　　　(d) 叶形立体交叉

(e) 菱形立体交叉

图 2.9 立体交叉的形式

2.5 路基路面构造

2.5.1 路基路面的定义及技术要求

路基是路面的基础,一般由自然土层所构成。为了保证各类车辆在路上的行驶安全与通畅,要求路基具有足够的密实度、强度和稳定性,从而能为路面的强度和平整度提供有力可靠的支承。有了坚实牢固的路基,才能保证路面、路肩的稳固,才不致在车辆行驶荷载作用和自然因素影响下,发生松软、变形、沉陷、坍塌,所以路基也是整个道路的基础。

路面是专指为各类车辆,在规定的轴载作用下,安全、平稳、通畅行驶的部分。它是用坚固、稳定的材料直接铺筑在路基上的结构物。路面工程是道路建设中的一个重要组成部分,它的技术性能直接影响行车速度、安全和运营经济。因此,路面应具有充分的强度、刚度、耐久性、稳定性和平整度,并保持足够的表面粗糙度、少尘或无尘。

2.5.2 路基的填料及分类

路基填料用土一般根据土颗粒的粒径组成、土颗粒的矿物成分或其余物质的含量、土的塑性指标进行区划。路基填料用土依据土的颗粒组成特征、土的塑性指标和土中有机质存在的情况,分为巨粒土、粗粒土、细粒土和特殊土四类。土作为路基建筑材料,砂性土最优,黏性土次之,粉性土属于不良材料,最容易引起路基病害。重黏土,特别是蒙脱土也是不良的路基土。此外,还有一些特殊土类,如有特殊结构的土(黄土)、含有机质的土(腐殖土)以及含易溶盐的土(盐渍土)等,用以填筑路基时必须采取相应的技术措施。

2.5.3 路面结构层

行车荷载和自然因素对路面的影响,随深度的增加而逐渐减弱。因此,对路面材料的强度、抗变形能力和稳定性的要求也随深度的增加而逐渐降低。为了适应这一特点,路面分为三个层次,即面层、基层和垫层。

路面结构层

1. 面层

面层是直接同行车和大气接触的表面层次,它承受较大的行车荷载的垂直力、水平力和冲击力的作用,同时还受到降水的侵蚀和气温变化的影响。因此,同其他层次相比,面层应满足结构强度、高温稳定性、低温抗裂性、抗疲劳、抗水损害,以及耐磨、平整、抗滑、低噪声等表面特性的要求。

修筑面层所用的材料主要有水泥混凝土、沥青混凝土、沥青碎石混合料、沥青表面处治等。

2. 基层

基层主要承受由面层传来的行车荷载的垂直力,并扩散到下面的垫层和土基中。实际上基层是路面结构中的承重层,应具有足够的强度和刚度,并具有良好扩散荷载的能力。基层遭受大气因素的影响虽然比面层小,但是仍然有可能经受地下水和通过面层渗入雨水的侵蚀,所以基层结构应满足强度、扩散荷载能力,以及水稳性和抗冻性的要求。

基层可采用刚性、半刚性或柔性材料。修筑基层的材料主要有各种结合料(如石灰、水泥或沥青等)稳定土或稳定碎(砾)石、贫混凝土、各种工业废料(如煤渣、粉煤灰、矿渣、石灰渣等)和土、砂、石所组成的混合料等。基层类型宜根据交通等级按表2-5选用,各类基层最小厚度也应符合相关规范的规定。

表2-5 适宜各交通等级的基层类型

交通等级	基层类型
特重	贫混凝土、碾压混凝土、水泥稳定粒料、石灰粉煤灰稳定粒料、水泥粉煤灰稳定粒料
重	水泥稳定粒料、沥青稳定碎石基层、石灰粉煤灰稳定粒料、水泥粉煤灰稳定粒料
中或轻	沥青稳定碎石基层、水泥稳定类、石灰稳定类、水泥粉煤灰稳定类、石灰粉煤灰稳定类或级配粒料基层

3. 垫层

垫层介于土基与基层之间。它的功能是改善土基的湿度和温度状态,以保证面层和基层的强度、刚度和稳定性不受土基水温状况变化所造成的不良影响;它的另外一种功能是将基层传下的行车荷载加以扩散,以减小土基产生的应力和变形。同时也能阻止路基土挤入基层中,影响基层结构的性能。

修筑垫层的材料,强度要求不一定高,但水稳性和隔温性能要好。常用的垫层材料分为两类:一类是由松散粒料,如砂、砾石、炉渣等组成的透水性垫层;另一类是用水泥或石灰稳定土等修筑的稳定类垫层。

2.5.4 路面面层的选用及路面的分类

1. 路面面层的选用

路面面层类型的选用应符合表2-6的规定。

表2-6 路面面层类型及适用范围

面层类型	适用范围
沥青混凝土	快速路、主干路、次干路、支路、城市广场、停车场
水泥混凝土	快速路、主干路、次干路、支路、城市广场、停车场
贯入式沥青碎石、上拌下贯式沥青碎石、沥青表面处治和稀浆封层	支路、停车场
砌块路面	支路、城市广场、停车场

2. 路面的分类

路面类型可以从不同角度来划分，但是一般按面层所用的材料划分，如水泥混凝土路面、沥青路面、砂石路面等。但是在工程设计中，主要从路面结构的力学特性和设计方法的相似性出发，将路面划分为柔性路面、刚性路面和半刚性路面三类。

路面的分类

（1）柔性路面主要指用各种未经处理的粒料、基层和各类沥青面层、碎（砾）石面层或块石面层组成的路面结构。

（2）刚性路面主要指用水泥混凝土作面层或基层的路面结构。

（3）用水泥、石灰等无机结合料处治的土或碎（砾）石及含有水硬性结合料的工业废渣修筑的基层，称为半刚性基层。这种基层和铺筑在它上面的沥青面层统称为半刚性路面。

1）柔性路面

（1）柔性路面的特点。

柔性路面是由具有黏性、弹塑性的结合料和颗粒矿料组成的路面，这种路面的特点是抗弯强度很小，主要依靠抗压、抗剪强度来抵抗行车荷载作用。柔性路面的破坏，取决于荷载作用下的极限垂直变形和水平弯拉应变。

层铺法施工

柔性路面基本是多层结构，但由于使用要求、各地自然情况、土基条件、各结构层的作用和受力特点以及材料性能上的差异，使得各种路面的结构层次可以不同，而每一结构层次也可由具有不同特性的材料组成，其厚度也可不一样。

沥青混凝土路面是一种常见的柔性路面形式，将不同大小颗粒的石料（包括卵石）、石屑（砂）、石粉等，以沥青材料作为结合料，按合理的配合比，经工厂或工地加热拌制成混合料，送到现场铺筑而成的路面称为沥青混凝土路面。沥青混凝土路面具有高强度和较大的抵抗自然因素的能力，适应现代高速交通需求，能承受每昼夜 3000 辆以上的交通量，使用寿命一般可达 15~20 年。

（2）柔性路面的分类。

沥青路面面层类型包括沥青混合料、沥青贯入式和沥青表面处治。

沥青混合料按制造工艺分为热拌沥青混合料、冷拌沥青混合料、再生沥青混合料等；按施工温度可分为热拌热铺和常温沥青混合料两大类。其中热拌沥青混合料（HMA），包括沥青混凝土（AC 型）、沥青玛蹄脂碎石混合料（SMA）和大孔隙开级配排水式沥青磨耗层（OGFC）等。具体应根据使用要求、气候特点、交通荷载与结构层功能要求等因素，结合沥青层厚度和当地经验，合理地选择各结构层的沥青混合料类型，并宜符合下列规定。

① 表面层宜选用 SMA、AC-C 和 OGFC 沥青混合料。

② 在各个结构层中至少有一层应为密级配沥青混合料。

（3）柔性路面的技术指标。

加工拌和成的沥青混合料，应该具有足够的强度、稳定性与耐久性。沥青路面施工前必须进行混合料组合设计，常见的技术指标有击实次数、稳定度、流值、空隙率、沥青饱和度、残留稳定度等。

2）刚性路面

水泥混凝土是由水泥、钢筋、碎石、砂和水按一定比例进行不同组合、配比，经拌和、浇捣、硬化而形成的。

水泥混凝土路面包括素混凝土路面、钢筋混凝土路面、连续配筋混凝土路面和预应力混凝土路面等。

常见的素混凝土路面指混凝土板除接缝区和局部范围（如角隅和边缘）外，不配置钢筋的水泥混凝土路面。

（1）水泥混凝土路面的优缺点。

与其他类型的路面相比，水泥混凝土路面具有以下优点：强度高，稳定性好，耐久性好，养护费用少，有利于夜间行车等。但是，也存在一些缺点：水泥和水的需要量大，有接缝，开放交通较迟，修复困难，施工前准备工作较多。

（2）水泥混凝土材料。

水泥是混凝土产生强度的主要来源。选择水泥强度等级时应与混凝土的设计强度等级相匹配，一般取水泥强度等级为混凝土强度等级的1.5～2.0倍。《城镇道路路面设计规范》（CJJ 169—2012）规定，对重交通及以上交通等级道路、城市快速路、主干路应采用强度等级42.5级以上的道路硅酸盐水泥或普通硅酸盐水泥；中、轻交通等级的道路可采用矿渣水泥，其强度等级不宜低于32.5级。最小单位水泥用量也应满足相关规定。

砂是水泥混凝土中的细集料，有天然砂和人工砂两种。天然砂可分为河砂、海砂、山砂，人工砂由碎石筛选后而得到。混凝土用砂，要求颗粒具有锐角、表面粗糙、质地坚硬、清洁、有较合理的级配、有害杂质含量少，通常采用河砂。砂的细度模数不宜小于2.5。粗集料（粒径大于4.75mm以上），应采用质地坚硬、耐久、洁净的碎石、砾石和碎砾石。粗集料的最大公称粒径，碎砾石不得大于26.5mm，碎石不得大于31.5mm，砾石不宜大于19.0mm；钢纤维混凝土粗集料最大公称粒径不宜大于19.0mm。

在拌和、养护水泥混凝土时，通常使用饮用的自来水和洁净的中性水。在钢筋混凝土和预应力混凝土结构中，不得用海水拌和。

（3）水泥混凝土路面的构造。

水泥混凝土路面面层按荷载应力分析应采用中间薄两边厚的形式，但考虑到这样将为基层施工带来不便，目前都采用等厚度的面层断面。面层所需厚度，按路上交通的繁重程度由计算确定，但其最小厚度不得低于18cm。

水泥混凝土路面受气温影响较大，当板块很大时，由于热胀冷缩产生过大的温度应力会导致混凝土板被破坏，因此必须设置垂直相交的纵向和横向接缝，将混凝土面层划分为较小的矩形板块。

① 纵缝构造。

纵缝可分为纵向施工缝与纵向缩缝。板的纵缝必须与道路中心线平行。

当一次铺筑宽度小于路面宽度时，应设置纵向施工缝，其构造如图2.10所示。纵向施工缝宜采用平缝形式，上部应锯切槽口，深度宜为30～40mm，宽度宜为3～8mm，槽内应灌塞填缝料,缝内应设拉杆,拉杆宜设在板厚中央。

纵向缩缝间距即板的宽度,当一次铺筑宽度大于 4.5m 时,应设置纵向缩缝,其构造如图 2.11 所示。板的宽度可按路面总宽、每个车道宽度及板厚确定,可采用 3.5m、3.75m,最大为 4.0m。纵向缩缝采用假缝形式,并宜在板厚中央设置拉杆。

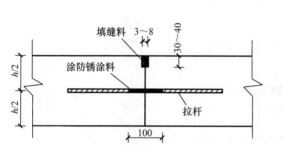

图 2.10 纵向施工缝构造(尺寸单位:mm)

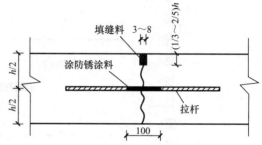

图 2.11 纵向缩缝构造(尺寸单位:mm)

② 横缝构造。

横缝可分为胀缝、横向缩缝和横向施工缝。横缝应与纵缝垂直布置,且相邻板块的横缝应对齐,不得错缝。

设置胀缝的目的是为混凝土面层的膨胀提供伸展的余地,从而避免产生过大的热压应力。在胀缝处混凝土板完全断开,故称为真缝。从施工和使用上考虑,胀缝宜尽量少设或不设。胀缝处宜设置滑动传力杆,传力杆平行于板面及路中心线。在邻近桥梁或其他固定构筑物或与其他道路相交处应设置胀缝。胀缝构造如图 2.12 所示。

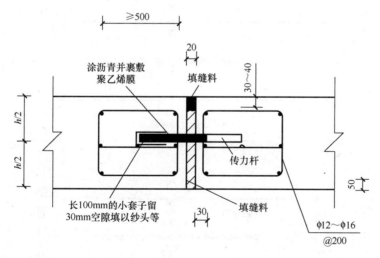

图 2.12 胀缝构造(尺寸单位:mm)

横向缩缝间距即板的长度,板长应根据当地气象条件、板厚、路基稳定状况和经验确定。一般认为,板长应是板厚的 25 倍左右,故板长一般为 4~5m,最大不得超过 6m,而且板的宽长比以 1∶1.3 为宜。缩缝采用假缝形式,缝宽 3~8mm,缝深 1/5~1/4 板厚,板下部混凝土仍连在一起。快速路和主干路、特重和重交通道路、收费广场以及邻近胀缝或自由端部的 3 条缩缝,应采用设传力杆假缝形式,其他情况可采用不设传力杆假缝形式。缩缝构造如图 2.13 所示。

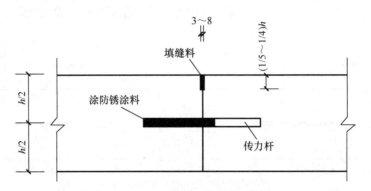

图 2.13 缩缝构造(尺寸单位:mm)

每日施工终了或浇筑混凝土过程中因故中断时,必须设置横向施工缝,其位置宜设在缩缝或胀缝处。胀缝处的施工缝同胀缝施工,缩缝处的施工缝应采用传力杆的平缝形式,当有困难需设在缩缝之间,施工缝应采用设拉杆的企口缝形式。施工缝构造如图 2.14 所示。

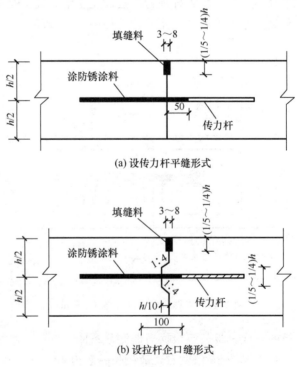

(a) 设传力杆平缝形式

(b) 设拉杆企口缝形式

图 2.14 施工缝构造(尺寸单位:mm)

2.6 道路工程图识读

城市道路主要由机动车道、非机动车道、人行道、绿化带、分隔带、交叉口及其他交通设施所组成。城市道路工程图主要包括道路工程平面图、道路纵断面图、道路横断面图、道路路面结构图等。

2.6.1 道路工程平面图

道路工程平面图表示道路的走向、平面线形、两侧地形地物情况、路幅布置、路线定位等内容，如图 2.15 所示。道路平面设计部分内容包括道路规划红线、道路中心线、里程桩号、道路坐标定位、道路平曲线的几何要素、道路路幅分幅线等内容（图 2.16）。道路规划红线规定了道路的用地界限，用双点长画线表示；里程桩号反映道路各段长度和总长度，如 K0+150.00，即距路线起点为 150m；道路定位一般采用坐标定位；道路路幅分幅线分别表示机动车道、非机动车道、人行道、绿化带等内容。

2.6.2 道路纵断面图

道路纵断面图主要反映道路沿纵向（道路中心线前进方向）的设计高程变化、道路设计坡长和坡度、原地面标高、地质情况、填挖方情况、平曲线要素、竖曲线等，如图 2.17 所示，图中水平方向表示道路长度，垂直方向表示高程，一般垂直方向的比例尺按水平方向的比例尺放大 10 倍，这样图上的图线坡度比实际坡度大，看上去较为明显。图中粗实线表示路面设计高程线，反映道路中心高程；不规则细折线表示沿道路中心线的原地面线，根据中心桩号的地面高程连接而成，与设计高程线结合反映道路的填挖情况。设计路面纵坡变化处两个相邻坡度之差的绝对值超过一定数值时，需在变坡点处设置凸形或凹形竖曲线。图 2.17 中为凹形竖曲线，图中已注明竖曲线各要素（曲线半径 R、切线长 T、外矢距 E）。

图 2.17 中主要表示内容如下。

（1）坡度及坡长：设计高程线的纵向坡度及其水平距离。对角线表示坡度方向，由下至上表示上坡，由上至下表示下坡，坡度表示在对角线上方，距离在对角线下方。

（2）设计高程：注明各里程桩号的路面中心设计高程，单位为 m。

（3）地面高程：根据测量结果填写各里程桩号处路面中心的原地面高程，单位为 m。

（4）填挖高：反映设计高程与地面高程之间的高差。

（5）里程桩号：按比例标注里程桩号、构筑物位置桩号及路线控制点桩号等。

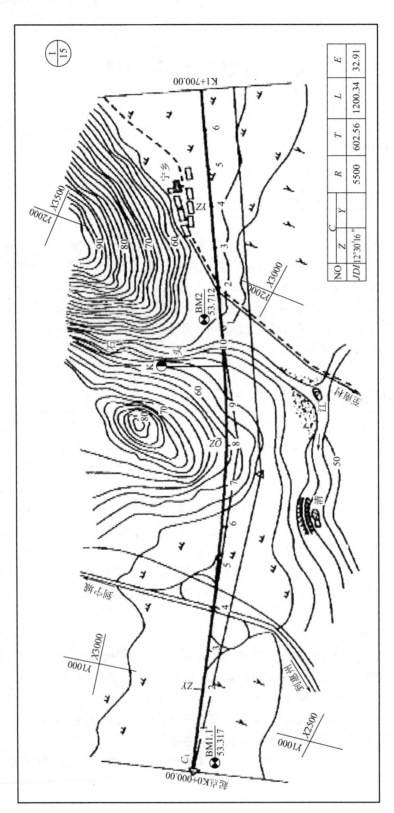

图2.15 道路工程平面图

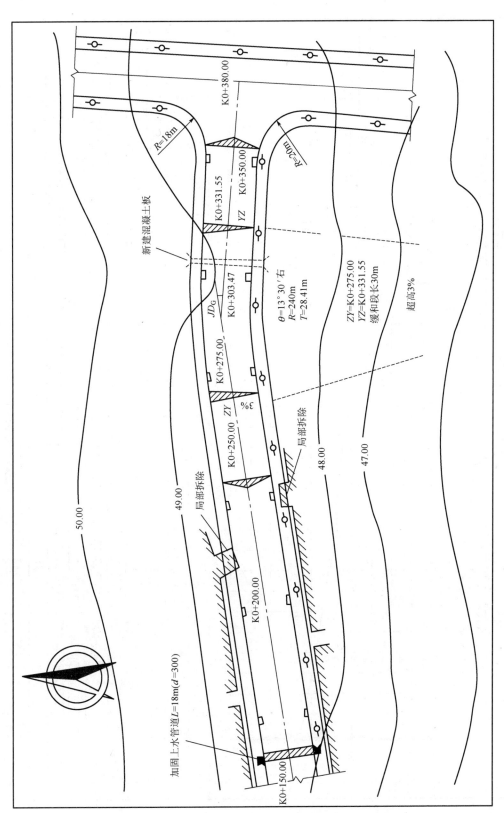

图2.16 道路平面设计

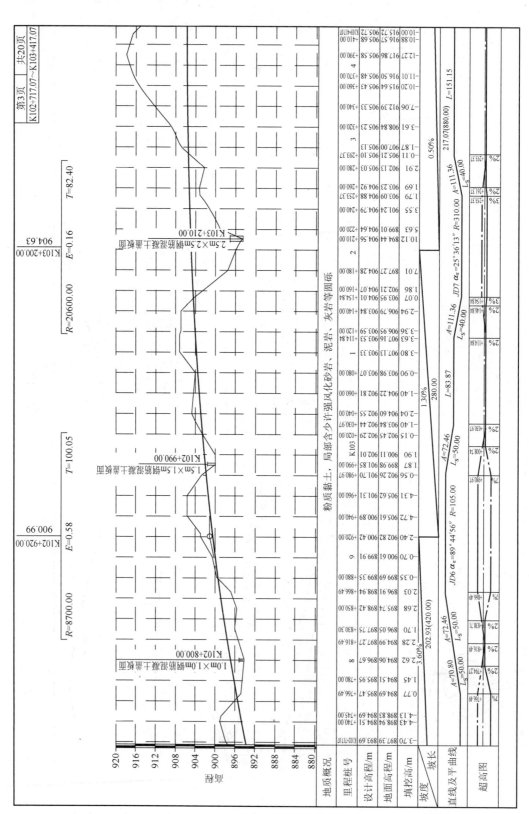

图2.17 道路纵断面图

2.6.3 道路横断面图

道路横断面图是指沿道路中心线垂直方向的断面图,一般采用1∶200或1∶100的比例尺,表示各组成部分的位置、宽度、横坡等情况,反映路面的横向布置及路面横坡情况。道路横断面图分为两类:路基标准横断面图和路基一般横断面图。图2.18为路基标准横断面布置形式。

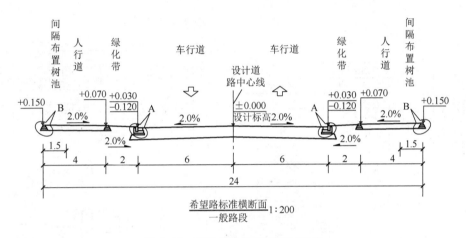

图2.18 路基标准横断面布置形式

路基一般横断面图,主要反映路线沿线各中心桩处的横向地面起伏状况和路基横断面形状、路基宽度、填挖高度、填挖面积等。路基一般横断面图应遵循沿着桩号由下到上、由左到右画出的顺序,如图2.19所示。

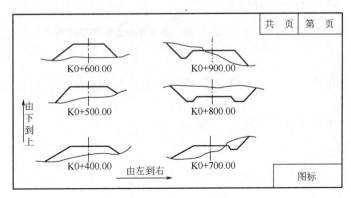

图2.19 路基一般横断面图

2.6.4 道路路面结构图

纵向接缝

道路路面结构图中需注明每层结构的厚度、性质、标准等内容,并标注必要的尺寸(如平、侧石尺寸)、坡向等。

图 2.20 为水泥混凝土路面结构图,面层为标号 C30 水泥混凝土,厚度为 240mm;基层为水泥稳定碎石,厚度为 250mm;垫层是级配碎石,厚度为 250mm。

横向接缝

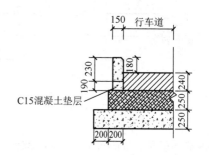

自然区划	IV4
抗弯拉强度	4.5MPa
路基土组	黏性土
干湿类型	中湿
结构代号	III

水泥混凝土路面结构设计图

序号	结构层名称	抗压		抗弯拉	
		强度	回弹模量	强度	回弹模量
1	C30水泥混凝土			4.5	27
2	5%水泥稳定碎石	400~500			
3	级配碎石	170~250			

C30水泥混凝土　5%水泥稳定碎石　级配碎石

图例

说明:
1. 本图尺寸均以mm计。
2. 路基的压实度、平整度、土基回弹模量、含水率等应满足有关要求。
3. 水泥稳定碎石中水泥含量为5%~6%,碎石为二级以上,粒径不大于50mm。
4. 未尽事宜按有关规范执行。

图 2.20　水泥混凝土路面结构图

为避免温度变化使混凝土产生裂缝和拱起现象,混凝土路面需划分板块,如图 2.21 所示。

分块的接缝有下列几种,如图 2.22 所示。

任务 2 城市道路构造认知

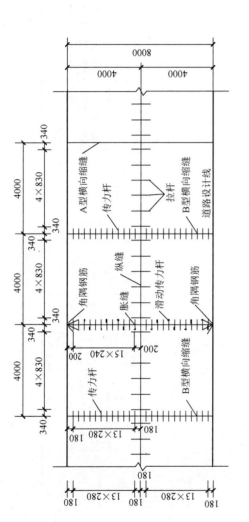

图2.21 混凝土路面划分板块

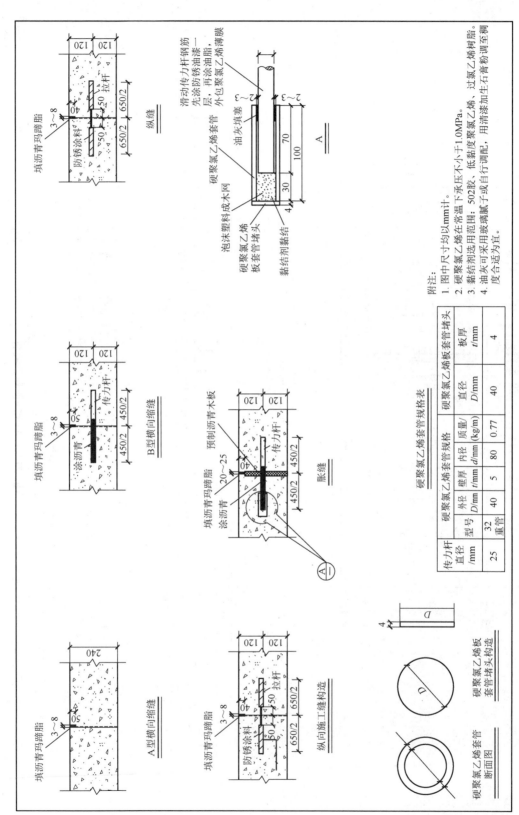

图2.22 分块的接缝

职业能力与拓展训练

职业能力训练

一、填空题

1. 城市道路按路幅分为_____、_____、_____、_____四种断面形式。
2. 路拱的基本形式有_____、_____、_____三种。
3. 从路面结构的力学特性出发，将路面划分为_____、_____和_____三类。

二、单项选择题

1. （　　）是直接同行车和大气接触的表面层次，它承受较大的行车荷载的垂直力、水平力和冲击力的作用，同时还受到降水的侵蚀和气温变化的影响。

   A. 面层　　　　　　B. 基层　　　　　　C. 垫层　　　　　　D. 路基

2. 在道路结构层中起主要承重作用的是（　　）。

   A. 面层　　　　　　B. 基层　　　　　　C. 垫层　　　　　　D. 路基

3. 下列不属于垫层作用的是（　　）。

   A. 防冻　　　　　　B. 排水　　　　　　C. 防污染　　　　　D. 防热

三、简答题

1. 路基横断面有哪些形式？各有何特点？
2. 超高的设置目的是什么？
3. 纵断面设计考虑因素有哪些？
4. 路面结构分为哪些层次？有何技术要求？
5. 为什么需要设置路拱？

拓展训练

1. 道路纵断面图能反映出哪些内容？
2. 刚性路面设置接缝有何规定？

任务3 道路工程施工

任务导入

党的二十大报告提出，必须坚持人民至上。在经济不发达且技术落后的时代，道路施工体现为以手工、劳动力为主，涉及的道路建筑材料多为土、石、木材等，且品种非常有限，生产效率极为低下。现代意义上的道路施工可以依托新工艺、新材料、新设备、新方法等"四新"技术，也可以借助人工智能（Artificial Intelligence，AI）做辅助，极大地把人类从复杂的生产工序中解放出来，并提高了生产效率，同时也体现出"以人为本"的社会进步理念。

深南大道被称为深圳第一景观大道，是深圳建设最早、最重要的城市主干路，其东起罗湖区沿河路口的三九大酒店，西至南头检查站，中心区最宽达350m。单从宽度这一指标上讲，其他大道确实无出其右，在全国城市中也可以说名列榜首。深南大道于1979年开始修建，至1999年历经多次改造，1997年创造性地提出了以其为轴线，通过垂直于轴线的各类公共空间形成脊骨式开放空间形态。道路中央是宽阔的绿化带，绵延20km，沿线集中了深圳建筑的精华，东段以现代写字楼为主，中段以行政、文化功能为特色，西段有著名的华侨城景区和深圳科技工业园，功能分区自然合理，是中国少有的具有高度现代化特征的景观街道，堪称中国城市道路建设的精品。同时，也是深圳夜景的汇聚地。夜色中立交桥、人行天桥色彩绚丽，道路两边的灯光和色彩浓淡相宜，构成远近相间、内外相透、动静结合的夜景奇观，是深圳市的迎宾大道。2004年其以"深南溢彩"之名入选"深圳八景"。

深南大道

这条见证深圳崛起、作为深圳城市名片的深南大道，它已经不仅仅是一条路，更是一个象征，一个年轻城市的象征，一个改革开放的伟大时代缩影。

名片工程，除了能让人赏心悦目，更能让人感受到时代的进步和祖国的日益强大。那么，为创造良好的社会效益，道路在施工过程中需要进行哪些工序？每个工序之间如何协作？如何组织安排道路施工才能创造精品工程呢？

3.1　道路施工准备

施工准备工作是组织施工的首要工作,是对拟建工程生产要素的供应、施工方案的选择,以及其空间布置和时间安排等诸多方面进行的施工决策。准备工作的好坏直接关系到各项建设工作能否顺利地进行,能否按预期的目的使施工生产达到高产、优质、低耗的要求,能否保质保量如期完成各项施工任务。因此,施工准备工作对于充分调动人的积极因素,合理地组织人力、物力,加速工程进度,提高工程质量,降低工程成本,节约投资和原材料等,都起着重要的作用,具体包括以下内容。

3.1.1　技术准备

施工技术准备工作是工程开工前期的一项重要工作,其主要工作内容如下。

1. 图纸会审、技术交底

图纸会审、技术交底是基本建设技术管理制度的重要内容。工程开工前,在项目总工程师的带领下集中有关技术人员仔细审阅图纸,将不清楚或不明白的问题汇总通知建设单位、监理单位及设计单位及时解决。图纸会审由建设单位负责召集,是一次正式会议,各方可先审阅图纸,汇总问题,在会议上由设计单位解答或各方共同确定。测量复核成果,对所有控制点、水准点进行复核,发现与图纸有出入的地方及时与设计人员联系解决。

技术交底一般分为设计技术交底、施工组织设计交底、试验专用数据交底、分部分项或工序安全技术交底等几个层次。工程开工后,每一道工序由项目总工程师组织技术人员向施工人员及作业班组交底。

2. 调查研究、收集资料

市政工程涉及面广,工程量大,影响因素多,所以施工前必须对所在地区的特征和技术经济条件进行调查研究,并向设计单位、勘测单位及当地气象部门收集必要的资料,主要包括以下内容。

(1) 有关拟建工程的设计资料:技术设计资料和设计意图;测量记录和水准点位置;原有各种地下管线位置等。

(2) 各项自然条件的资料:气象资料和水文地质资料等。

(3) 当地施工条件资料:当地材料价格及供应情况;当地机具设备的供应情况;当地劳动力的组织形式、技术水平;交通运输情况及能力;等等。

3. 编制施工组织设计

施工组织设计是施工准备工作的重要组成部分,也是指导现场准备工作,全面部署生产活动的依据,对于能否全面完成施工生产任务起着决定性作用。因此,在施工前必须收集有关资料,编制施工组织设计。

1) 道路施工组织设计的编制程序

(1) 根据设计路面的类型,进行现场勘察与选择,确定材料供应范围及加工方法。

(2) 选择施工方法和施工工序。

(3) 计算工程量,编制流水作业图,布置任务,组织工作班组。

（4）编制工程进度计划。

（5）编制人、材、机供应计划。

（6）制定质量保证体系、文明施工及环境保护措施。

2）编制施工预算

施工预算是施工单位内部编制的预算，是单位工程在施工时所需人工、材料、施工机械台班消耗数量和直接费用的标准，以便有计划、有组织地进行施工，从而达到节约人力、物力和财力的目的。其内容主要包括以下两个方面。

（1）编制说明书：包括编制的依据、方法，各项经济技术指标分析，新技术、新工艺在工程中的应用等。

（2）工程预算书：主要包括工程量汇总表、主要材料汇总表、机械台班明细表、费用计算表、工程预算汇总表等。

3.1.2 组织准备

1. 组建施工项目经理部

施工项目经理部是指施工项目经理领导下的施工项目经营管理层，其职能是对施工项目实行全过程的综合管理。施工项目经理部是施工项目管理的中枢，是施工企业内部相对独立的一个综合性的责任单位。

施工项目经理部的设置和人员配备，要根据项目的具体情况而定，一般应设置以下几个部门（图3.1）。

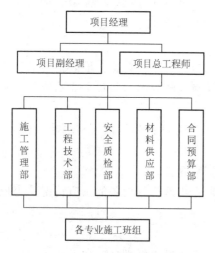

图3.1 施工项目经理部管理体系

2. 组建专业施工班组

1）选择施工班组

路面施工中，面层、基层和垫层除构造有变化外，工程量基本相同。因此，可以根据不同的工作内容选择不同的施工队伍，按均衡的流水作业施工。

2）调配劳动力

调配劳动力一般应遵循以下规律：开始时先调少量工人进入工地做准备工作，随着工程的开展，陆续增加工作人员；工程全面展开时，可将工人人数增加到计划需要量的最高额，然后尽可能保持人数稳定，直到工程部分完成后，逐步分批减少人员，最后由少量工人完成收尾工作。尽可能避免工人数量骤增、骤减现象的发生。

3.1.3 其他准备工作

1. 施工现场准备

施工现场是参加工程施工的全体人员为优质、安全、低成本和高速度完成施工任务而进行工作的活动空间;施工现场准备工作是为拟建工程施工创造有利的施工条件和提供物质保证的基础。其主要内容包括以下几个方面。

(1) 拆除障碍物,搞好"三通一平"(路通、水通、电通和平整场地)。
(2) 做好施工场地的控制网测量与放线。
(3) 搭设临时设施。
(4) 安装调试施工机具,做好建筑材料、构配件等的存放工作。
(5) 做好冬、雨期施工安排。
(6) 设置消防、保安设施和机构。

另外,路基、路面的施工均为长距离线形工程,受季节变化的影响很大,为使工程施工能保证质量、按期开工,必须做好线路复测、查桩、认桩工作;高温季节要做好防暑降温等工作。

2. 施工物资准备

1) 物资准备的工作内容
(1) 材料的准备。
(2) 配件和制品的加工准备。
(3) 安装机具的准备。
(4) 生产工艺设备的准备。

2) 物资准备的注意事项
(1) 无出厂合格证明或没有按规定进行复验的原材料、不合格的配件,一律不得进场和使用。严格执行施工物资的进场检查验收制度,杜绝假冒伪劣产品进入施工现场。

路基工程施工常用的机械

(2) 施工过程中要注意查验各种材料、构配件的质量和使用情况,对不符合质量要求、与原试验检测品种不符或有怀疑的,应提出复试或化学检验的要求。

(3) 进场的机械设备必须进行开箱检查验收,产品的规格、型号、生产厂家和地点、出厂日期等,必须与设计要求完全一致。

3.2　路基施工

3.2.1　路堤施工

路堤是由外来材料填筑而成的,填筑前的地基状况、填料选择、填筑方式和压实标准、机械、气温气象等因素均影响路堤质量,因此,路堤施工中必须对这些问题予以足够的重视。

路基施工

1. 路堤的分类

(1) 矮路堤:填方高度小于1.5m的路堤,适用于平坦地区且取土困难时。

（2）正常路堤：填方高度为1.5～12.0m的路堤。这种情况可按常规设计，采用规定的横断面尺寸，不做特殊处理。

（3）高路堤：填方高度超过18.0m（土质）或超过20.0m（石质）的路堤。其填方数量大、占地宽、行车条件差，为使路基边坡稳定和断面经济合理，需要个别设计。

2. 路堤基底的处理

路堤基底的处理是保证路堤稳定、坚固极为重要的措施。在路堤填筑前进行基底处理，能使填土与原来的表土密切结合；能使初期填土作业顺利进行，使地基保持稳定，增加承载能力；能防止因草皮、树根腐烂而引起的路堤沉陷。对于一般的路堤基底处理，除按清理场地的要求进行外，还应按下列规定执行。

（1）基底土密实，且地面横坡不陡于1∶10时，经碾压符合要求后，可直接在地面上修筑路堤（但在不填不挖或路堤高度小于1.0m的地段，应清除草皮等杂物）。在稳定的斜坡上，横坡为（1∶10）～（1∶5）时，基底应清除草皮，先翻松表土再进行填土。横坡陡于1∶5时，应将原地面挖成台阶，每级台阶宽度不小于1.0m，高度不小于0.3m（图3.2）。若地面横坡超过1∶2.5时，外坡角应进行特殊处理，如修护墙或护角。

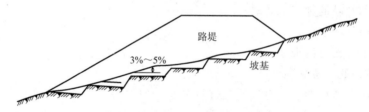

图3.2　横坡较陡时路堤基底处理

（2）当路基稳定性受到地下水影响时，应予拦截或排除，引地下水至路堤基础范围之外（图3.3），再进行填方压实。

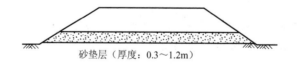

图3.3　砂垫层排水

（3）路堤基底为耕地或松土时，应清除有机土、种植土，平整后按规定要求压实。在深耕地段，必要时应将松土翻挖，土块打碎，然后回填、整平、压实；经过水田、池塘或洼地时，应根据具体情况采取排水疏干，挖除淤泥，打砂桩，抛填片石、砂砾石或石灰（水泥）处理土等措施，以保持基底的稳固。

（4）路堤修筑范围内，原地面的坑、洞、墓穴等，应用原地的土或砂性土回填，并按规定压实。

路堤填筑

3. 路堤填筑

1）路堤填筑方式

路堤填筑必须考虑不同的土质，从原地面逐层填起，并分层压实，每层厚度随压实方法而定，填筑方式一般有以下几种。

（1）水平分层填筑：填筑时按照横断面全宽分成水平层次，逐层向上填筑。如原地面不平，应由最低处分层填起，每填一层，经压实合格后再填上一层。此法施工操作方便、安全，压实质量容易保证（图 3.4）。

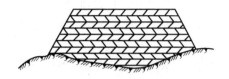

图 3.4　水平分层填筑

（2）纵向分层填筑：宜用推土机从路堑取土填筑距离较短的路堤，依纵坡方向分层，逐层向上填筑，原地面纵坡小于 20°的地段可采用该方法施工（图 3.5）。

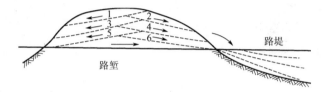

1～6—所挖的每层土

图 3.5　纵向分层填筑

（3）竖向填筑：从路基一端按横断面的全部高度，逐步推进填筑，仅用于无法自下而上填土的陡坡、断岩或泥沼地区（图 3.6）。此法不易压实，且还有沉陷不均匀的缺点。为此，应采用必要的技术措施，如选用高效能的压实机械（振动压路机）；采用沉陷量较小的砂性土或废石方作填料；采用混合填筑法；等等。

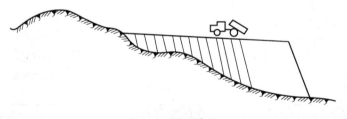

图 3.6　竖向填筑

（4）混合填筑：路堤下层用竖向填筑而上层用水平分层填筑，以使上部填土经分层压实获得足够的密实程度，如图 3.7 所示。

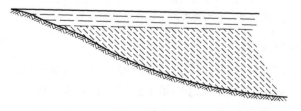

图 3.7　混合填筑

加宽路堤时，所用填土应与原路堤用土尽量接近或为透水性好的土，并将原边坡挖成向内倾斜的台阶，分层填筑，碾压到规定的密实度。严禁将薄层新填土贴在原边坡的表面。

对于不同性质的土混合填筑时，应视土的透水能力的大小，进行分层填筑压实，并采取有利于排水和路基稳定的方式。一般应遵循以下原则。

① 以透水性较小的土填筑路堤下层时，其表面应做成4%的双向横坡，以保证排水通畅。如用以填筑路堤上层时，不应覆盖封闭其下层透水性较大的填料，以保证水分的蒸发和排除。

② 不同性质的土应分别填筑，不得混填。每种填料层累计总厚度不宜小于0.5m。

③ 凡不因潮湿及冻融而变更其体积的优良土应填在上层，强度（变形模量）较小的土应填在下层。

不同性质的土混合填筑路堤的正确、错误方式分别如图3.8和图3.9所示。

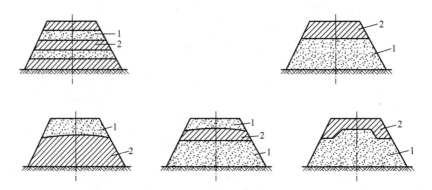

1—透水性较大的土；2—透水性较小的土
图 3.8 不同性质的土混合填筑路堤的正确方式

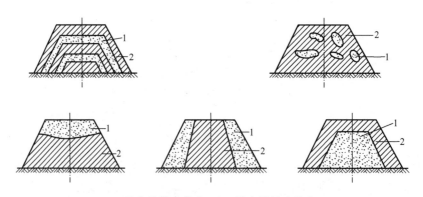

1—透水性较大的土；2—透水性较小的土
图 3.9 不同性质的土混合填筑路堤的错误方式

2）其他路堤填料填筑方式

除了用土作为路堤填料，也可以采用填石路堤或土石路堤方式。

（1）填石路堤的填筑：其基底处理同填土路堤。石料的强度应不小于15MPa（用于护坡的不小于20MPa）。石料的最大粒径不宜超过层厚的2/3。每层的松铺厚度：高等级道路不大于0.5m；其他道路不宜大于1.0m。

（2）土石路堤的填筑：其基底处理同填土路堤。土石混合料中石料强度大于20MPa

时，石块最大尺寸不得超过压实层厚的 2/3，否则应剔除；当石料强度小于 15MPa 时，石块最大尺寸不得超过压实层厚，超过的应打碎。

3.2.2 路堑施工

路堑是在天然地面上以开挖方式建成的路基，它是线路通过山区与丘陵地区的一种常见的路基形式。路堑开挖是路基土石方施工的一个重点，在山岭重丘区挖方路基常常是控制工程进度的关键，尤其是石质路堑更成为路基施工中的关键工程。实践证明，路基出现的病害大多发生在挖方路段上，诸如边坡出现滑坡、崩坍、落石等。除山体本身的地质、水文状况、土质、构造，以及设计不合理等因素外，路堑开挖方式不合理、防护工程设计不当、施工质量不好也是造成这些病害的主要原因之一。因此，施工人员应从设计、现场地质、水文复核调查等多方面把关，认真组织施工方案，切实搞好挖方路基施工。

根据挖方土质的不同，路堑可以分为两类：土质路堑与石质路堑。两者的施工方式有很大不同，下面对此分类进行叙述。

1. 土质路堑施工

土质路堑施工一般采用挖掘机或装载机直接挖取土方，配合自卸汽车进行土方调配，其具体施工方案根据现场情况可分为以下几种。

1）横向挖掘法

按路堑整个横断面的宽度和深度，从一端或两端逐渐向前开挖的方法称为横向挖掘法，如图 3.10 所示。如果开挖断面是一次成形，也称为单层横挖法，这种开挖方法适用于开挖深度小且长度较短的路堑。

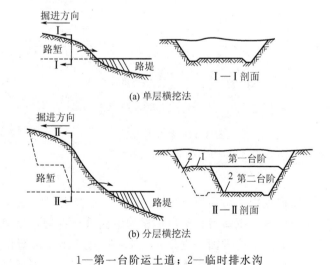

1—第一台阶运土道；2—临时排水沟

图 3.10 横向挖掘法

如果路堑较短，但深度较大时，可分成几个台阶进行开挖，这就是分层横挖法，这种方法要求各层有独立的运土道和临时排水设施。分层横挖法使得工作面纵向拉开，多层多向出土，可容纳较多的施工机械，若用挖掘机配合自卸汽车进行，台阶高度可采用 3～4m，采用人力挖掘法时，一般为 1.5～2m。

2）纵向挖掘法

（1）分层纵挖法。沿路堑全宽以深度不大的纵向分层挖掘前进的作业方式称为分层纵挖法，如图 3.11(a) 所示。本法适用于较长的路堑开挖。施工中，当路堑长度较短（<100m），开挖深度不大于3m，地面较陡时，宜采用推土机作业，其适当运距为 20～70m，最远不宜大于 100m。当地面横坡较平缓时，表面宜横向铲土，下层宜纵向推运。当路堑横向宽度较大时，宜采用两台或多台推土机横向联合作业。当路堑前方为陡峻山坡时，宜采用斜铲推土。

（2）通道纵挖法。沿路堑纵向挖掘一通道，然后将通道向两侧拓宽的作业方式称为通道纵挖法，如图 3.11(b) 所示。上层通道拓宽至路堑边坡后，再开挖下层通道，按此方向直至开挖到挖方路基顶面标高。这是一种快速施工的有效方法，通道可作为机械行驶和运输土方车辆的道路，便于挖掘和外运的流水作业。

（3）分段纵挖法。沿路堑纵向选择一个或几个适宜处，将较薄一侧路堑横向挖穿，路堑在纵向上，按桩号分成两段或数段，各段再纵向开挖的作业方式称为分段纵挖法，如图 3.11(c) 所示。本法适用于路堑较长、弃土运距较远的傍山路堑或一侧堑壁不厚的路堑开挖。

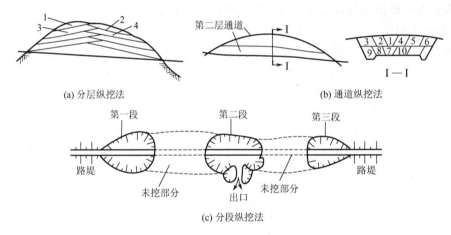

图 3.11 纵向挖掘法

注：图中数字表示挖掘顺序。

3）混合式开挖法

混合式开挖法即将横向挖掘法与通道纵挖法混合使用，这种方法适用于路堑纵向长度和深度都很大时。先将路堑纵向挖通后，然后沿横向坡面进行挖掘，以增加开挖坡面。为了加快施工进度，施工中，每一个坡面分别设置一个机械施工班组进行作业。

土质路堑开挖容易发生边坡失稳、场地积水、翻浆、路床强度不足等问题。为了有效避免路基问题的发生，施工过程中应特别注意以下几个问题。

（1）排水。路堑开挖前及施工期间的排水包括临时排水和永久性排水。开挖前预估有可能产生流向路基的地表水的路段均需在路堑上边坡坡顶 5m（湿陷性黄土地区 10m）以外开挖临时截水沟。若为透水性土质，应对截水沟边坡进行防渗处理，如采用浆砌片石、砂浆抹面等，并作为永久性排水工程。雨季前必须做好截水沟、排水沟排水体系。

路基排水

（2）路基宽度。路基开挖边界桩应采用渐近法放样。边桩桩距一般挖方段为20m；深挖、陡壁、弯道等困难段应为10m。每开挖2～5m（人工或简易机械取低值，机械化取高值）应恢复中桩，检测开挖位置断面的左、中、右三点标高及宽度。根据设计资料计算该断面挖掘到的位置应有的宽度，与实测宽度做比较，超宽或不足时应及时调整。为保证边坡宽度，路基两侧开挖边桩通常比理论计算值宽0.5～0.8m。

（3）边坡修整。路堑开挖无论采用哪一种设备，最终都需采用人工修整。通常开挖深度达5～10m后，及时放样边坡，组织工人用铲、锄削平边坡。即使边坡设计采用格室草皮、浆砌片石等防护设施，也应及时修整边坡。旱季施工的路堑在雨季前边坡应防护结束。

（4）稳定边坡。需要设防护的边坡，如膨胀土类边坡，若在冬季施工，可挖至路床标高才砌筑防护设施，但必须在雨季来临之前完成；春夏季节开挖边坡，应自上而下边开挖边砌筑防护工程，逐步分层施工，不宜挖至路床标高后待边坡发生滑坍再清理整治。

（5）填挖结合断面的处理。填方、挖方的强度往往不一致，填方部位的强度低于挖方部位，并产生较大的工后沉降。为此，填方部位除按规定挖台阶、建挡土墙外，填料的选择及压实则成为关键。为了提高填挖路基交接处的强度均匀性，可分别在上、下路堤交接面，路床底面或路床顶面设置土工格栅等加强措施。

2. 石质路堑施工

路基穿越石质地带时通常应根据石质类型、风化、节理发育程度、施工条件及工程量大小等选择开挖方式。石质路堑施工方法主要有松土法、破碎法、爆破法三种。

1) 松土法

松土法开挖充分利用岩体的各种裂隙和结构面，选用推土机作为牵引动力，牵引松土器将岩体翻松，再用推土机或装载机与自卸汽车配合将翻松的岩体搬运到指定地点。松土器装在推土机的后端，根据推土机不同，有单齿松土器、3齿松土器、5齿松土器等。

松土法主要适用于砂岩、节理发育的石灰岩、页岩、泥岩及砾岩等沉积岩，以及风化严重、节理发育的其他软质、脆质岩石。松土过程中如遇到局部坚硬的岩石，可配合小型爆破，不要强行使用松土器，以免造成折断。

2) 破碎法

破碎法开挖利用破碎机凿碎岩块，然后进行挖运等作业。这种方法是将凿子安装在推土机或挖土机上，利用活塞的冲击作用使凿子产生冲击力以凿碎岩石，其破碎岩石的能力取决于活塞的大小。破碎法主要用于岩体裂隙较多、体积小、抗压强度低于100MPa的软质岩石。

3) 爆破法

爆破法开挖利用炸药爆炸时所释放出的巨大能量，使其周围介质受到破坏或移位。其特点是施工进度快，并可减轻繁重的体力劳动，提高劳动生产率，降低施工成本。但爆破法开挖是一种带有危险性的作业，对山体等周围介质破坏性比较大，对周围环境也有影响，应尽量控制使用。目前，爆破法施工仍是石质路堑开挖最有效、最广泛采用的方法。

松土法和破碎法具有作业过程简单、生产效率高、不影响周围环境、安全等特点，在国外公路施工中已得到广泛的应用。随着大型、整体式松土器的出现，松土机具的作业范围已经显著扩大。某些按传统法只能采用爆破法开挖的岩石，现在也可用松土器耙松后由铲运机械装运，变爆破作业为机械作业，作业过程简单而且经济上也有其明显的优越性。因此，岩土的开挖，如能用松土法或破碎法开挖，应当优先考虑。

3.2.3　路基压实

路基压实是控制路基质量的关键，其目的是提高路基的强度和稳定性。路基填料分为填土、填石、土石混填三大类。这些填料性质不同，其压实机理也有所差别。其中土质路基在我国分布最广，其压实机理和施工也最具代表性，这是本节内容的重点。

1. 土基压实

1) 土基压实的意义和作用

土基压实是指通过重力碾压、冲击等外力手段，克服土粒间的凝聚力和摩擦力，将土体中的空气和水分挤出，使土粒间相互靠拢挤密，从而提高土的密度，以增强土体抵抗外部压力的能力和稳定性。土体是由土粒固体、水和空气组成的三相体。土体的压缩变形包括土粒固体部分的靠近挤密，土内自由水、弱结合水和气体的挤出，从而减少土体内的孔隙，所以土体压缩变形主要是由于土体内孔隙的减少。

压实使土的强度大大提高，使土基的塑性变形明显减小，透水性明显降低，是改善土体工程性质的一种经济合理措施。在一定的压实能量下，只有适当的含水量土才能被压实到最大干密度，这个含水量称为最佳含水量，可以通过室内试验测定，也可按下式计算。

$$\rho_{d,max} = \eta \frac{\rho_w}{1+0.01\omega_{op}d_s} d_s$$

式中　$\rho_{d,max}$——分层压实填土的最大干密度，kg/m^3；

　　　η——经验系数，粉质黏土取 0.96，粉土取 0.97；

　　　ρ_w——水的密度，kg/m^3；

　　　d_s——土粒相对密度；

　　　ω_{op}——填料的最佳含水量，％。

2) 影响压实效果的主要因素

（1）含水量。土中含水量对压实效果的影响比较显著。当含水量较小时，由于粒间引力使土保持着比较疏松的状态或凝聚结构，土中孔隙大都互相连通，水少而气多，在一定的外部压实功能作用下，虽然土孔隙中气体易被排出，密度可以增大，但由于水膜的润滑作用不明显以及外部压实功能不足以克服粒间引力，土粒不易相对移动，因此压实效果比较差；当含水量逐渐增大时，水膜变厚，引力减小，水膜起润滑作用，外部压实功能比较容易使土体相对移动，压实效果渐佳；当土中含水量过大时，孔隙中出现了自由水，压实功能不可能使气体排出,压实功能的一部分被自由水所抵消,降低了有效压力,压实效果反而降低。然而,当含水量较小时,土粒间引力较大,虽然干密度较小,但其强度可能比最佳含水量时还要高。可是此时因密实度较低,孔隙多,一经饱水,其强度会急剧下降。这又得出一个结论:在最佳含水量情况下压实的土水稳性最好。最佳含水量和最大干密度是两个十分重要的指标,对路基设计和施工有重要的意义。

(2) 土的类别。在同一压实功能作用下,含粗粒土越多,其最大干密度越大,而最佳含水量也越小。

(3) 压实功能。同一类土,其最佳含水量随压实功能的加大而减小,而最大干密度则随压实功能的加大而增大。当土偏干时,增加压实功能对提高干密度的影响较大,偏湿时则收效甚微。故对偏湿的土试图采用加大压实功能的办法来提高土的密实度是不经济的,若土的含水量过大,此时加大压实功能就会出现"弹簧"现象。另外,当压实功能加大到一定程度后,对最佳含水量的减小和最大干密度的提高都不明显了,这就是说单纯用加大压实功能提高土的密实度是不合适的,有时候压实功能过大还会破坏土体结构,效果适得其反。

(4) 压实土的厚度。在相同土质和相同压实功能的条件下,压实效果随压实土的厚度的递增而减弱。试验证明,表层压实效果最佳,越到下面压实效果逐渐降低。因此,对不同压实机械和不同的土质压实时控制的厚度也不同。

3) 压实的质量控制

要控制好路基压实质量,首先应充分认识影响压实的各种因素,其次应根据现场实际情况采取各种技术措施,充分发挥现场压实机械的工作效益,使所施工的路基达到压实标准的要求。在施工过程中,重点应注意检查以下几方面。

(1) 确定不同种类土的最大干密度和最佳含水量。用于填筑路基的沿线土石材料,其性质往往有较大的变化。在路基填筑施工前,必须在主要取土场采集代表性土样,进行土工试验,用规定方法求得各个取土场土样的最大干密度和最佳含水量,以便指导路基土的施工。

(2) 检查控制填土含水量。由于含水量是影响路基土压实效果的主要因素,故需检测拟填入路基中的土的含水量。用透水性不良的土做填料时,应控制其含水量在最佳含水量±2%之内。

(3) 分层填筑、分层压实。土压实层的密度随深度递减,表面5cm的土密度最高。填土分层的压实厚度和压实遍数与压实机械类型、土的种类和压实度要求有关,应通过试验路来确定。一般认为,对于细粒土,用12~25t光轮压路机时压实厚度不得超过20cm;用22~25t振动压路机(包括激振力)时压实厚度不得超过50cm。路基土方分层厚度与碾压(夯实)遍数参考具体见表3-1。

(4) 全宽填筑、全宽碾压。填筑路基时,应要求从基底开始在路基全宽范围内分层向上填土和碾压,尤其应注意路堤的边缘部分。路堤边缘往往难以压实,经常处于松散状态,雨后容易滑坡崩坍,故路基填土宽度每侧应比设计规定宽50cm,压实工作完成后再按设计宽度和坡度予以刷齐整平。

表 3-1　路基土方分层厚度与碾压（夯实）遍数参考

压实机械		每层松铺厚度/cm	有效碾压（夯实）遍数		合理选择压实机械的条件
			非塑性土	塑性土	
羊足碾（6~8t）		20~30	4	8	
钢质光轮压路机	轻型（6~8t）	15~20	4	8	碾压路段长度不宜小于100m，宜于压实塑性土；钢质光轮压路机适用于压实非塑性土
	中型（9~10t）（10~12t）	20~30	4	8	
	重型（12~15t）	25~35	4	8	
轮胎压路机	16t	30~35	4	8	
振动压路机	2t	11~20	3	5	碾压路段长度不宜小于100m，宜于压实非塑性土，亦可用于压实塑性土
	4.5t	25~35	3	5	
	10t	30~50	3	4	
	12t	40~55	3	4	
	15t	50~70	3	4	
重锤（板夯）	1t举高2m	65~80	3	5	用于工作面受限制时，宜于夯实非塑性土，亦可夯实塑性土
	1.5t举高1m	60~70	3	5	
	1.5t举高2m	70~90	3	4	
机夯	0.3t	30~50	3	4	用于工作面受限制及结构物接头处
人力夯	0.04t	20~25	3	4	
振动器	2t	60~75	1~3min	3~5min	宜于压实非塑性土

（5）加强测试检验及压实控制。检查压实度一般采取环刀法、灌砂法、核子密度仪法、蜡封法、水袋法等。其中，环刀法适用于细粒土；灌砂法适用于各类土；采用核子密度仪法时应先进行标定，并与灌砂法做对比试验，找出相关的压实度修正系数（尤其当填土种类发生变化时，必须重新标定，方能保证压实度检测的准确可靠性）。检查填土的压实度可用下式求得压实度 K。

$$K = 检查点土的干密度 / 最大干密度 \times 100\%$$

每个测点的压实度必须合格，不合格的，必须重新处理，直到压实度合格为止。

填筑路基时，应分层碾压并分层检查压实，并要求填土层压实度达到要求后方能允许填筑上一层填土，只有分层控制填土的压实度，才能保证全深度范围内的压实质量。

填石路堤的填筑

当工地实测的压实度小于要求的压实度时，应检查填土的含水量，当填土含水量与最佳含水量相差在±2%以内时，应增加碾压遍数，如果碾压遍数超过10遍仍达不到压实度要求，则继续增加碾压遍数的效果很小，不如减少压实层厚度；当填土含水量大于最佳含水量时，应将填土挖松，晾干至最佳含水量再重新碾压；当填土含水量小于最佳含水量时，应洒水使填土含水量接近最佳含水量后再进行碾压。

2. 填石和土石混填路基压实

1）压实机理

当路基填料中石料含量不小于70％时，称为填石路基；当采用石料含量为30％～70％时，称为土石混填路基。两者的压实机理与土质路基类似，主要差别在于石质的压实以及石质和土质的相互作用。石质压实表现为外力作用使石与石之间镶紧，包含下述几个过程：排列过程、填装过程、分离过程和夯实过程。这四个过程虽然同时发生，但填装过程和夯实过程明显，分离过程、排列过程不明显。水仅对混合料中的细集料起作用，外力作用功不能使某个石块内部组成改变，只能使石块之间及填隙料嵌挤、咬合，减少填石的空隙率。

因此，填石和土石混填路基压实重点应考虑外力作用功、级配，保证石块之间能充分靠近，填隙料能充分填满石块之间的空隙，同时填隙料能充分受到挤压而密实。

2）压实的质量控制

土石混填、填石路基的压实既要防止细粒土过量振实，又要避免石料"顶天立地"或过度碾碎石料，同时土石不能产生离析，目前一般采用50t凸块振动压路机、50t冲击压路机、30～50t压路机控制压实，而土石混填路基一般也可采用不小于18t振动压路机控制压实。

土石混填、填石路基控制压实一般根据试验路得出的不同吨位压路机、土石比例的压实度-压实遍数关系曲线，采用碾压遍数、沉降量观测（包括相邻两遍碾压高差不超过3～5mm）、局部位置用灌砂法检查等综合方法控制碾压。

填石路堤在压实前，应先用大型推土机推铺平整，个别不平处，应人工配合找平。采用的压路机宜选工作质量为12t以上的振动压路机、2.5t以上的夯锤或25t以上的轮胎压路机。碾压时要求均匀压实，不得漏压。

土石路堤的压实要根据混合材料中巨粒土含量的多少来确定。当巨粒土含量较少时，应按土质路基的压实方法进行压实；当巨粒土含量较大时，应按填石路基的压实方法进行压实。不论何种路堤，碾压都必须确保均匀密实。

土石路堤的压实度检测采用灌砂法或水袋法。应根据每种填料的不同含石量的最大干密度作出标准干密度曲线，然后根据试坑挖取试样的含石量，从标准干密度曲线上查出对应的标准干密度。压实度的要求同土质路堤。

3.3 基层施工

3.3.1 道路基层概述

直接位于道路面层下，高质量材料铺筑的主要承重层称作基层。基层主要承受由面层传来的车辆荷载竖向力，并把这种作用力扩散到垫层和土基中，故基层应有足够的强度和刚度。车辆荷载水平力作用，沿深度递减很快，对基层影响很小，故对基层没有耐磨性要求。基层应有平整的表面，保证面层厚度均匀。基层受大气因素的影响小，但因表面可能透水及地下水的侵入，要求基层结构有足够的水稳性。

修筑基层所用的材料主要有：各种结合料（如石灰、水泥和沥青等）稳定土或稳定碎石、天然砂砾、各种碎石或砾石、片石、块石；各种工业废渣所组成的混合料，以及它们与土、砂、石所组成的混合料等。

1. 道路基层的分类

常用基层形式可分为石灰稳定类基层、水泥稳定类基层、石灰工业废渣基层、沥青稳定土基层和粒料类基层。其中石灰稳定类基层、水泥稳定类基层和石灰工业废渣基层又称为半刚性基层。半刚性基层材料的特点是整体性强、承载力高、刚度大、水稳性好，而且较为经济。

1）石灰稳定类基层

在粉碎的或原来松散的土（包括各种粗粒土、中粒土和细粒土）中，掺入足够数量的石灰和水，通过拌和得到的混合料经摊铺压实及养护后，当其抗压强度和耐久性符合规定要求时的道路基层，称为石灰稳定类基层。

用石灰稳定细粒土得到的混合料，简称石灰稳定土。

用石灰稳定粗粒土或中粒土得到的混合料，视所用原材料而定，原材料为天然砂砾土时，简称石灰砂砾土；原材料为天然碎石土时，简称石灰碎石土。

另外，仅使用少量石灰改善各种土的塑性指数或提高其强度，而达不到石灰稳定土规定的强度要求时，这种材料可称为石灰改善土。

2）水泥稳定类基层

在粉碎的或原来松散的土（包括各种粗粒土、中粒土和细粒土）中，掺入足够数量的水泥和水，通过拌和得到的混合料经摊铺压实及养护后，当其抗压强度和耐久性符合规定要求时的道路基层，称为水泥稳定类基层。

用水泥稳定砂性土、粉性土和黏性土得到的混合料，简称水泥稳定土；用水泥稳定砂得到的混合料，简称水泥稳定砂。

用水泥稳定粗粒土或中粒土得到的混合料，视所用原材料，可简称水泥稳定碎石、水泥稳定砂砾等。

在稳定各种土时，常根据设计强度和耐久性等要求，以及地方材料的供应情况，同时用水泥和石灰、水泥和粉煤灰稳定某种土，得到的混合料简称综合稳定类土。

另外，仅使用少量水泥改善各种土的塑性指数或提高其强度，而达不到水泥稳定土规定的强度要求时，这种材料可称为水泥改善土。

3）石灰工业废渣基层

工业废渣包括粉煤灰、炉渣、煤渣、高炉矿渣、钢渣（已经过崩解达到稳定）、煤矸石和其他粉状废渣。用一定比例的石灰与这些废渣中的一种或两种经加水拌和、压实和养护后得到一种强度和耐久性都有很大提高并符合规范规定的混合料，称为石灰工业废渣稳定土（简称石灰工业废渣）。

石灰工业废渣材料可分为两大类：石灰粉煤灰类和石灰其他废渣类。

同时用石灰和粉煤灰稳定细粒土（含砂）得到的混合料，简称二灰土。

同时用石灰和粉煤灰稳定级配砂砾和级配碎石得到的混合料，分别简称二灰砂砾和二灰碎石。

4）沥青稳定土基层

将土粉碎，用沥青（液体石油沥青、煤沥青、乳化沥青、沥青膏浆等）作结合料，使其与土拌和均匀，摊铺平整并碾压密实而形成的基层，称为沥青稳定土基层。

沥青在土中起到两方面的作用：一是保护土粒免受水的危害；二是提供黏结力，把土粒黏结在一起。前者作用主要发生在对水敏感的黏性土中，沥青被吸附在土粒表面，阻碍了水分同土粒直接接触，同时还填充了土中部分孔隙，堵塞水分流动的通路，因而，采用沥青稳定黏性土可降低土的吸水能力，提高土的水稳性。后者作用则是提高混合料的强度，它在无黏性的粒料土中占主导地位。

影响沥青土稳定效果的因素主要有土的类型和性质、沥青的性质和剂量以及压实的质量。

5）粒料类基层

粒料类基层按强度构成原理可分为嵌锁型与级配型。嵌锁型包括泥结碎石、泥灰结碎石、填隙碎石等；级配型包括级配碎石、级配砾石、符合级配的天然砂砾、部分砾石经轧制掺配而成的级配砾石、碎石等。国外有些国家的高等级公路上用级配碎石或级配砾石修筑基层或底基层，级配碎石也可用作沥青面层与半刚性基层之间的联结层。

（1）级配碎（砾）石基层。粗、细碎石集料和石屑各占一定比例的混合料，当其颗粒组成符合密实级配，经拌和、摊铺、碾压成形及养护后，其抗压强度或稳定性、密实度符合规定要求时，称为级配碎石。当混合料改为粗、细砾石和砂时，称为级配砾石。

（2）填隙碎石基层。用单一尺寸的粗碎石作主集料，形成嵌锁作用，用石屑填满碎石间的孔隙，增加密实度和稳定性，这种结构的基层称为填隙碎石基层。

2. 道路基层的技术要求

1）有足够的强度和刚度

基层必须能够承受车辆荷载的反复作用，即在预定设计标准轴载的反复作用下，基层不会产生过多的残余变形，更不会产生剪切破坏或疲劳弯拉破坏。基层要满足上述的技术要求，除必需的厚度外，主要取决于基层材料本身的强度。材料的强度包括两个主要方面：一方面是石料颗粒本身的硬度或强度，可用集料压碎值或集料磨耗值表示；另一方面是材料整体（混合料）的强度和刚度，如回弹模量、承载比、抗压强度、抗剪切强度、抗弯拉强度。基层的刚度（回弹模量）必须与面层的刚度相配。如面层和基层的刚度差别过大，则面层会由于过大的拉应力或拉应变而过早开裂破坏。因此，在高等级道路上，无论是沥青面层还是混凝土面层，应选用结合料稳定材料作基层，特别是用水泥或石灰粉煤灰等稳定的粒料。

2）有足够的水稳性和冰冻稳定性

进入路面结构层的水（包括气态水）能使含土较多、土的塑性指数较大的基层或底基层材料的含水量增加及强度降低，从而导致沥青路面过早破坏，或刚性路面损坏。在冰冻地区，这种水造成的危害更大。因此，必须用水稳性好的材料做路面的基层和底基层。就各种基层材料的水稳性而言，水泥粒料的水稳性最好，石灰粉煤灰粒料次之，细土含量多且塑性指数大的级配碎石和级配砾石的水稳性最差。

3）有足够的抗冲刷能力

为了提高高等级道路上路面基层的抗冲刷性能，在采用水泥稳定粒料基层时，粒料的级配应依照基层施工规范中规定的级配碎石或级配砾石基层的集料级配范围而定，同时限制集料中小于0.075mm的颗粒含量不超过5%～7%；在采用石灰粉煤灰稳定粒料基层时，混合料中粒料的比例应是 80%~85%，同时粒料需具有良好的级配，且其中小于 0.075mm 的颗粒含量应等于 0。在采用石灰稳定粒料或石灰土稳定级配粒料时，混合料中粒料的比例应接近 85%。

4）收缩性小

对于高等级路面上的基层，特别是半刚性基层，还应该要求其收缩性小。半刚性材料的收缩性包括两个方面：一是由于水分减少而产生干缩的程度；二是由于温度降低而产生温度收缩的程度。

5）有足够的平整度

基层的平整度对薄沥青面层的平整度影响很大。对较厚沥青混凝土面层的平整度的影响虽不如对薄沥青面层的影响大，但基层的不平整会引起沥青混凝土面层厚薄不匀，使面层在使用过程中的平整度降低较快，并导致面层产生一些薄弱面。它会成为路面使用期间产生温度收缩裂缝的起点。因此，基层的平整度对面层的使用性能有很重要的影响。

6）与面层结合良好

面层与基层间的良好结合，对于沥青面层的使用质量是非常重要的。与不结合的情况比较，它可以减少面层底面由于车辆荷载引起的拉应力和拉应变，还可以明显减少由温度变化引起的沥青面层内的拉应力和拉应变。基层与面层结合良好可以使薄沥青面层不产生滑动、推移等破坏。为此，基层表面应该稳定并且具有一定的粗糙度，表面还应该结构均匀、无松散颗粒。

3.3.2　半刚性基层施工

半刚性基层的施工方法为路拌法和厂拌法两种。下面以水泥稳定类基层为例介绍道路半刚性基层的施工工艺流程，如图 3.12 所示。

1. 材料要求

1）水泥

应采用初凝时间大于 3h，终凝时间不小于 6h 的 42.5 级及以上普通硅酸盐水泥，32.5 级及以上矿渣硅酸盐水泥、火山灰硅酸盐水泥。水泥应有出厂合格证与生产日期，复验合格方可使用。

水泥贮存期超过 3 个月或受潮，应进行性能试验，合格后方可使用。

2）土

宜选用粗粒土、中粒土，土的均匀系数不得小于 5，而宜大于 10，塑性指数宜为 10~17；土中小于 0.6mm 的颗粒含量应小于 30%。

3）粒料

粒料可选用级配碎石、砂砾、未筛分碎石、碎石土、砾石和煤矸石、粒状矿渣等材料。混合料用作基层时，粒料的最大粒径不应超过 37.5mm；用作底基层时，粒料最大粒径：对城市快速路、主干路不应超过 37.5mm；对次干路及以下道路不应超过 53mm。各种粒料，应按其自然级配状况，经人工调整使其符合表 3-2 的规定。

任务 3 道路工程施工

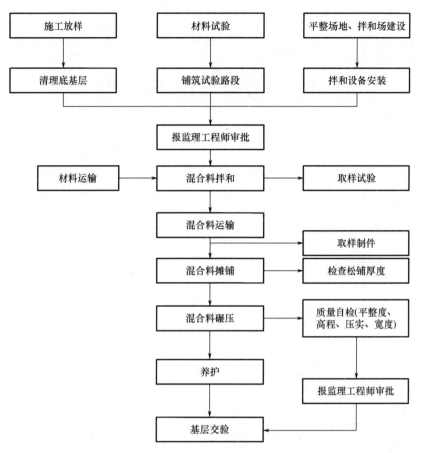

图 3.12　水泥稳定类基层施工工艺流程

注：每一工序施工须经监理工程师验收批准后才可进行下一工序施工。

碎石、砾石、煤矸石等的压碎值：对城市快速路、主干路基层与底基层不应大于 30%；对其他道路基层不应大于 30%，对底基层不应大于 35%。

集料中有机质含量不应超过 2%，硫酸盐含量不应超过 0.25%。

4）水

使用水应符合国家现行标准《混凝土用水标准》（JGJ 63—2006）的规定，宜使用饮用水及不含油类等杂质的清洁中性水，pH 值宜为 6～8。

2. 混合料组成设计

1）原材料的试验

在混合料配合比设计前，应取有代表性的样品进行原材料试验，如水泥的相关试验（细度、强度、标准稠度用水量、凝结时间等），土的颗粒分析、液塑限试验，粒料的压碎值及有机质含量（必要时做）等试验。原材料符合要求后方可使用，并按照规范要求进行材料配合比设计。

表3-2 水泥稳定土类的颗粒范围及技术指标

项目		通过质量百分率/(%)				
		底基层		基层		
		次干路	城市快速路、主干路	次干路		城市快速路、主干路
筛孔尺寸/mm	53	100	—	—	—	—
	37.5	—	100	100	90~100	—
	31.5	—	—	90~100	—	100
	26.5	—	—	—	66~100	90~100
	19	—	—	67~90	54~100	72~89
	9.5	—	—	45~68	39~100	47~67
	4.75	50~100	50~100	29~50	28~84	29~49
	2.36	—	—	18~38	20~70	17~35
	1.18	—	—	—	14~57	—
	0.60	17~100	17~100	8~22	8~47	8~22
	0.075	0~50	0~30②	0~7	0~30	0~7①
	0.002	0~30	—	—		
液限/(%)		—	—	—		<28
塑性指数		—	—	—		<9

注：① 集料中0.5mm以下细料土有塑性指数时，小于0.075mm的颗粒含量不得超过5%；细粒土无塑性指数时，小于0.075mm的颗粒含量不得超过7%。
② 当用中粒土、粗粒土作城市快速路、主干路底基层时，颗粒组成范围宜采用作次干路基层的组成。

2）混合料的配合比设计步骤

（1）每种土应按5种水泥掺量进行试配，试配水泥掺量宜按表3-3选取。

表3-3 水泥稳定土类材料试配水泥掺量

土壤、粒料种类	结构部位	水泥掺量/(%)				
		1	2	3	4	5
塑性指数<12的细粒土	基层	5	7	8	9	11
	底基层	4	5	6	7	9
其他细粒土	基层	8	10	12	14	16
	底基层	6	7	9	10	12
中粒土、粗粒土	基层①	3	4	5	6	7
	底基层	3	4	5	6	7

注：①当强度要求较高时，水泥用量可增加1%。

(2) 分别确定不同水泥剂量混合料的最佳含水量和最大干密度，应做最小、中间和最大 3 个水泥剂量混合料的击实试验，其余 2 个水泥剂量混合料的最佳含水量和最大干密度可采用内插法确定。

(3) 按规定的压实度，分别计算不同水泥剂量的试块应有的干密度。根据试验确定的最佳含水量、最大干密度及压实度要求成型标准试件，验证不同水泥剂量条件下混合料的技术性能，确定满足设计要求的最佳水泥剂量。

强度试验的平行试验最少试件数量，不得小于表 3-4 的规定。如试验结果的偏差系数大于表中规定值，应重做试验。如不能降低偏差系数，则应增加试件数量。

表 3-4 最少试件数量（件）

土壤类别	偏差系数		
	<10%	10%～15%	15%～20%
细粒土	6	9	—
中粒土	6	9	13
粗粒土	—	9	13

试件在规定温度下应按国家现行标准《公路工程无机结合料稳定材料试验规程》(JTG E51—2009) 的有关要求制作、养护，进行无侧限抗压强度试验。

水泥剂量应根据设计要求强度值选定。试件试验结果的平均抗压强度（$\bar{R}$）应符合下式要求。

$$\bar{R} \geqslant R_d / (1 - Z_a C_v)$$

式中 R_d——设计抗压强度；

C_v——试验结果的偏差系数（以小数计）；

Z_a——标准正态分布表中随保证率（试置信度）而改变的系数，城市快速路和城市主干路应取保证率 95%，即 $Z_a = 1.645$；其他道路应取保证率 90%，即 $Z_a = 1.282$。

水泥稳定土类材料 7d 抗压强度：对城市快速路、主干路基层为 3～4MPa，对底基层为 1.5～2.5MPa；对其他等级道路基层为 2.5～3MPa，底基层为 1.5～2MPa。

(4) 实际采用的水泥剂量应比室内试验确定的剂量有所增加，当采用厂拌法生产时，水泥掺量应比试验剂量加 0.5%，水泥最小掺量对粗粒土、中粒土应为 3%，对细粒土应为 4%。

3. 中心站集中拌和（厂拌）法施工

城镇道路中使用水泥稳定土类材料，宜集中拌制，不得使用路拌方式，以保证配合比准确且达到文明施工要求。宜用强制式拌和机进行拌和，拌和应均匀。拌和场应安置在地势相对较高的位置，并做好排水设施。集中搅拌水泥稳定土类材料应符合下列规定。

路拌法施工

(1) 集料应过筛，级配符合设计要求。

(2) 混合料配合比应符合要求、计量准确，含水量符合施工要求、搅拌均匀。

(3) 搅拌厂应向现场提供产品合格证及水泥用量、粒料级配、混合料配合比、R7 强度标准值。

碾压

（4）水泥稳定土类材料运输时，应采取措施防止水分蒸发和防扬尘措施。

4. 摊铺

混合料摊铺应保证足够的厚度，施工前应通过试验确定压实系数。水泥土的压实系数宜为 1.53～1.58；水泥稳定砂砾的压实系数宜为 1.30～1.35。

宜采用专用摊铺机械摊铺。应在下承层施工质量检测合格后，开始摊铺上面结构层。分层摊铺时，应在下层养护 7d 后，方可摊铺上层材料。采用两层连续摊铺，下层质量出现问题时，上层应同时处理。

采用两台摊铺机并排摊铺时，两台摊铺机的型号及磨损程度宜相同。在施工期间，两台摊铺机的前后间距宜不大于 10m，且两个施工段面纵向应有 300～400mm 的重叠。对无法使用机械摊铺的超宽路段，应采用人工同步摊铺、修整，并同时碾压成形。

水泥稳定土类材料自搅拌至摊铺完成，不得超过 3h。应按当班施工长度计算用料量。

稳定土拌合站机械

5. 碾压

应根据施工情况配备足够的碾压设备。应在含水量等于或略大于最佳含水量时进行，宜在水泥初凝时间到达前碾压成活。碾压找平时，直线和不设超高的平曲线段，应由两侧向中心碾压；设超高的平曲线段，应由内侧向外侧碾压。

碾压时采用先轻型、后重型压路机。宜用 12～18t 压路机做初步稳定碾压，混合料初步稳定后用大于 18t 的压路机碾压，至表面平整、无明显轮迹，且达到要求的压实度。当使用振动压路机时，应符合环境保护和周围建筑物及地下管线、构筑物的安全要求。

集中拌和（厂拌）法摊铺

应安排专人负责指挥碾压，严禁漏压和产生轮迹。每层最大压实厚度为 200mm，且不宜小于 100mm。碾压成形后的表面应平整、无轮迹。禁止用薄层贴补的方法进行找平。碾压过程中，压路机严禁随意停放，应停放在已碾压完成的路段。

6. 接缝

纵、横向接缝均应设直槎，应尽量减少横向接缝。在不能避免纵向接缝的情况下，纵向接缝宜设在路中线处，接缝应做成阶梯形，梯级宽不得小于 1/2 层厚。

7. 养护

无机结合料稳定材料碾压完成并经压实度检查合格后，应及时养护。

养护可采取洒水养护、薄膜覆盖养护、土工布覆盖养护、湿砂养护、草帘覆盖养护、撒铺乳化沥青养护等方式，宜结合工程实际情况选择适宜的方式。采用乳化沥青养护时，应在其上撒布适量石屑。

常温下成活后应经 7d 养护，方可在其上铺路面层。养护期间应封闭交通，除洒水车和小型通勤车辆外严禁其他车辆通行。

8. 质量检验

(1) 基层、底基层的压实度应符合下列要求。

① 城市快速路、主干路基层大于或等于 97%；底基层大于或等于 95%。

② 其他等级道路基层大于或等于 95%；底基层大于或等于 93%。

(2) 基层、底基层表面应平整、坚实、接缝平顺，无明显粗、细集料集中现象，无推移、裂缝、贴皮、松散、浮料。

(3) 石灰稳定土类基层及底基层的偏差应符合表 3-5 的规定。

表 3-5 石灰稳定土类基层及底基层允许偏差

项目		允许偏差	检验频率			检验方法
			范围	点数		
中线偏位/mm		≤20	100m	1		用经纬仪测量
纵断高程/mm	基层	±15	20m	1		用水准仪测量
	底基层	±20				
平整度/mm	基层	≤10	20m	路宽/m	<9	1	用3m直尺和塞尺连续量两尺取较大值
	底基层	≤15			9～15	2	
					>15	3	
宽度/mm		不小于设计规定	40m	1		用钢尺量
横坡		±0.3%且不反坡	20m	路宽/m	<9	2	用水准仪测量
					9～15	4	
					>15	6	
厚度/mm		±10	1000m²	1		用钢尺量

9. 施工中应注意的问题

1) 季节性施工

(1) 冬期施工。

无机结合料稳定类结构层宜在春末或夏季组织施工，施工期的最低气温应在5℃以上，并保证在冻前有一定的成形期，即第一次重冰冻（-5～-3℃）到来之前15～30d（水泥类）及30～45d（石灰与二灰类）停止施工。当上述材料养护期进入冬期时，应在基层施工时向基层材料中掺入防冻剂。

(2) 雨期施工。

雨期施工时，对稳定类材料基层，应坚持拌多少、铺多少、压多少、完成多少。下雨来不及完成时，要尽快碾压，防止雨水渗透。水泥稳定土，特别是水泥土基层时，应特别注意天气变化，防止水泥和混合料遭雨淋。降雨时应停止施工，已摊铺的水泥混合料应尽快碾压密实。路拌法施工时，应排除下承层表面的水，防止集料过湿。

在多雨地区，应避免在雨期进行石灰土基层施工；石灰稳定中粒土和粗粒土施工时，应采用排除表面水的措施，防止集料过分潮湿，并应保护石灰免遭雨淋。

2) 水泥稳定类材料施工作业长度的确定

确定水泥稳定类混合料的施工作业长度,应综合考虑水泥的终凝时间,因此,施工时必须采用流水作业法,各工序必须紧密衔接,尽量缩短从拌和到完成碾压之间的延迟时间。一般情况下,每一流水作业段长度以200m为宜。

3) 施工中水泥剂量的控制

水泥含量过低时会导致混合料在凝固之后不能达到设计的强度要求且混合料也不易塑形,而水泥含量过高时又会造成施工材料的整体成本上升以及结构层裂缝的控制难度上升。因此,施工中应通过工地试验室检测混合料中的水泥剂量来控制水泥材料的用量。

4) 压实度的检测与强度控制

半刚性基层碾压结束时,采用灌砂法进行压实度检测,合格后方可收工。

5) 机械设备生产能力协调配套

这里包括两个方面的含义:第一是机械本身生产能力的配套,以形成真正的机械化施工流程,充分发挥各种机械的效能;第二是施工组织调度,配套组织科学、合理,工序间衔接有序,以充分体现机械运行间的协调性。

6) 控制和保持最佳含水量

应根据原材料含水量变化、集料的颗粒组成变化、施工温度的变化、运输距离及时调整拌和用水量。

在混合料中,无论是水泥土,还是石灰土或二灰土等,都要求在规定时间内完成整个作业过程,其主要原因是要保证这些材料的初凝期,而水分又是其重要条件。

7) 摊铺机的作业速度调整

摊铺机摊铺作业的关键是保持其连续不间断地作业。为此,进行摊铺作业前应将足够的混合料运到施工现场,一旦开始摊铺,就要求连续不断地进行。如果出现其他原因影响供料,造成供料不足,现场指挥调度人员应及时了解原因并采取果断措施,适当调整作业速度,以维持不间断作业。若因供料停机时间长,则应按摊铺作业结束来处理工作面。

3.3.3 粒料类基层施工

常用的粒料类基层有级配砂砾、级配砾石、级配碎石及级配碎砾石几类,可用作城市次干路及其以下道路基层。下面以级配碎石及级配碎砾石基层为例介绍道路粒料类基层的施工工艺流程。

级配碎(砾)石基层施工

1. 级配碎石及级配碎砾石基层的材料要求

粗、细碎石集料和石屑各占一定比例的混合料,当其颗粒组成符合密实级配要求时,称为级配碎石。级配碎石可由未筛分碎石和石屑组成,缺乏石屑时,也可以添加细砂砾或粗砂,但其强度和稳定性不如添加石屑的级配碎石。也可以用颗粒组成合适的含细集料较多的砂砾与未筛分碎石配合成级配碎砾石,但其强度和稳定性不如级配碎石。

级配碎石及级配碎砾石应符合下列要求。

(1) 轧制碎石的材料,可为各种类型的岩石(软质岩石除外)、砾石。轧制碎石的砾石粒径为碎石最大粒径的3倍以上,碎石中不应有黏土块、植物根叶、腐殖质等有害物质。

(2) 碎石中针片状颗粒的总含量不应超过20％。
(3) 级配碎石及级配碎砾石的颗粒范围和技术指标应符合表3-6的规定。
(4) 级配碎石及级配碎砾石的压碎值应符合表3-7的规定。
(5) 碎石应为多棱角块体，软弱颗粒含量应小于5％，扁平细长碎石含量应小于20％。

表3-6 级配碎石及级配碎砾石的颗粒范围和技术指标

项 目		通过质量百分率/(％)			
		基 层		底基层③	
		次干路及以下道路	城市快速路、主干路	次干路及以下道路	城市快速路、主干路
筛孔尺寸/mm	53	—	—	100	
	37.5	100	—	85～100	100
	31.5	90～100	100	69～88	83～100
	19.0	73～88	85～100	40～65	54～84
	9.5	49～69	52～74	19～43	29～59
	4.75	29～54	29～54	10～30	17～45
	2.36	17～37	17～37	8～25	11～35
	0.6	8～20	8～20	6～18	6～21
	0.075	0～7②	0～7②	0～10	0～10
液限/(％)		<28	<28	<28	<28
塑性指数		<6（或9①）	<6（或9①）	<6（或9①）	<6（或9①）

注：① 表示潮湿地区塑性指数宜小于6，其他地区塑性指数宜小于9。
② 表示对于无塑性指数的混合料，小于0.075mm的颗粒含量接近高限。
③ 表示底基层所列为未筛分碎石颗粒的组成范围。

表3-7 级配碎石及级配碎砾石的压碎值

项 目	压 碎 值	
	基 层	底 基 层
城市快速路、主干路	<26％	<30％
次干路	<30％	<35％
次干路以下道路	<35％	<40％

2. 路拌法施工

(1) 准备工作。

① 准备下承层。基层的下承层是底基层及其以下部分，底基层的下承层可能是土基也可能还包括垫层。下承层表面应平整、坚实、具有规定的路拱，没有任何松散的材料和

软弱地点。

下承层的平整度和压实度应符合规范的规定。

土基不论路堤还是路堑，必须用 12～15t 三轮压路机或等效的碾压机械进行碾压（压 3～4 遍）。在碾压过程中，如发现土过干、表层松散，应适当洒水；如土过湿，发生"弹簧"现象，应采取挖开晾晒、换土、掺石灰或粒料等措施进行处理。

对于底基层，根据压实度检查（或碾压检验）和弯沉测定的结果，凡不符合设计要求的路段，必须根据具体情况，分别采用补充碾压、加厚底基层、换填好的材料、挖开晾晒等措施，使其达到规定标准。

底基层上的低洼和坑洞，应仔细填补及压实。底基层上的搓板和辙槽，应刮除；松散处应耙松、洒水并重新碾压。

逐一断面检查下承层标高是否符合设计要求。下承层标高的误差应符合规范要求。

新完成的底基层或土基，必须按规范的规定进行验收。凡验收不合格的路段，必须采取措施，达到标准后，方能在上铺筑基层或底基层。

在槽式断面的路段，两侧路肩上每隔一定距离（如 5～10m）应交错开挖泄水沟。

② 测量。在下承层上恢复中线，直线段每 15～20m 处设一桩，平曲线段每 10～15m 处设一桩，并在两侧路面边缘外 0.3～0.5m 处设指示桩。

进行水平测量时，在两侧指示桩上用红漆标出基层或底基层边缘的设计高。

③ 材料用量。根据各路段基层或底基层的宽度、厚度及预定的干压实密度，计算各段需要的干集料数量，对于级配碎石，分别计算未筛分碎石和石屑（细砂砾或粗砂）的数量，根据料场未筛分碎石和石屑的含水量以及所用运料车辆的吨位，计算每车料的堆放距离。

在料场洒水，加湿未筛分碎石，使其含水量较最佳含水量大 1% 左右，以减少运输过程中的集料离析现象（未筛分碎石的最佳含水量约为 4%）。

未筛分碎石和石屑可按预定比例在料场混合，同时洒水加湿，使混合料的含水量超过最佳含水量约 1%，以减少施工现场的拌和工作量以及运输过程中的离析现象（级配碎石的最佳含水量约为 5%）。

④ 机具。

a. 用翻斗车、汽车或其他运输车辆及平地机等摊铺、拌和机械。

b. 用洒水车洒水或利用就近水源洒水。

c. 压实机械，如轮胎压路机、钢筒轮式压路机、振动压路机等。

d. 其他夯实机具，适宜小范围处理路槽翻浆等。

(2) 运输和摊铺集料。

① 运输。集料装车时，应控制每车料的数量基本相等。

在同一料场供料的路段，由远到近将料按要求的间距卸置于下承层上。卸料间距应严格掌握，避免料不够或过多，并且要求料堆每隔一定距离留一缺口，以便施工。当采用两种集料时，应先将主要集料运到路上，待主要集料摊铺后，再将另一种集料运到路上。如粗、细两种集料的最大粒径相差较多，应在粗集料处于潮湿状态时，再摊铺细集料。

集料在下承层上的堆置时间不宜过长。运送集料较摊铺集料工序只宜提前 1～2d。

② 摊铺。摊铺前要事先通过试验确定集料的松铺系数（或压实系数，它是混合料的

干松密度与干压实密度的比值），人工摊铺混合料时，其松铺系数为1.40～1.50；平地机摊铺混合料时，其松铺系数为1.25～1.35。

用平地机或其他合适的机具将集料均匀地摊铺在预定的宽度上，过宽的路适合分条进行摊铺，要求表面应平整，并具有规定的路拱，同时摊铺路肩用料。

检验松铺材料的厚度，看其是否符合预定要求。必要时，应进行减料或补料工作。

级配碎石、砾石基层设计厚度一般为8～16cm，当厚度大于16cm时，应分层铺筑，下层厚度为总厚度的0.6倍，上层为总厚度的0.4倍。

③ 拌和及整形。应采用稳定土拌和机拌和级配碎石、砾石。在无稳定土拌和机的情况下，也可采用平地机或多铧犁与圆盘耙相配合进行拌和。

a. 用稳定土拌和机拌和。用稳定土拌和机拌和2遍以上。拌和深度应直到级配碎石层底。在进行最后一遍拌和之前，必要时先用多铧犁紧贴底面翻拌一遍。

b. 用平地机拌和。用平地机将铺好的集料翻拌均匀。平地机的作业长度一般为300～500m，拌和遍数一般为5～6遍。

c. 用缺口圆盘耙与多铧犁配合拌和。用多铧犁在前面翻拌，圆盘耙跟在后面拌和，即采用边翻边耙的方法，共翻耙4～6遍。圆盘耙的速度应尽量快，且应随时检查调整翻耙的深度。用多铧犁翻拌时，第一遍由路中心开始，将碎石或砾石混合料往中间翻，同时机械应慢速前进。第二遍应相反，从两边开始，将混合料向外翻。翻拌遍数应以双数为宜。

无论采用哪种拌和方法，在拌和的过程中都应用洒水车洒足所需的水分，拌和结束时，混合料的含水量应该均匀，并较最佳含水量大1%左右，应该没有粗细颗粒离析现象。如级配碎石或砾石混合料在料场已经混合，可视摊铺后混合料的具体情况（有无粗细颗粒离析现象），用平地机进行补充拌和。

拌和均匀后的混合料要用平地机按规定的路拱进行整平和整形（要注意离析现象），然后用拖拉机、平地机或轮胎压路机在已初平的路段上快速碾压一遍，以暴露潜在的不平整，再用平地机进行最终的整平和整形。在整形过程中，必须禁止任何车辆通行。

④ 碾压。整形后的基层，当混合料的含水量等于或略大于最佳含水量时，立即用12t以上三轮压路机（每层压实厚度不应超过15～18cm）、振动压路机或重型轮胎压路机（每层压实厚度可达20cm）进行碾压。直线段由两侧路肩开始向路中心碾压；在有超高的路段上，由内侧路肩开始向外侧路肩进行碾压。碾压时，后轮应重叠1/2轮宽，必须超过两段的接缝处。后轮压完路面全宽时，即为一遍。碾压一直进行到要求的密实度为止。一般需碾压6～8遍。压路机的碾压速度，前两遍以采用1.5～1.7km/h为宜，级配碎石基层在碾压中还应注意下列各点。

a. 路面的两侧，应多压2～3遍。

b. 凡含土的级配碎石、砾石基层，都应进行滚浆碾压，直至压到级配碎石、砾石基层中无多余细土泛到表面为止。滚到表面的浆（或事后变干的薄层土）应予清除干净。

c. 碾压全过程均应随碾压随洒水，使其保持最佳含水量。

d. 开始时，应用相对较轻的压路机稳压，稳压2遍后，即时检测、找补，同时如发现有砂窝或梅花现象应将多余的砂或砾石挖出，分别掺入适量的碎砾石或砂，彻底翻拌均匀，并补充碾压，不能采用粗砂或砾石覆盖处理。

e. 碾压中若局部有"软弹""翻浆"现象，应立即停止碾压，待翻松晒干，或换含水合适的材料后再进行碾压。

  f. 两作业段的衔接处，应搭接拌和，第一段拌和后，留 5～8m 不进行碾压，第二段施工时，将前段留下未压部分，重新拌和，并与第二段一起碾压。

  g. 严禁压路机在已完成的或正在碾压的路段上调头和紧急制动。

  h. 对于不能中断交通的路段，可采用半幅施工的方法。接缝处应对接，必须保持平整密合。

3. 中心站集中拌和（厂拌）法施工

  级配碎石混合料除上面介绍的路拌法外，还可以在中心站用多种机械进行集中拌和，如用强制式拌和机、卧式双转轴桨叶式拌和机、普通水泥混凝土拌和机等。

  (1) 材料。宜采用不同预先筛分制备的各粒级碎石和石屑，按预定配合比在拌和机内拌制级配碎石混合料。

  (2) 拌制。在正式拌制级配碎石混合料之前，必须先调试所用的厂拌设备，使混合料的颗粒组成和含水量都达到规定的要求。

  在采用未筛分碎石和石屑时，如未筛分碎石或石屑的颗粒组成发生明显变化，应重新调试设备。

  (3) 摊铺。

  ① 摊铺机摊铺。可用沥青混凝土摊铺机、水泥混凝土摊铺机或稳定土摊铺机摊铺碎石混合料。摊铺时，在摊铺机后面应设专人消除粗、细集料离析现象。

  ② 自动平地机摊铺。在没有摊铺机时，可采用自动平地机摊铺碎石混合料。其步骤如下。

  a. 应根据摊铺层的厚度和要求达到的干压实密度，计算每车碎石混合料的摊铺面积。

  b. 将混合料均匀地卸在路幅中央，路幅宽时，也可将混合料卸成两行。

  c. 用平地机将混合料按松铺厚度摊铺均匀。

  d. 设专人在平地机后面及时消除粗、细集料离析现象，对于粗集料"窝"，应添加细集料，并拌和均匀；对于细集料"窝"，应添加粗集料，并拌和均匀。

  e. 整形，与路拌法相同。

  (4) 碾压。用振动压路机、三轮压路机进行碾压，碾压方法与要求和路拌法相同。

  (5) 接缝处理。

  ① 横向接缝。用摊铺机摊铺混合料时，靠近摊铺机当天未压实的混合料，可与第二天摊铺的混合料一起碾压，但应注意此部分混合料的含水量。必要时，应人工补洒水，使其含水量达到规定的要求。用平地机摊铺混合料时，每天的工作缝处理与路拌法相同。

  ② 纵向接缝。应避免产生纵向接缝。如摊铺机的摊铺宽度不够，必须分两幅摊铺时，宜采用两台摊铺机一前一后相隔 5～8m 同步向前摊铺混合料。在仅有一台摊铺机的情况下，可先在一条摊铺带上摊铺一定长度后，再开到另一条摊铺带上摊铺，然后一起进行碾压。在不能避免纵向接缝的情况下，纵向接缝必须垂直相接，不应斜接，并按下述方法处理。

  a. 在前一幅摊铺时，在靠后一幅的一侧用方木或钢模板做支撑，方木或钢模板的高度与级配碎石层的压实厚度相同。

  b. 在摊铺后一幅之前，将方木或钢模板除去。

  c. 如在摊铺前一幅时未用方木或钢模板做支撑，靠边缘的 30cm 难以压实，而且形成一个斜坡。在摊铺后一幅时,应先将未完全压实部分和不符合路拱要求部分挖松并补充洒水,待后一幅混合料摊铺后一起进行整平碾压。

(6)冬期施工。

① 摊铺。冬期进行级配碎石、砾石基层施工,在摊铺、碾压等工序上,须注意以下几点。

a. 应严格控制作业面,保证当日摊铺段当日碾压成活;不能当日摊铺则次日碾压。

b. 冰块应破碎分散,避免大冰块集中。

c. 摊铺平整后立即洒盐水,并随洒随压。

② 碾压成形。

a. 冬期碾压必须仔细找平,避免因过多的找补延长作业时间。

b. 碾压时,掌握先轻后重,压路机滚轮宜重轮在前,以避免推移。

c. 碾压成形后,要保持干燥,避免冷冻使表面疏松。

级配碎石、砾石基层施工完成、检测合格后,要连续进行上层施工。如不能连续铺筑上层时,要设专人进行洒水湿润养护。

级配碎石、砾石基层未洒透层沥青或未铺封层时,不应开放交通,特别要禁止履带车辆通行,以保护表层不受损坏。

3.4 面层施工

3.4.1 热拌沥青混合料路面施工

1. 沥青混合料的概念

用不同粒径的碎石、天然砂或破碎砂、矿粉和沥青按一定比例在拌和机中热拌所得的混合料称沥青混合料(或称沥青混凝土混合料)。这种混合料的矿料部分具有严格的级配要求,压实后所得的材料具有规定的强度和空隙率时,称作沥青混凝土。

热拌沥青混合料路面面层施工准备

热拌沥青混合料适用于各种等级道路的面层。其种类应按集料最大公称粒径、矿料级配、空隙率划分,并应符合表3-8的要求。应按工程要求选择适宜的混合料规格、品种。

表3-8 热拌沥青混合料种类

混合料类型	密级配		开级配		半开级配	最大公称粒径/mm	最大粒径/mm
	连续级配	间断级配	间断级配		沥青碎石		
	沥青混凝土	沥青稳定碎石	沥青玛蹄脂碎石	排水式沥青磨耗层	排水式沥青碎石基层			
特粗式	—	ATB-40	—	—	ATPB-40	—	37.5	53.0
粗粒式	—	ATB-30	—	—	ATPB-30		31.5	37.5
	AC-25	ATB-25	—	—	ATPB-25		26.5	31.5

续表

混合料类型	密级配			开级配		半开级配	最大公称粒径/mm	最大粒径/mm
	连续级配	间断级配		间断级配		沥青碎石		
	沥青混凝土	沥青稳定碎石	沥青玛蹄脂碎石	排水式沥青磨耗层	排水式沥青碎石基层			
中粒式	AC-20	—	SMA-20	—	—	AM-20	19.0	26.5
	AC-16	—	SMA-16	OGFC-16	—	AM-16	16.0	19.0
细粒式	AC-13	—	SMA-13	OGFC-13	—	AM-13	13.2	16.0
	AC-10	—	SMA-10	OGFC-10	—	AM-10	9.5	13.2
砂粒式	AC-5	—	—	—	—	—	4.75	9.5
设计空隙率	3%~5%	3%~6%	3%~4%	>18%	>18%	6%~12%	—	—

注：设计空隙率可按配合比设计要求适当调整。

热拌沥青混合料路面面层施工

沥青混凝土具有很高的强度和密实度，在常温下具有一定的塑性。它的强度和密实度是各种沥青矿料混合料中最高的，密实沥青混凝土的透水性很小、水稳性好，有较大的抵抗自然因素和行车作用的能力，因此，它的使用寿命长、耐久性好。沥青混凝土面层是适合现代高速汽车行驶的一种优质高级柔性面层，铺在坚实基层上的优质沥青混凝土面层可以使用20~25年，国外的重交通道路和高速公路主要采用沥青混凝土作面层。沥青混凝土在我国城市道路和高等级公路上也得到了广泛的应用。

粗粒式沥青混凝土通常用于铺筑面层的下层（底面层），它的粗糙表面使它与上层良好黏结，也可用于铺筑基层，从提高沥青面层的抗弯拉性能和疲劳寿命出发，采用粗粒式沥青混凝土作底面层明显优于采用沥青碎石。

中粒式沥青混凝土主要用于铺筑面层的上层，或用于铺筑单层面层。Ⅱ型（半开级配型）中粒式沥青混凝土，虽能使面层表面有较大的粗糙度，在环境不良路段可保证汽车轮胎与面层有适当的附着力，或在高速行车时可使面层表面的摩擦系数降低的幅度小，有利于行车安全，但其空隙率和透水性较大，因此耐久性较差，不是用作表面层的理想材料。Ⅰ型（密级配型）中粒式沥青混凝土可具有良好的摩擦系数，但表面构造深度常达不到要求。

对于面层的上层，在城市道路中使用最广的是细粒式沥青混凝土。与中粒式和粗粒式沥青混凝土相比，细粒式沥青混凝土的均匀性较好，并有较高的抗腐蚀稳定性。只要矿料的级配组成合适，并满足其他技术要求，细粒式沥青混凝土就具有足够的抗剪切稳定性，可以防止产生推挤、波浪和其他剪切变形。但细粒式沥青混凝土的表面构造深度通常达不到要求。

综上所述，沥青混凝土路面具有以下优点。

（1）施工质量符合要求的沥青混凝土路面的强度高，能承担各种繁重的交通运输任务。

（2）具有良好的平整度，表面坚实、无接缝，因此，行车平稳、舒适、噪声小，且经久耐用。

（3）由于它的透水性小，它比其他各种沥青面层更能防止表面水渗入路面结构层。

（4）沥青混凝土混合料通常集中在工厂或中心站，用机械加工拌制，矿料的配合比以及沥青用量都得以严格控制，质量容易得到保证。

（5）可以大面积施工，现场操作方便，完成后可以及时通车。

（6）沥青混凝土面层的可施工期较沥青表面处治和沥青贯入长。

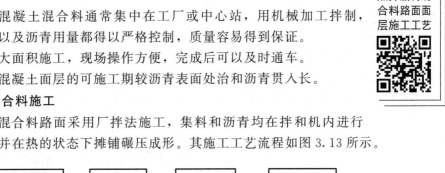

热拌沥青混合料路面面层施工工艺

2. 沥青混合料施工

热拌沥青混合料路面采用厂拌法施工，集料和沥青均在拌和机内进行加热与拌和，并在热的状态下摊铺碾压成形。其施工工艺流程如图3.13所示。

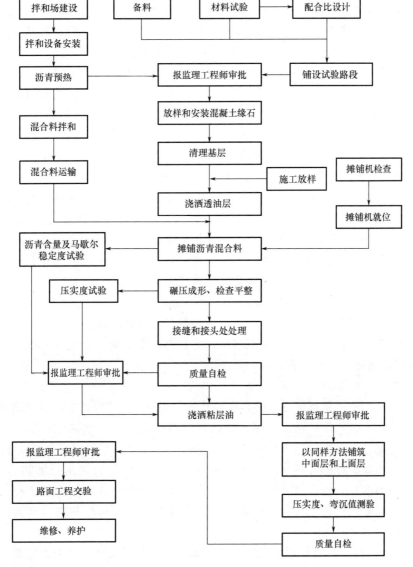

图 3.13　热拌沥青混合料面层施工工艺流程

注：每一工序施工须经监理工程师验收批准后才可进行下一工序施工。

1) 施工准备

施工准备工作主要包括原材料的质量检查、施工机械的选型和配套、拌和场的选址与备料、试验路铺筑等。

(1) 原材料的质量检查。沥青、矿料的质量应符合前述有关的技术要求。

(2) 施工机械的选型和配套。根据工程量大小、工期要求、施工现场条件、工程质量要求按施工机械应互相匹配的原则，确定合理的机械类型、数量及组合方式，使沥青路面的施工连续、均衡。施工前应检修各种施工机械，以便在施工中能正常运行。

(3) 拌和场的选址与备料。由于拌和机工作时会产生较大的粉尘、噪声等污染，再加上拌和场内的各种油料及沥青为可燃物，因此拌和场的设置应符合国家有关环境保护、消防安全等规定，一般应设置在空旷、干燥、运输条件良好的地方。拌和场应配备试验室及足够的试验仪器和设备，并有可靠的电力供应。拌和场内的沥青应分品种、分标号密闭储存。各种矿料应分别堆放，不得混杂。矿粉等填料不得受潮。各种集料的储存量应为日平均用量的 5 倍左右，沥青与矿粉的储存量应为日平均用量的 2 倍。

(4) 试验路铺筑。高速公路和一级公路沥青路面在大面积施工前应铺筑试验路；其他等级公路在缺乏施工经验或初次使用重要设备时，也应铺筑试验路。试验路的长度根据试验目的确定，通常为 100～200m。热拌沥青混合料路面的试验路铺筑分为试拌、试铺及总结三个部分。

① 试拌。通过试拌确定拌和机的上料速度、拌和数量、拌和时间及拌和温度等，验证沥青混合料目标生产配合比，提出生产用的矿料配合比及沥青用量。

② 试铺。通过试铺确定透层沥青的标号和用量、喷洒方式、喷洒温度，确定热拌沥青混合料的摊铺温度、摊铺速度、摊铺宽度、自动找平方式等操作工艺，确定碾压顺序、碾压温度、碾压速度及遍数等压实工艺，确定松铺系数和接缝处理方法等；建立用钻孔法及核子密度仪法测定密实度的对比关系，确定粗粒式沥青混凝土或沥青碎石路面的压实密度，为大面积路面施工提供标准方法和质量检查标准。

③ 总结。确定施工产量及作业段长度，制订施工进度计划，全面检查材料质量及施工质量，落实施工组织及管理体系、人员、通信联络、指挥方式等。

试验路铺筑结束后，施工单位应就各项试验内容提出试验总结报告，取得主管部门的批准后方可用以指导大面积沥青路面的施工。

2) 沥青混合料拌和

热拌沥青混合料必须在沥青拌和场（站）采用专用拌和机拌和。

热拌沥青混合料拌和

(1) 拌和设备与拌和流程。用拌和机拌和沥青混合料时，先将矿料粗配、烘干、加热、筛分、精确计量，然后加入矿粉和热沥青，最后强制拌和成沥青混合料。若拌和设备在拌和过程中集料烘干与加热为连续进行，而加入矿粉和热沥青后的拌和为间歇（周期）式进行，则这种拌和设备为间歇式拌和机。若集料烘干、加热与沥青混合料拌和均为连续进行，则为连续式拌和机。

间歇式拌和机拌和质量较好，而连续式拌和机拌和速度较高。当路面材料多来源、多处供应或质量不稳定时，不得用连续式拌和机拌和。高速公路和一级公路的沥青混凝土宜采用间歇式拌和机拌和。自动控制、自动记录的间歇式拌和机在拌和过程中应逐盘打印沥青及各种矿料的用量和拌和温度。

（2）拌和要求。拌和时应根据生产配合比进行配料，严格控制各种材料的用量和拌和温度，确保沥青混合料的拌和质量。热拌沥青混合料的搅拌及施工温度应符合表3-9的要求。

表3-9 热拌沥青混合料的搅拌及施工温度（℃）

施工顺序		石油沥青的标号			
		50号	70号	90号	110号
沥青加热温度		160～170	155～165	150～160	145～155
矿料加热温度	间歇式搅拌机	集料加热温度比沥青温度高10～30			
	连续式搅拌机	矿料加热温度比沥青温度高5～10			
沥青混合料出料温度①		150～170	145～165	140～160	135～155
混合料储料场储存温度		储料过程中温度降低不超过10			
运输到现场温度，不低于①		145～165	140～155	135～145	130～140
混合料摊铺温度，不低于①		140～160	135～150	135～140	125～135
开始碾压的混合料内部温度，不低于①		135～150	130～145	125～135	120～130
碾压终了的表面温度，不低于②		80～85	70～80	65～75	60～70
		75	70	60	55
开通交通的路表面温度，不高于		50	50	50	45

注：1. 沥青混合料的施工温度采用具有金属探测针的插入式数显温度计测量。表面温度可采用表面接触式温度计测定。当用红外线温度计测量表面温度时，应进行标定。
2. 表中未列入的130号、160号及30号沥青的施工温度由试验确定。
3. ①常温下宜用低值，低温下宜用高值。
4. ②视压路机类型而定，轮胎压路机取高值，振动压路机取低值。

聚合物改性沥青混合料搅拌及施工温度应根据实践经验经试验确定。通常宜较普通沥青混合料温度高10～20℃。SMA沥青混合料（详见本任务3.4.3）的施工温度应经试验确定。

沥青混合料的拌和时间以混合料拌和均匀、所有矿料颗粒全部被均匀裹覆沥青为度，一般应通过试拌确定。间歇式搅拌机每盘的搅拌周期不宜少于45s，其中干拌时间不宜少于5～10s。改性沥青和SMA沥青混合料的搅拌时间应适当延长。

拌和机拌和的沥青混合料应色泽均匀一致、无花白料、无结团成块或严重粗、细集料离析现象，不符合要求的混合料应废弃并对拌和工艺进行调整。拌和的沥青混合料不立即使用时，可存入成品储料仓，存放时间以混合料温度符合摊铺要求为准。

3）沥青混合料运输

热拌沥青混合料宜采用吨位较大的自卸汽车运输。汽车车厢应清扫干净，并在内壁涂一薄层油水混合液。从拌和机向运料车上放料时，应每放一料斗混合料挪动一下车位，以减少集料离析现象，运料车应用篷布覆盖以保温、防雨、防污染，夏季运输时间短于0.5h时可不覆盖。混合料运料

沥青混合料运输

车的运输能力应比拌和机拌和或摊铺机摊铺能力略有富余。施工过程中,摊铺机前方应有运料车在等候卸料。运料车在摊铺机前10~30cm处停住,不得撞击摊铺机,卸料时运料车挂空挡,靠摊铺机推动前进,以利于摊铺平整。

4) 沥青混合料摊铺

沥青混合料摊铺

将混合料摊铺在下承层上是热拌沥青混合料路面施工的关键工序之一,内容包括摊铺前的准备工作、摊铺机参数的调整与确定、摊铺作业等工作。

(1) 摊铺前的准备工作。摊铺前的准备工作包括下承层准备、施工测量及摊铺机检查等。

摊铺沥青混合料前应按要求在下承层上浇洒透层、粘层或铺筑下封层。热拌沥青混合料面层下的基层应具有设计规定的强度和适宜的刚度,有良好的水稳性,干缩和温缩变形应较小,表面平整、密实,高程及路拱横坡符合设计要求且与沥青面层结合良好。沥青面层施工前应对其下承层做必要的检测,若下承层受到损坏或出现软弹、松散或表面浮尘时,应进行维修。下承层表面受到泥土污染时应清理干净。

摊铺沥青混合料前应提前进行标高及平面控制等施工测量工作。标高测量的目的是确定下承层表面高程与设计高程相差的确切数值,以便挂线时纠正为设计值来保证施工层的厚度。

为便于控制摊铺宽度和方向,应进行平面测量。

工作日的开工准备阶段,应对摊铺机的刮板输送器、闸门、螺旋布料器、振动梁、熨平板、厚度调节器等工作装置和调节机构进行检查,在确认各种装置及机构处于正常工作状态后才能开始施工,若存在缺陷和故障应及时排除。

(2) 摊铺机参数的调整与确定。摊铺前应先调整摊铺机的机构参数和运行参数。其中机构参数包括熨平板的宽度、熨平板的拱度、摊铺厚度、初始工作仰角、螺旋布料器与熨平板前缘的距离、振动梁行程等。

摊铺机的摊铺宽度应尽可能达到摊铺机的最大摊铺宽度,这样可减少摊铺次数和纵向接缝,提高摊铺质量和摊铺效率。确定摊铺宽度时,最小摊铺宽度不应小于摊铺机的标准摊铺宽度,并使上、下摊铺层的纵向热接缝错开15cm,冷接缝错开30~40cm。摊铺厚度用两块5~10cm宽的长方木为基准来确定,方木长度与熨平板纵向尺寸相当,厚度为摊铺厚度。定位时将熨平板抬起,方木置于熨平板两端的下面,然后放下熨平板,此时熨平板自由落在方木上,转动厚度调节螺杆,使之处于微量间隙的中立位置。摊铺机熨平板的拱度和初始工作仰角根据各机型的操作方法调节,通常要经过试铺来确定。

大多数摊铺机的螺旋布料器与熨平板前缘的距离是可变的,通常根据摊铺厚度、沥青混合料组成、下承层的强度与刚度等条件确定。摊铺正常温度、厚度为10cm的粗粒式或中粒式沥青混合料时,将此距离调节到中间值。若摊铺厚度大、沥青混合料的矿料粒径大、温度偏低时,螺旋布料器与熨平板前缘的距离应调大;反之,此距离应调小。

通常条件下,振动梁的行程控制为4~12mm。当摊铺层较薄、矿料粒径较小时,应采用较小的振捣行程;反之,应采用较大的振捣行程。

(3) 摊铺作业。确定摊铺机的各种参数后,即可进行沥青混合料路面的摊铺作业。摊铺作业的第一步是对熨平板加热,以免摊铺层被熨平板上黏附的粒料拉裂而形成沟槽和裂纹，同时对摊铺层起到熨烫的作用，使其表面平整无痕。加热温度应适当，过高的加热温度将导致熨平板变形和加速磨耗，还会使混合料表面泛出沥青胶浆或形成拉沟。

摊铺高速公路和一级公路沥青路面时，所采用的摊铺机应装有自动或半自动调整摊铺厚度及自动找平的装置，有容量足够的受料斗和足够的功率推动运料车，有可加热的振动熨平板，摊铺宽度可调节。通常采用两台以上摊铺机成梯队进行联合作业，相邻两幅摊铺带重叠30~60mm，相邻两台摊铺机相距10~20m，以免前面已摊铺的混合料冷却而形成冷接缝，摊铺机在开始受料前应在料斗内涂刷防止黏结的柴油，避免沥青混合料冷却后黏附在料斗上。

摊铺机必须缓慢、均匀、连续不间断地进行摊铺，摊铺过程中不得随便变换速度或中途停顿，摊铺速度宜为2~6m/min。摊铺机螺旋布料器应不停顿地转动，两侧应保证有不低于布料器高度2/3的混合料，并保证在摊铺的宽度范围内不出现离析。

采用自动调平摊铺机摊铺最下层沥青混合料时，应使用钢丝或路缘石、平石控制高程与摊铺厚度，以上各层可用导梁引导高程控制，或采用声纳平衡梁控制方式。摊铺机初步压实的摊铺层平整度、横坡等应符合设计要求。在沥青混合料摊铺过程中，若出现横断面不符合设计要求、构造物接头部位缺料、摊铺带边缘局部缺料、表面明显不平整、局部混合料明显离析及摊铺机有明显拖痕时，可用人工局部找补或更换混合料，但不应由人工反复修整。

控制沥青混合料的摊铺温度是确保摊铺质量的关键之一。城市快速路、主干路的施工气温低于10℃，其他等级道路的施工气温低于5℃时，不宜摊铺热拌沥青混合料。必须摊铺时，应提高沥青混合料的拌和温度，并符合规定的低温摊铺要求。运料车必须覆盖以保温，尽可能采用高密度摊铺机摊铺，并在熨平板加热摊铺后紧接着碾压，缩短碾压长度。

沥青混合料的松铺系数应根据混合料类型、施工机械和施工工艺等通过试验段确定，试验段长不宜小于100m。松铺系数可按照表3-10进行初选。

表3-10 沥青混合料的松铺系数

种 类	机 械 摊 铺	人 工 摊 铺
沥青混凝土混合料	1.15~1.35	1.25~1.50
沥青碎石混合料	1.15~1.30	1.20~1.45

5) 沥青混合料压实

碾压是热拌沥青混合料路面施工的最后一道工序，若前述各工序的施工质量符合要求而碾压质量达不到要求，则将前功尽弃，达不到路面施工的目的。压实的目的是提高沥青混合料的密实度，从而提高沥青路面的强度、高温抗车辙能力及抗疲劳特性等路用性能，是形成高质量沥青混凝土路面的又一关键工序。碾压工作包括碾压机械的选型与组合，碾压温度、碾压速度的控制，碾压遍数、碾压方式及压实质量检查等。

沥青混合料压实

热拌沥青混合料的压实应符合下列规定。

(1) 应选择合理的压路机组合方式及碾压步骤，以达到最佳碾压结果。沥青混合料压实宜采用钢筒式静态压路机与轮胎压路机或振动压路机组合的方式压实。

（2）压实应按初压、复压、终压（包括成形）三个阶段进行。压路机应以慢而均匀的速度碾压，压路机的碾压速度应符合表 3-11 的规定。

表 3-11　压路机的碾压速度（km/h）

压路机类型	初　压		复　压		终　压	
	适宜	最大	适宜	最大	适宜	最大
钢筒式压路机	1.5～2	3	2.5～3.5	5	2.5～3.5	5
轮胎压路机	—	—	3.5～4.5	6	4～6	8
振动压路机	1.5～2(静压)	5(静压)	1.5～2(振动)	1.5～2(振动)	2～3(静压)	5(静压)

（3）初压应符合下列要求。
① 初压温度应符合表 3-9 的有关规定，以能稳定混合料，且不产生推移、发裂为度。
② 碾压应从外侧向中心碾压，碾速稳定均匀。
③ 初压应采用轻型钢筒式压路机碾压 1～2 遍。初压后应检查平整度、路拱，必要时应修整。

（4）复压应紧跟初压连续进行，并应符合下列要求。
① 复压应连续进行。碾压段长度宜为 60～80m。当采用不同型号的压路机组合碾压时，每一台压路机均应做全幅碾压。
② 密级配沥青混凝土宜优先采用重型的轮胎压路机进行碾压，碾压到要求的压实度为止。
③ 对大粒径沥青稳定碎石类的基层，宜优先采用振动压路机复压。厚度小于 30mm 的沥青层不宜采用振动压路机碾压。相邻碾压带重叠宽度宜为 10～20cm。振动压路机折返时应先停止振动。
④ 采用三轮钢筒式压路机时，总质量不宜小于 12t。
⑤ 大型压路机难于碾压的部位，宜采用小型压实工具进行压实。

（5）终压温度应符合有关规定。终压宜选用双轮钢筒式压路机，碾压至无明显轮迹为止。

（6）碾压过程中碾压轮应保持清洁，可对钢轮涂刷隔离剂或防黏剂，严禁刷柴油。当采用向碾压轮喷水（可添加少量表面活性剂）方式时，必须严格控制喷水量，使其呈雾状，不得漫流。

（7）压路机不得在未碾压成形路段上转向、调头、加水或停留。在当天成形的路面上，不得停放各种机械设备或车辆，不得散落矿料、油料等杂物。

6）接缝处理

（1）路面接缝必须紧密、平顺。上、下层的纵缝应错开 150mm（热接缝）或 300～400mm（冷接缝）。相邻两幅及上、下层的横向接缝均应错位 1m 以上。应采用 3m 直尺检查，确保平整度达到要求。

（2）采用梯队作业方式摊铺时应选用热接缝，将已铺部分留下 100～200mm 宽暂不碾压，作为后续部分的基准面，然后跨缝压实。如半幅施工采用冷接缝时，宜加设挡板或将先铺的沥青混合料刨出毛楂，涂刷粘层油后再铺新料，新料跨缝摊铺与已铺层重叠 50～100mm，软化下层后铲走重叠部分，再跨缝压密挤紧。

（3）高等级道路的表面层横向接缝应采用垂直的平接缝，以下各层和其他等级道路的各层可采用斜接缝。平接缝宜采用机械切割或人工刨除层厚不足部分，使工作缝成直角连接。清除切割时留下的泥水，干燥后涂刷粘层油，铺筑新混合料，接槎软化后，先横向碾压，再纵向充分压实，连接平顺。

7）开放交通

《城镇道路工程施工与质量验收规范》（CJJ 1—2008）规定：热拌沥青混合料路面应待摊铺层自然降温至表面温度低于50℃后，方可开放交通。

3.4.2 透层、粘层和封层施工

透层是为了使沥青面层与非沥青材料基层结合良好，在基层上浇洒石油沥青、煤沥青、液体沥青或阳离子乳化沥青而形成的透入基层表面的薄层。沥青路面的级配砂砾、级配碎石基层及水泥、石灰、粉煤灰等无机结合料稳定土或稳定粒料的基层上均必须浇洒透层沥青，以保证面层和基层具有良好的结合界面。

粘层是为了加强路面的沥青层与沥青层之间、沥青层与水泥混凝土路面之间的黏结而洒布的沥青材料薄层。双层式或三层式热拌热铺沥青混合料面层之间应喷洒粘层油，或在水泥混凝土路面、沥青稳定碎石基层、旧沥青路面层上加铺沥青混合料层时，应在既有结构和路缘石、检查井等构筑物与沥青混合料层连接面喷洒粘层油。

乳化沥青稀浆封层施工

封层是为了封闭路面结构层的表面空隙，防止水分浸入面层或基层而铺筑的沥青混合料薄层。其中铺筑在面层表面的称为上封层，铺筑在面层下面的称为下封层。上封层和下封层可采用拌和法或层铺法施工的单层式沥青表面处治，也可采用乳化沥青稀浆封层。

1. 透层施工

1）材料要求和用量

透层沥青宜采用慢裂的洒布型乳化沥青，也可采用中、慢凝液体石油沥青或煤沥青。透层沥青的稠度宜通过试洒确定。表面致密的半刚性基层宜采用渗透性好的较稀的透层沥青，级配砂砾、级配碎石等粒料基层宜采用较稠的透层沥青。用于制作透层的乳化沥青的沥青标号应根据基层的种类、当地气候等条件确定。施工中应根据基层类型选择渗透性好的液体沥青、乳化沥青作透层油。透层油的规格和用量应符合表3-12的规定。

表3-12 透层油的规格和用量

用途	液体沥青		乳化沥青	
	规格	用量/(L/m²)	规格	用量/(L/m²)
无结合料粒料基层	AL(M)-1、2 或 3 AL(S)-1、2 或 3	1.0～2.3	PC-2 PA-2	1.0～2.0
半刚性基层	AL(M)-1 或 2 AL(S)-1 或 2	0.6～1.5	PC-2 PA-2	0.7～1.5

注：表中用量是指包括稀释剂和水分等在内的液体沥青、乳化沥青的总量，乳化沥青中的残留物含量以50%为基准。

2) 施工程序

透层施工工艺流程如图 3.14 所示。

图 3.14 透层施工工艺流程

3) 施工要求

(1) 洒布沥青。

① 浇洒透层前，路面应清扫干净，然后用 2～3 台肩扛式森林灭火鼓风机（或其他机械）沿路纵向向前将浮尘吹干净，尽量使基层表面集料外露，以利于乳化沥青与基层的联结。对喷洒区附近的结构物和树木表面及人工构造物应加以保护，以免溅上沥青受到污染。

② 透层应紧接在基层施工结束、表面稍干后浇洒。当基层完工后时间较长，表面过分干燥时，应在喷洒乳化沥青前 1h 左右，用洒水车在基层表面少量洒水润湿表面，并待表面稍干后浇洒透层沥青。

③ 透层沥青应采用沥青洒布车喷洒，喷洒时应保持稳定的速度和喷洒量。沥青洒布车在整个洒布宽度内必须喷洒均匀。路面太宽时，应先洒靠近中央分隔带或路中间的一个车道，由内向外，一个车道接着一个车道喷洒，下一个车道与前一个车道原则上不重叠或少重叠，但不能露白，露白处需用人工喷洒设备补洒。洒布车喷完一个车道停车后，必须立即用油槽接住排油管滴下的乳化沥青，以防局部乳化沥青过多，污染基层表面。在铺筑沥青面层之前，若局部地方尚有多余的透层沥青未渗入基层时，应予清除。

④ 如遇大风或即将降雨时，不得浇洒透层沥青；气温低于 10℃时，也不宜浇洒透层沥青。

⑤ 应按设计的沥青用量一次浇洒均匀，当有遗漏时，应用人工补洒；透层沥青洒布后应不致流淌，渗入基层一定深度，不得在表面形成油膜。

⑥ 浇洒透层沥青后，严禁车辆、行人通过。

(2) 撒石屑。

① 在无机结合料稳定类半刚性基层上浇洒透层沥青后，应立即用专用的石屑撒布车装载石屑，按用量 2～4m³/1000m² 向透层沥青表面撒布石屑或粗砂。在无机结合料粒料基层上浇洒透层沥青后，当不能及时铺筑面层，并需开放施工车辆通行时，也应撒铺适量的石屑或粗砂，此种情况下，透层沥青用量宜增加 10%。

② 石屑要求坚硬、清洁、无风化、无杂质、活性物质含量低，岩性宜为石灰岩、人工轧制的米砂。采用的粒径规格为 S13 或 S14，并控制小于 0.6mm 的含量不超过 5%。其中 S14 适宜气温为 10～20℃，S13 适宜气温为 20～35℃。前一幅石屑撒布应在与后一幅搭接的边缘留出约 20cm 宽不撒布，留待撒下一幅路时搭接，石屑可少量露黑，可有潮迹。

(3) 碾压。撒布石屑或粗砂后，应用 6～8t 钢轮压路机静力稳压 1～2 遍，压路机应行驶平稳，并不得制动或调头。当通行车辆时，应控制车速。在铺筑沥青面层前如发现局部地方透层沥青剥落，应予修补，当有多余的浮动石屑或砂时也应予扫除。

透层洒布后应尽早铺筑沥青面层。当用乳化沥青作透层时，洒布后应待其充分渗透、水分蒸发后方可铺筑沥青面层，此段时间不宜少于24h。

（4）养护。施工单位应对洒好透层、粘层或封层油的基层和面层保持良好状态，以便与后续工作相衔接。

① 碾压完毕后原则上封闭交通7d，必须行驶的施工车辆最少在12h后才可上路，并保证车速低于5km/h，不得制动或调头，7d至一个月内亦要控制车辆行驶，一个月后可开放正常交通。7d后若摊铺下面层，只需将下封层上多余的石屑扫去。

② 从养护期间到后一层铺筑完之前，洒过透层油的表面，应采用拖扫的办法养护，并防止产生车辙。

2. 粘层施工

1）材料要求和用量

沥青粘层施工

粘层油宜采用快裂或中裂乳化沥青、改性乳化沥青，也可采用快、中凝液体石油沥青，其规格和用量应符合表3-13的规定。所使用的基质沥青标号宜与主层沥青混合料相同。

表3-13 沥青路面粘层材料的规格和用量

下卧层类型	液体沥青		乳化沥青	
	规 格	用量/(L/m²)	规 格	用量/(L/m²)
新建沥青层或旧沥青层	AL(R)-3～AL(R)-6 AL(M)-3～AL(M)-6	0.3～0.5	PC-3 PA-3	0.3～0.6
水泥混凝土	AL(M)-3～AL(M)-6 AL(S)-3～AL(S)-6	0.2～0.4	PC-3 PA-3	0.3～0.5

注：表中用量是指包括稀释剂和水分等在内的液体沥青、乳化沥青的总量，乳化沥青中的残留物含量以50%为基准。

粘层油品种和用量应根据下卧层的类型通过试洒确定。当粘层油上铺筑薄层大孔隙排水路面时，粘层油的用量宜增加到0.6～1.0L/m²。沥青层间兼作封层的粘层油宜采用改性沥青或改性乳化沥青，其用量不宜少于1.0L/m²。

2）施工要求

粘层沥青宜用沥青洒布车喷洒，在路缘石、雨水进水口、检查井等局部应用刷子进行人工涂刷。路面有脏物尘土时应清除干净。当有黏附的土块时，应用水刷净，待表面干燥后浇洒。浇洒过量处应予刮除。当气温低于10℃或路面潮湿时，不得浇洒粘层沥青。浇洒粘层沥青后，严禁除沥青混合料运输车以外的其他车辆、行人通过。粘层沥青洒布后应紧接着铺筑沥青层，但乳化沥青应待破乳、水分蒸发完后铺筑沥青层。

3. 封层施工

1）材料要求和用量

封层油宜采用改性沥青或改性乳化沥青。集料质地坚硬、耐磨、洁净、粒径级配应符合要求。用于稀浆封层的混合料的配合比应经设计、试验，符合要求后方可使用。

采用拌和法沥青表面处治作为上封层及下封层时，下封层宜采用砂粒式沥青混凝土（AC-5），厚度宜为1cm，上封层宜采用密实式的中粒式或细粒式沥青混凝土混合料，按热拌沥青混合料路面的要求铺筑。

2）施工要求

采用拌和法铺筑上封层，其施工工艺和要求与热拌沥青混合料完全相同；下封层宜采用层铺法表面处治或稀浆封层法施工。沥青（乳化沥青）和集料用量应根据配合比设计确定。沥青应洒布均匀、不露白，封层应不透水。

沥青封层施工

3.4.3　SMA 沥青混合料路面施工

1. SMA 的组成特点和基本特征

SMA 是一种新型沥青混合料，欧洲称之为 split mastic asphalt，美国则称之为 stone mastic asphalt，我国称之为沥青玛蹄脂碎石混合料，其意义为用沥青玛蹄脂填充碎石骨架而形成的混合料。

SMA 路面通过采用木质素纤维或矿物纤维稳定剂、增加矿粉用量、沥青改性等技术手段，组成沥青玛蹄脂，可以使沥青的感温性变小，沥青用量增加，由它填充间断级配碎石集料中的空隙，既能使混合料保持间断级配沥青混合料表面性能好的优点，又能克服其耐久性差的缺点，尤其是能使混合料的高温抗车辙性能、低温抗裂性能、耐疲劳性能和水稳性等各种路用性能大幅度提高。

沥青玛蹄脂碎石混合料的构成如图 3.15 所示。

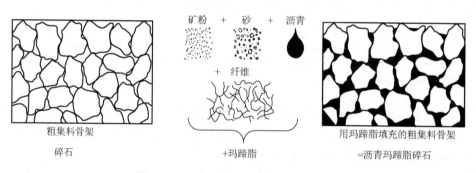

图 3.15　沥青玛蹄脂碎石混合料的构成

密级配沥青混凝土、排水式开级配沥青混凝土与 SMA 的组成结构比较如图 3.16 所示。

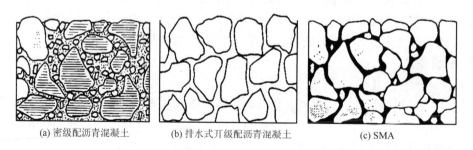

图 3.16　密级配沥青混凝土、排水式开级配沥青混凝土与 SMA 的组成结构比较

1）SMA 的组成特点

SMA 是由沥青稳定剂、矿粉及少量细集料组成的沥青玛蹄脂填充间断级配的碎石骨架组成的骨架嵌挤型密实结构混合料，它的最基本组成是碎石骨架和沥青玛蹄脂两部分，其结构组成有如下特点。

（1）SMA 是一种间断级配的沥青混合料，图 3.16 反映了密级配沥青混凝土、排水式开级配沥青混凝土及 SMA 的剖面图，从中可以看出它们结构组成的不同之处。

（2）SMA 增加了矿粉用量，使其能加入较多的沥青，同时还使用了稳定剂。

（3）SMA 的沥青用量比普通沥青混合料高，并要求其具有较高的黏结力，通常选用针入度小、软化点高、温度稳定性好的沥青，如能采用改性沥青，可进一步改善高低温变形性能及与矿料的黏附性。

2）SMA 的基本特征

（1）SMA 的特征主要表现在以下两个方面。

① 大粒径集料互相嵌锁而形成高稳定性（抗变形能力）的结构集料。

② 由细集料、沥青结合料及稳定剂组成，具有足够数量的沥青玛蹄脂，除满足将骨架胶结在一起的要求外，还使混合料具有较好的柔性和耐久性。

SMA 采用间断级配集料形成碎石骨架，其中有低百分率的细集料和较高比例的矿粉填料。由于大粒径集料的含量高，矿料间具有较高的空隙率，使其能容纳较多的沥青，从而减少氧化、老化变硬和低温裂缝产生的可能性。而细集料则起着填充空隙的作用，纤维稳定剂增加了矿料的比表面积，从而增加了沥青的稠度和沥青玛蹄脂的稳定性，并可避免沥青混合料在运输和摊铺过程中产生离析现象，还可改善混合料的稳定性。

（2）SMA 的主要特性有以下几个。

① 较高的稳定性。采用相同的粗集料分别制成密级配沥青混凝土和 SMA，经轮辙试验机在不同温度下分别进行 800 次加载试验后，所得试验结果表明 SMA 具有比密级配沥青混凝土更高的抗车辙能力。

② 较高的疲劳寿命。影响沥青路面疲劳寿命的主要因素有沥青品种和含量、空隙率、温度、试验频率及荷载作用方式等。混合料的空隙率和沥青含量与疲劳寿命的关系极大，而空隙率小、沥青含量高是 SMA 的显著特点。SMA 中碎石所包裹的沥青膜较厚，有效地降低了混合料的空隙率。此外，沥青含量高的 SMA 所产生的疲劳破坏，在夏季行车作用下具有自动愈合的能力。在以上两方面因素的综合作用下，使得 SMA 的抗疲劳能力大大高于密级配沥青混凝土。

③ 较好的耐久性。SMA 的耐久性非常好，不易松散，抵抗温度裂缝和荷载裂缝的性能好，其优异的耐久性来源于沥青玛蹄脂的不透水性，由于其渗透性小，空气及水的渗入量小，从而减缓了沥青的氧化过程，提高了耐久性。

④ 较好的抗磨耗及抗滑能力。SMA 含有高比例、高品质的粗集料，使其具有较大的表面构造深度和抗磨耗能力。

⑤ 良好的平整度和能见度。SMA 的高温稳定性使路面稳定，具有良好的平整度和行车舒适性。SMA 还能减少灯光的反射、雨中行车的水雾，从而提高了路面能见度和行车安全。

⑥ 较好的经济效益。SMA 采用高品质的矿质集料、较高含量的优质沥青，并加入稳

定剂，增加拌和时间，使得 SMA 的单位价格比传统密级配沥青混凝土高，但由其较高的稳定性及较高的疲劳寿命，使 SMA 的使用寿命比传统密级配沥青混凝土高出 30%～40%。若考虑到有效使用年限、维修费用及使用者费用，折算成年平均成本时，SMA 比传统密级配沥青混凝土更经济，特别是在高温重载、大交通量的条件下，SMA 更具有较好的经济效益。

从以上分析可知，SMA 对沥青路面的各种性能都有所改善，尤其以抗车辙性能及耐久性的改善效果最为显著。欧洲沥青路面协会于 1998 年曾对 SMA 路面的应用情况做过总结和归纳，认为 SMA 的优点为：首先，具有良好的表面功能，抗滑、车辙小、平整度高、噪声小、能见度好；其次，增加了路面抗变形能力，不透水，使用寿命长，维修养护工作量小；最后，可以减薄表面层厚度，易于施工和重建，维修重建对交通的影响小。

2. SMA 的应用

SMA 所具有的一系列特性使其除了可代替传统密级配沥青混凝土在一般路面上使用，在某些特殊路面或特殊环境下，还可解决采用密级配沥青混凝土所难以解决的问题。

SMA 具有较好的稳定性，能有效地抵抗重复荷载作用下所形成的车辙，因而可在交叉口、公交站点等易产生车辙的部位用 SMA 代替传统密级配沥青混凝土以提高抗车辙能力。

沥青混凝土路面铺筑完工后，应有足够的时间让路面冷却后才能开放交通，如在路面没有充分冷却的情况下提早通车，将对路面造成极大的损害，其主要原因是沥青在没有充分冷却时稳定性较差，承受车辆荷载作用时，将造成严重的辙槽，甚至断裂。而 SMA 在高温时具有比密级配沥青混凝土更高的稳定性，对提早开放交通的影响较小。

钢板桥面铺装一直是工程界难以很好解决的一个问题，由于钢桥桥面板日夜温差过大，夏季面板温度很高，再加上其具有的高挠度，要求桥面铺装材料须有较好的高温稳定性、低温延展性和优异的抗疲劳性能，但目前所使用的桥面铺装材料多难以胜任，即使是造价不菲的环氧树脂也难以完全解决上述问题。而细粒式 SMA，尤其是采用高达 7.0% 的沥青含量及经高分子聚合物处理的改性沥青，可较好地解决上述问题。

3. SMA 的配合比及材料要求

SMA 中，沥青结合料必须有较高的黏度、较大的稠度，符合一定的技术要求，以保证其有足够的高温稳定性和低温韧性，沥青类型及标号应符合重交通量道路石油沥青的技术要求。

1）粗集料

SMA 具有较高的高温稳定性是基于含量甚多的粗集料之间的嵌挤作用。集料嵌挤作用的大小在很大程度上取决于集料石质的坚韧性以及集料的颗粒形状和棱角。可以说，粗集料的这些性质是 SMA 成败的关键。由于粗集料颗粒直接接触形成的骨架受到外力作用时，其颗粒在接触点处将产生很大的压力，因此需要粗集料具有较高的强度，以避免在施工碾压过程中及使用过程中荷载长期重复作用下产生磨损和破坏。

SMA 中的粗集料，对颗粒形状和强度的要求均高于传统密级配沥青混凝土。其所用粗集料必须完全破碎，并接近立方体，扁平细长颗粒含量不超过 10%，以增加颗粒间的接触面积，使由粗集料形成的骨架在受到外力作用时具有较高的稳定性和抵抗外力的能力。

2）细集料

细集料在 SMA 中所占比例较小，一般不超过 10%，但细集料对 SMA 的性能有较大影响。细集料一般要求采用具有良好棱角性和嵌挤性的人工砂，当全部采用人工砂有困难时，人工砂与天然砂的比例应大于 1∶1，并应满足相关规范的要求。

3）填料

SMA 中的矿粉填料对混合料的空隙率及劲度有明显影响，矿粉在沥青混合料中的作用至关重要，沥青只有吸附在矿粉表面形成薄膜，才能对其他粗、细集料产生黏附作用。

由于 SMA 中的纤维稳定剂能起到分散矿粉沥青胶团的作用，故需要有足够的矿粉以形成 SMA 结构，SMA 中的矿粉数量比传统密级配沥青混凝土多一倍左右，一般可达到沥青用量的 1.8~2.0 倍。

SMA 中的矿粉最好采用磨细石灰粉，还应符合一定的技术要求，若掺加一定量的回收粉尘，其用量不得超过填料总质量的 50%。

4）纤维稳定剂

沥青玛蹄脂碎石混合料必须采用纤维稳定剂。在混合料中加入纤维后，可有效提高混合料的高温稳定性并降低轮胎的磨耗。

纤维在 SMA 中所起的主要作用有如下几点。

（1）加筋作用。SMA 中的纤维以三维分散相在混合料中存在，可起到加筋的作用。

（2）分散作用。SMA 中用量较大的矿粉沥青在没有纤维的情况下，可能成为胶团，不均匀地分散在集料之间，而纤维则可以使胶团适当均匀地在集料中分散。

（3）吸附及吸收沥青作用。SMA 中的纤维可充分吸附表面沥青和吸收内部沥青，从而使沥青用量增加，沥青膜变厚，以提高混合料的耐久性。

（4）稳定作用。纤维可使沥青膜处于比较稳定的状态，尤其是夏季高温季节，沥青受热膨胀时，纤维内部的空隙将容纳这些膨胀的沥青，使其不致成为自由沥青而泛油。

（5）增黏作用。SMA 中的纤维将增加沥青与矿料间的黏附性，通过油膜的黏结，提高集料之间的黏结力。

SMA 中常用的纤维有以下几种。

（1）木质素纤维。木质素纤维又称纤维素纤维，是由天然木材经化学处理后得到的有机纤维，在各种条件下均是化学上非常稳定的物质，不为一般的溶剂及酸、碱所腐蚀，且对人体无害，不影响环境。SMA 中加入纤维素纤维后，混合料具有良好的保温性能，冷却后具有良好的伸缩性，有较好的施工和易性，用量通常为混合料质量的 0.3%。

（2）矿物纤维。矿物纤维是一种微细纤维，目前常用的矿物纤维多为石棉纤维，在混合料拌和时加入可有效地吸附沥青，防止沥青胶砂高温时出现流淌现象，微细纤维的比表面积大，用量为混合料质量的 0.4%。

（3）聚合物有机纤维。在有机纤维中，聚酯纤维和丙烯酸纤维是最常用的纤维品种，用量为混合料质量的 0.15%~0.30%。由于纤维的作用，沥青用量将增加 0.2%~0.3%。研究和应用实践表明，聚合物有机纤维使混合料性能得到普遍提高，疲劳寿命可提高 25%~45%，车辙减少 45%~53%。

4. SMA 路面施工概要

1) SMA 路面施工温度

SMA 中加入了较多的矿粉,其拌和、施工及室内试验温度均比一般热拌沥青混合料高,如 SMA-16 的拌和温度规定为 175~185℃。

2) SMA 的拌和

SMA 应在沥青拌和场进行拌制,拌制时应注意纤维的加入、拌和时间与温度均应严格控制并拌和均匀。

若长时间储存 SMA,将发生沥青析漏现象,从而使混合料中的沥青分布不均匀,SMA 的储存不能过夜,当天拌和的混合料必须当天摊铺并碾压完毕。

3) SMA 的运输与摊铺

由于 SMA 中沥青玛蹄脂的黏性较大,运料车的车厢底部应涂刷较多的油水混合物。为防止混合料运输过程中温度下降过快而使运料车表面的混合料结成硬壳,要求运料车加盖苫布;要求缓慢、均匀、连续不间断地摊铺,摊铺过程中不得随意变更速度或中途停顿。

SMA 生产时拌和机生产效率降低,摊铺机供料不足的问题比较突出,难以保证摊铺机不间断地均匀摊铺。因此摊铺机的摊铺速度应缓慢,一般不超过 180~240m/h,拌和设备与摊铺机的生产能力应匹配,运料车应稍有富余。

4) SMA 路面碾压成形

SMA 一般在路面的表面层使用,厚度比较薄,混合料温度下降比较快,应特别注意不能在温度下降过多后才开始碾压,碾压的最低温度约为 130℃。

由于轮胎式压路机在碾压时的搓揉将使 SMA 中的沥青玛蹄脂上浮,从而降低构造深度,甚至出现泛油现象,因此 SMA 路面必须采用刚性碾压。

碾压过程为三阶段,初压,采用 10t 的钢筒式压路机紧跟在摊铺机后碾压 1~2 遍;复压,采用钢筒式压路机静压 3~4 遍,或振动碾压 2~3 遍;终压,采用较宽的钢筒式压路机碾压 1 遍,至此即可结束碾压。

过度碾压将使 SMA 结构无法稳定,因此应严格控制碾压次数,切忌过碾。一般要求碾压速度不能超过 4~5km/h。

5) SMA 质量控制

拌和温度(原材料、成品、集料烘干、加热、混合料拌和及出产等各个环节的温度)应该严格按施工规范或技术要求的规定,随时进行检验。

矿料级配和油石比,SMA 的标准级配范围比普通沥青混合料的容许范围小得多,其配料误差的要求也比普通沥青混合料严格。纤维稳定剂的质量误差不应超过规定数量的 10%;例行的常规检验要求,每天每台拌和机取样抽提筛分不少于一次,油石比误差不得超过 0.3%。

马歇尔试验是拌和场最主要的质量检测项目。其目的首先是检测混合料试件的密度、空隙率、VMA、VCA、VFA 等体积指标,以确定混合料是否满足 SMA 构成的必要条件。为检验混合料试件的质量稳定性,能否基本稳定在一个不变的水平上,需检测马歇尔稳定度和流值。

6) SMA 路面质量检测

SMA 路面质量检测,可按一般热拌沥青混合料路面的质量要求和检测频度进行检测。

3.4.4 水泥混凝土路面施工

在水泥混凝土面层施工之前，应进行一系列的施工准备工作，根据总体施工方案和现场条件，编制施工组织设计，落实责任，分工合作。另外，在施工前要根据设计要求，选择原材料并做好水泥混凝土的施工配合比工作。当道路改建、扩建或利用原有路基时，应检查其结构强度是否符合设计要求，并对表面的坑槽、松散的部分进行处理。

水泥混凝土面层施工工艺流程如图 3.17 所示。

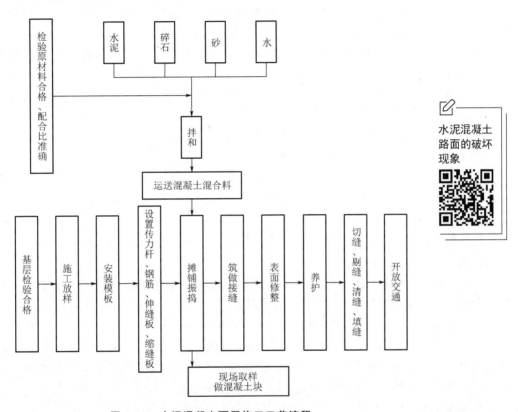

图 3.17 水泥混凝土面层施工工艺流程

1. 施工准备

1) 选择混凝土拌和方式及拌和场地

混凝土的拌和方式有厂内集中拌和与现场拌和等。集中拌和具有管理方便、质量容易控制、生产效率高、对环境的污染较小等优点，因而在城市道路中采用较广泛。公路工程中多采用现场拌和，现场拌和选择场地时首先要考虑使运送混合料的运距最短，同时拌和场还要接近水源和电源。此外，拌和场应有足够的面积，以供堆放砂石材料和搭建水泥库房。

2) 进行材料试验和混凝土配合比设计

根据技术设计要求与当地材料供应情况，做好混凝土各组成材料的试验，进行混凝土各组成材料的配合比设计。

3）基层与垫层的准备

（1）混凝土路面的路基的要求。

① 路基的高度、宽度、纵横坡度和边坡等要符合设计要求。

② 路基应有良好的排水系统。

③ 路基应坚实、稳定、均匀、压实，平整度要符合设计要求。

④ 现有路基加宽应使新旧路基结合良好，压实度要符合设计要求，新旧部分强度一致。

（2）混凝土路面的基层应采用板体性好、强度高的半刚性基层，强度应满足设计要求。一般采用石灰土基层、石灰粉煤灰基层、石灰土类基层。冬期施工可采用煤渣石灰土或石灰煤渣基层。特重和重交通干道，为提高基层的抗水性，基层应采用水泥稳定砂砾（碎石），上述各类基层顶上加铺沥青下封层，施工时按设计要求办理。

（3）基层完成后应加强养护。如有损坏，应在浇筑混凝土板前采用相同材料修补压实，如局部基层须用薄层松散料填铺时必须压实。

（4）垫层一般可采用石灰土。在垫层施工前应处理好路基病害，并完成排水设施，垫层铺筑应碾压密实。

（5）当利用旧路基作基层时，应做到下列各点。

① 检查旧基层的结构厚度、压实度是否符合设计要求。

② 表面坑槽及松散部分应挖补后重新压实平整，并彻底排除积水。

③ 加宽部分应做成台阶形，再填铺砂石，与旧基础衔接处加强碾压。

4）施工放样

根据设计图纸放出路中心线及路边线，并定出各种控制桩。测量放样必须经常复核，做到勤测、勤复核、勤纠偏。

（1）在验收合格的道路基层上，根据设计图纸放出中心线及道路边线，并将路线的起始点及曲线折点中心桩拴在路旁固定建筑物上。

（2）每隔 100～200m 应在路线两旁测设临时水准点。

（3）按设计规定划分路面板。由路口开始，在曲线段及路口"八字"分块时，应注意曲线上内侧和外侧纵的混凝土分块距离，使横向分块线与路中心线垂直，以免路面板出现锐角，分块线距离检查井盖的边缘应保持至少 1m 的距离。

2. 安装模板

在摊铺混凝土之前，应先安装模板。如果采用人工摊铺混凝土，则模板的作用仅用于支撑混凝土，可采用 4～8cm 的木模板，在弯道和交叉口路缘处，应采用 1.5～3cm 的薄模板，以便弯成弧形。条件许可时应采用钢模，不仅节约木材，而且保证工程质量。钢模可用 4～5mm 的钢板冲压制成，或用 3～4mm 钢板与边宽 40～50mm 的角钢或槽钢组合而成（目前一般用槽钢）。

1）安装前的检查

当用机械摊铺混凝土时，轨道和模板的安装精度直接影响到轨道摊铺机的施工质量和施工进度，安装前应先对轨道及模板的有关质量指标进行检查和校正，安装中要用水准仪、经纬仪、钢尺等定出路面高程和线型，每 5～10m 一点，用挂线法将铺筑线型和高程固定下来。

2）模板安装

将模板按预先标定的位置安放在基层上，两侧用铁钎打入基层以固定位置，间距应为

0.8~1m，弯道处应为 0.5~0.8m，内侧铁钎应高出模板，模板接头应平顺，模板与路基间的空隙应堵严，保证振捣时模板不下沉，使混凝土板厚度均匀一致。

模板顶面用水准仪检查标高，其稍有歪斜和不平，便会反映到面层，使其边线不齐、厚度不准和表面呈现波浪形。因此，施工时必须经常校验，严格控制。

支好的模板应高程准确，线条直顺，内侧与顶部光滑平整，棱角整齐，拼缝接头处严密不漏浆。

模板支好后，在模板内侧涂刷肥皂液、隔离剂或其他润滑剂，以便拆模。

3）模板安装应符合的规定

（1）支模前应核对路面标高、面板分块、胀缝和构造物位置。

（2）模板应安装稳固、顺直、平整、无扭曲，相邻模板连接应紧密平顺，不应错位。

（3）严禁在基层上挖槽嵌入模板。

（4）使用轨道摊铺机应采用专用钢制轨模。

（5）模板安装完毕，应进行检验，合格后方可使用。其安装质量应符合表 3-14 的规定。

表 3-14 模板安装允许偏差

检测项目	施工方式			检验频率		检验方法
	允许偏差			范围	点数	
	三辊轴机组	轨道摊铺机	小型机具			
中线偏位/mm	≤10	≤5	≤15	100m	2	用经纬仪、钢尺量
宽度/mm	≤10	≤5	≤15	20m	1	用钢尺量
顶面高程/mm	±5	±5	±10	20m	1	用水准仪测量
横坡/(%)	±0.10	±0.10	±0.20	20m	1	用钢尺量
相邻板高差/mm	≤1	≤1	≤2	每缝	1	用水平尺、塞尺量
模板接缝宽度/mm	≤3	≤2	≤3	每缝	1	用钢尺量
侧面垂直度/mm	≤3	≤2	≤4	20m	1	用水平尺、卡尺量
纵向垂直度/mm	≤3	≤2	≤4	40m	1	用20m线和钢尺量
顶面平整度/mm	≤1.5	≤1	≤2	每两缝间	1	用3m直尺、塞尺量

4）拆除模板的要求

混凝土抗压强度达 8.0MPa 及以上方可拆模。当缺乏强度实测数据时，侧模允许最早拆模时间宜符合表 3-15 的规定。

表 3-15 混凝土侧模的允许最早拆模时间

昼夜平均气温/℃	−5	0	5	10	15	20	25	≥30
硅酸盐水泥、R 型水泥/h	240	120	60	36	34	28	24	18
道路、普通硅酸盐水泥/h	360	168	72	48	36	30	24	18
矿渣硅酸盐水泥/h	—	—	120	60	50	45	36	24

注：允许最早拆侧模时间从混凝土面板精整成形后开始计算。

拆模应仔细,不得损坏混凝土板的边角,尽量保持模板完好,混凝土板达到设计强度时,可允许开放交通。当遇特殊情况需要提前开放交通时(不包括民航机场跑道),混凝土板应达到设计强度的80%以上,其车辆荷载不得大于设计荷载。

3. 钢筋加工、安装及传力杆安设

1)钢筋加工、安装

钢筋安装应符合下列规定。

(1)钢筋安装前应检查其原材料品种、规格与加工质量,确认符合设计规定。

(2)钢筋网、角隅钢筋等安装应牢固、位置准确。钢筋安装后应进行检查,合格后方可使用。

(3)传力杆安装应牢固,位置准确。胀缝传力杆应与胀缝板、提缝板一起安装。

钢筋加工允许偏差应符合表3-16的规定。

表3-16 钢筋加工允许偏差

项目	焊接钢筋网及骨架允许偏差/mm	绑扎钢筋网及骨架允许偏差/mm	检验频率		检验方法
			范围	点数	
钢筋网的长度与宽度	±10	±10	每检验批	抽查10%	用钢尺量
钢筋网眼尺寸	±10	±20			用钢尺量
钢筋骨架的宽度及高度	±5	±5			用钢尺量
钢筋骨架的长度	±10	±10			用钢尺量

钢筋安装允许偏差应符合表3-17的规定。

表3-17 钢筋安装允许偏差

项目		允许偏差/mm	检验频率		检验方法
			范围	点数	
受力钢筋	排距	±5	每检验批	抽查10%	用钢尺量
	间距	±10			
弯起钢筋点位		20			用钢尺量
箍筋、横向钢筋间距	绑扎钢筋网及钢筋骨架	±20			用钢尺量
	焊接钢筋网及钢筋骨架	±10			
钢筋预埋位置	中心线位置	±5			用钢尺量
	水平高差	±3			
钢筋保护层	距表面	±3			用钢尺量
	距底面	±5			

2）传力杆安设

传力杆是指沿水泥混凝土路面板横缝，每隔一定距离在板厚中央布置的圆钢筋。其一端固定在一侧板内，另一端可以在邻侧板内滑动，其作用是在两块路面板之间传递行车荷载和防止错台。当两侧模板安装好后，即在需要设置传力杆的膨胀缝或伸缩缝位置上安设传力杆。

（1）钢筋支架法。混凝土板连续浇筑时设置胀缝传力杆的做法，一般是在胀缝板上预留圆孔以便传力杆穿过，胀缝板上面设木制或铁制嵌条，其旁再放一块胀缝挡板，按传力杆位置和间距，将胀缝挡板下部挖成倒U形槽，使传力杆由此通过。将传力杆的两端固定在钢筋支架上，支架脚插入基层内，如图3.18所示。

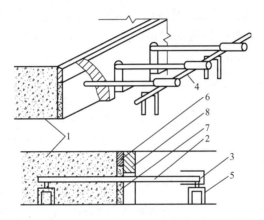

1—先浇筑的混凝土；2—传力杆；3—金属套管；4—钢筋；5—支架；
6—压缝嵌条；7—胀缝板；8—胀缝挡板

图 3.18 钢筋支架法

（2）顶头木模固定法。对于不连续浇筑的混凝土板在施工结束时设置的胀缝，应采用顶头木模固定传力杆的安装方法。即在端头挡板外侧增设一块定位模板，板上同样按照传力杆的间距及杆径钻成孔眼，将传力杆穿过端头挡板孔眼并直至外侧定位模板孔眼。两模板之间可用为传力杆一半长度的横木固定（图3.19）。继续浇筑邻板时，拆除端头挡板、固定横木及定位模板，设置胀缝板、压缝板条和传力杆套管。

（3）传力杆的要求。传力杆要求必须清洁无锈，长度尺寸符合设计要求，端部应光滑，传力杆的硬质套子端部必须封闭，严防混凝土或稀浆进入。套管与传力杆端应留3cm的空隙，内可填塞沥青麻絮或纱头。用来固定传力杆的钢支架必须牢固，用来固定套子的一端应比另一端稍低，使传力杆能恰好在套管中心，且与路中心线平行。

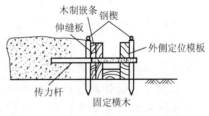

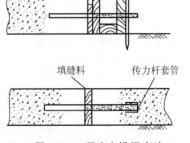

图 3.19 顶头木模固定法

4. 混凝土的搅拌和运输

混凝土依据具体要求来进行拌制，混合料的制备可以采用在工地由拌和机拌制及在中心工厂集中制备，然后用汽车运送到工地两种方式。

1) 混凝土的搅拌

面层用混凝土宜选择具备资质、混凝土质量稳定的搅拌站供应。

在工地现场拌和混凝土时，应在拌和场地上合理布置拌和机和砂、石、水泥等材料的堆放地点，力求提高拌和机的生产效率。拌制混凝土时，要准确掌握配合比，特别要严格控制用水量。每天开始拌和前，应根据天气变化情况，测定砂、石材料的含水量，以调整拌制时的实际用水量。每次拌和所用材料均应精确称量。量配的精确度：水泥为±1.5%，砂为±2%，碎石为±3%，水为±1%。每一工班应检查材料量配的精确度至少 2 次，每半天检查混合料的坍落度 2 次。拌和时间为 1.5～2.0min。

(1) 现场自行设立搅拌站应符合的规定。

① 搅拌站应具备供水、供电、排水、运输道路和分仓堆放砂石料及搭建水泥仓的条件。

② 搅拌站管理、生产和运输能力，应满足浇筑作业需要。

③ 搅拌站宜设有计算机控制数据信息采集系统。搅拌设备配料的计量允许偏差应符合表 3-18 的规定。

表 3-18 搅拌设备配料的计量允许偏差（%）

材料名称	水泥	掺合料	钢纤维	砂	粗集料	水	外加剂
城市快速路、主干路每盘	±1	±1	±2	±2	±2	±1	±1
城市快速路、主干路累计每车	±1	±1	±1	±2	±2	±1	±1
其他等级道路	±2	±2	±2	±3	±3	±2	±2

(2) 混凝土搅拌应符合的规定。

① 混凝土的搅拌时间应按配合比要求与施工对其工作性要求经试拌确定最佳搅拌时间。每盘最长总搅拌时间宜为 80～120s。

② 外加剂宜稀释成溶液，将其均匀加入并进行搅拌。

③ 混凝土应搅拌均匀，出仓温度应符合施工要求。

④ 搅拌钢纤维混凝土，除应满足上述要求外，尚应符合下列要求。

a. 当钢纤维体积率较高，搅拌物较干时，搅拌设备一次搅拌量不宜大于其额定搅拌量的 80%。

b. 钢纤维混凝土的投料次序、方法和搅拌时间，应以搅拌过程中钢纤维不产生组团和满足使用要求为前提，通过试拌确定。

c. 钢纤维混凝土严禁用人工搅拌。

(3) 混凝土拌合物最短搅拌时间。搅拌第一盘混凝土拌合物前，要先用适量的混凝土拌合物或砂浆搅拌，拌后排弃，然后按照规定的配合比进行搅拌，混凝土拌合物每盘的搅拌时间，要按照搅拌机的性能和拌合物的和易性确定。混凝土拌合物的最短搅拌时间为自材料全部进入搅拌机起，至拌合物开始出料止的连续搅拌时间，应符合表 3-19 的规定。

搅拌最长时间不得超过最短时间的3倍。

表3-19 混凝土拌合物的最短搅拌时间

搅拌机容量/L	自 由 式		强 制 式	
	400	800	375	1500
转速/(r/min)	18	14	38	20
低流动性混凝土搅拌时间/s	105	165	95	180
干硬性混凝土搅拌时间/s	120	210	100	240

2) 混凝土拌合物的运输

施工中应根据运距、混凝土搅拌能力、摊铺能力确定运输车辆的数量与配置。混凝土拌合物的运输，应采用自卸机动车运输。装运混凝土拌合物，不应漏浆，并应防止离析。夏季和冬季施工，必要时应有遮盖或保温措施。出料及铺筑时的卸料高度不可超过1.5m。当有明显离析时，应在铺筑时重新拌匀。

混凝土拌合物的运输

不同摊铺工艺的混凝土拌合物从搅拌机出料到运输、铺筑完毕的允许最长时间应符合表3-20的规定。

表3-20 混凝土拌合物从搅拌机出料到运输、铺筑完毕的允许最长时间

施工气温①/℃	到运输完毕允许最长时间/h		到铺筑完毕允许最长时间/h	
	滑模、轨道	三辊轴、小机具	滑模、轨道	三辊轴、小机具
5~9	2.0	1.5	2.5	2.0
10~19	1.5	1.0	2.0	1.5
20~29	1.0	0.75	1.5	1.25
30~35	0.75	0.50	1.25	1.0

注：① 指施工时间的日间平均气温，使用缓凝剂延长凝结时间后，本表数值可增加0.25~0.5h。

5. 混凝土拌合物的摊铺和振捣

混凝土拌合物摊铺前，要对模板的间隔、高度、润滑、支撑稳定情况和基层的平整、湿润情况，以及钢筋的位置和传力杆装置等进行全面检查。

混凝土拌合物的摊铺和振捣

混凝土混合料的振捣器具，应由平板振捣器、插入式振捣器和振动梁配套作业。

1) 摊铺前检查

(1) 基层或砂垫层表面，模板位置、高程等符合设计要求。模板支撑接缝严密、模内洁净、隔离剂涂刷均匀。

(2) 钢筋、预埋胀缝板的位置准确，传力杆等安装符合要求。

(3) 混凝土搅拌、运输与摊铺设备的状况良好。

(4) 边缘、角隅及其他加固钢筋的位置安放准确。传力杆与伸缩缝垂直，绑扎牢固，套筒套好。

(5) 混凝土运输路线符合要求，雨期施工时备有防雨罩。

2) 混凝土拌合物摊铺

混合料用手推车、翻斗车或自卸汽车运送。合适的运距视车辆种类和混合料容许的运输时间而定。通常，夏季为 30~40min，冬季为 60~90min。高温天气运送混合料时应采取覆盖措施，防止混合料中的水分蒸发。运送用的车厢必须在每天工作结束后用水冲洗干净。

当运送混合料的车辆到达摊铺现场后，通常将混合料直接倒向安装好侧模的路槽内，并用人工找补均匀。注意防止出现离析现象。摊铺时要考虑混凝土振捣后的沉降量，虚高可高出设计厚度约 10%，使振实后的面层标高符合设计要求。

3) 混凝土拌合物振捣

混凝土路面板厚为 0.22m 以内时，通常可一次摊铺，用平板振捣器振实，凡振捣不到之处，如面板的边角部、窨井、雨水斗附近，以及设置钢筋的部位，可以用插入式振捣器进行振实。

人工小型机具施工

4) 人工小型机具施工水泥混凝土路面层应符合的规定

(1) 混凝土松铺系数宜控制在 1.10~1.25。

(2) 摊铺厚度达到混凝土板厚的 2/3 时，应拔出模内钢钎，并填实钎洞。

(3) 混凝土面层分两次摊铺时，上层混凝土的摊铺应在下层混凝土初凝前完成，且下层厚度宜为总厚度的 3/5。

(4) 混凝土摊铺应与钢筋网、传力杆及边缘、角隅钢筋的安放相配合。

(5) 一块混凝土板应一次连续浇筑完毕。

(6) 混凝土使用插入式振捣器振捣时，不应过振，且振动时间不宜少于 30s，移动间距不宜大于 50cm。使用平板振捣器振捣时应重叠 10~20cm，振捣器行进速度应均匀一致。

5) 采用轨道摊铺机铺筑的规定

采用轨道摊铺机铺筑时，最小摊铺宽度不宜小于 3.75m，并应符合下列规定。

(1) 应根据设计车道数按表 3-21 的技术参数选择摊铺机。

表 3-21 轨道摊铺机的基本技术参数

项目	发动机功率 /kW	最大摊铺宽度 /m	摊铺厚度 /mm	摊铺速度 /(m/min)	整机质量 /t
三车道轨道摊铺机	15~33	11.75~18.3	250~600	1~3	13~38
双车道轨道摊铺机	15~33	7.5~9.0	250~600	1~3	7~13
单车道轨道摊铺机	8~22	3.5~4.5	250~450	1~4	≤7

(2) 坍落度宜控制为 20~40mm。不同坍落度时的松铺系数 K 可参考表 3-22 确定，并按此计算出松铺高度。

表 3-22 松铺系数 K 与坍落度 S_L 的关系

坍落度 S_L/mm	5	10	20	30	40	50	60
松铺系数 K	1.30	1.25	1.22	1.19	1.17	1.15	1.12

(3) 当施工钢筋混凝土面层时，宜选用两台箱形轨道摊铺机分两层两次布料。下层混凝土的布料长度应根据钢筋网片长度和混凝土凝结时间确定，且不宜超过20m。

(4) 振实作业应符合的要求。

① 轨道摊铺机应配备振捣器组，当面板厚度超过150mm、坍落度小于30mm时，必须插入振捣。

② 轨道摊铺机应配备振动梁或振动板对混凝土表面进行振捣和修整。使用振动板振动提浆饰面时，提浆厚度宜控制在（4±1）mm。

(5) 面层表面整平时，应及时清除余料。用抹平板完成表面整修。

6) 三辊轴机组铺筑应符合的规定

(1) 三辊轴机组铺筑混凝土面层时，辊轴直径应与摊铺层厚度匹配，且必须同时配备一台安装插入式振捣器组的排式振捣机。振捣器的直径宜为50～100mm，间距不应大于其有效作用半径的1.5倍，且不得大于50cm。

(2) 当面层铺装厚度小于15cm时，可采用振捣梁。其振捣频率宜为50～100Hz，振捣加速度宜为4～5g（g为重力加速度）。

(3) 当一次摊铺双车道面层时，应配备纵缝拉杆插入机，并配有插入深度控制和拉杆间距调整装置。

(4) 铺筑作业应符合的要求。

① 卸料应均匀，布料应与摊铺速度相适应。

② 设有接缝拉杆的混凝土面层，应在面层施工中及时安设拉杆。

③ 三辊轴整平机分段整平的作业单元长度宜为20～30m，振捣机振实与三辊轴整平工序之间的时间间隔不宜超过15min。

④ 在一个作业单元长度内，应采用前进振动、后退静滚方式作业，最佳滚压遍数应经过试铺确定。

6. 接缝

胀缝要尽量少设或不设，但在临近桥梁或其他固定的构筑物处、与柔性路面相接处、板厚改变断面处、地道口、小半径曲线和纵坡变换处，均应设置胀缝。在临近构筑物处的胀缝应根据设计至少设置2条。

1) 胀缝的筑做

先浇筑胀缝一侧混凝土，去掉胀缝挡板后，再浇筑另一侧混凝土，将钢筋支架浇在混凝土内。使用压缝嵌条前应涂废机油或其他润滑油，在混凝土振捣后，先抽动一下，而后最迟在终凝前将压缝嵌条抽出。抽出时为确保两侧混凝土不被扰动，可用木板条压住两侧混凝土，然后轻轻抽出压缝嵌条，再用铁模板将两侧混凝土抹平整。缝隙上部浇灌填缝料，留在缝隙下部的胀缝板用沥青浸制的软木板或油毛毡等材料制成。

2) 横向缩缝的筑做

横向缩缝也称假缝，可用两种方法筑做：切缝法和锯缝法。

(1) 切缝法，也称缩缝。当混凝土达到设计强度的25%～30%时，应采用切缝机进行切割。将混凝土捣实整平后，利用振动梁将T形振动刀准确地按照缩缝位置振出一条槽，随后将铁制胀缝板放入，并用原浆修平槽边。当用混凝土收浆抹面后，再轻轻取出胀缝板，并随即用专用抹子修整缝缘。这种做法要求仔细操作，以避免混凝土结构受到扰动和接缝边缘不平整。

（2）锯缝法。在结硬的混凝土中用锯缝机锯割出要求深度的槽口。此法可确保缝槽质量和不扰动混凝土结构。但要掌握好锯割时间，过迟会因混凝土过硬而使锯片磨损过大且费工，而且更主要的是混凝土在锯割前可能会出现收缩裂缝；过早则会因混凝土还未结硬，锯割时槽口边缘易产生剥落。合适的时间视气候条件而定，炎热而多风的天气，或者早晚气温有突变时，混凝土板会产生较大的湿度或温度坡差，使内应力过大而出现裂缝，锯缝要在表面整修后 4h 开始。如天气较冷，一天内气温变化不大时，锯割时间可晚至 12h 以上。

3）横向施工缝的要求

施工缝的位置应与胀缝或缩缝设计位置吻合。施工缝应与路面中心线垂直。多车道路面及民航机场道面的施工缝应避免设在同一横断面上。施工缝传力杆长度的一半锚固于混凝土中，另一半应涂沥青，允许滑动。传力杆必须与缝壁垂直。

4）横缝施工应符合的规定

（1）胀缝间距应符合设计规定，缝宽宜为 20mm。在与结构物衔接处、道路交叉和填挖土方变化处，应设胀缝。

（2）胀缝上部的预留填缝空隙，宜用提缝板留置。提缝板应直顺，与胀缝板密合、垂直于面层。

（3）缩缝应垂直板面，宽度宜为 4～6mm。切缝深度：设传力杆时，不应小于面层厚的 1/3，且不得小于 70mm；不设传力杆时不应小于面层厚的 1/4，且不应小于 60mm。

（4）机切缝时，宜在水泥混凝土强度达到设计强度的 25%～30%时进行。

（5）当施工现场的气温高于 30℃、搅拌物温度为 30～35℃，空气相对湿度小于 80%时，混凝土中宜掺缓凝剂、保塑剂或缓凝减水剂等。切缝应视混凝土强度的增长情况，比常温施工适度提前。铺筑现场宜设遮阳棚。

（6）当混凝土面层施工采取人工抹面，遇有 5 级及以上风时，应停止施工。

5）纵缝施工

纵缝的施工方法要按照纵缝设计要求确定，并分别符合下列规定。

（1）平缝纵缝。对已浇混凝土板的缝壁要涂刷沥青，并应避免涂在传力杆上。浇筑邻板时，缝的上部应压成规定深度的缝槽。

（2）纵缝间距通常为 3.0～4.5m，按设计要求确定。

（3）整幅浇筑纵缝的切缝或压缝做法，要符合切缝法施工及压缝法施工的规定。

6）安放钢筋

纵缝设置传力杆时，传力杆应采用螺纹钢筋，并应设置在板厚中间。设置传力杆的纵缝模板，要预先按照传力杆的设计位置放样打眼。

7）切缝施工工艺

（1）切缝机。切缝机具由切割、进刀、行走、定位导向及冷却五个部分组成。工作时其由两台电动机带动，一台进行切割，另一台行走移动。切缝机应有良好的静态和动态稳定性。转速、切速、冷却装置等都应符合切缝的工作要求。

（2）施工工艺。

① 切缝前应检查电源、水源及切缝机组试行运转的情况，切缝机刀片应与机身中心线成90°，并应与切缝线成直线。

② 开始切缝前，应调整刀片的进刀深度，切割时应随时调整刀片切割方向。停止切缝时，应先关闭旋钮开关，将刀片提升到混凝土板面以上，停止运转。

③ 切缝时将刀片用水冷却，水的压力不应低于0.2MPa。

④ 采用切缝机切缝的混凝土，应采用42.5级以上普通水泥浇筑。碎石混凝土的最佳切割抗压强度为6.0～12.0MPa，砾石混凝土为9.0～12.0MPa。当气温突变时，应适当提早切缝时间，防止产生不规则裂缝。

8）填缝

填缝工作应在混凝土初步结硬后及时进行。填缝前，首先将缝隙内的泥砂杂物清除干净，然后浇灌填缝料。

混凝土填缝

理想的填缝料应能长期保持弹性、韧性，热天缝隙缩窄时不软化挤出，冷天缝隙增宽时能胀大并不脆裂，同时还要与混凝土黏牢，防止土、砂、雨水进入缝内，此外还要耐磨、耐疲劳、不易老化。试验表明，填缝料不应填满缝隙全深，最好在浇灌填料前先用多孔柔性材料填塞缝底，然后加填料，这样在夏天胀缝变窄时填料不致受挤而溢至路面。常用的填缝料有聚氯乙烯类、沥青玛蹄脂、聚氨酯等。

7. 养护

1）湿治养护

湿治养护法

混凝土抹面2h后，当表面已有相当硬度，用手指轻压不显痕迹时即可开始养护。一般采用保湿膜、土工毡、土工布、麻袋、草袋、草帘等覆盖物，或者用20～30mm的湿砂覆盖于混凝土表面。每天均匀洒水数次，使其保持潮湿状态，至少延续14d。

2）塑料薄膜养护

塑料薄膜养护应符合下列规定。

（1）塑料薄膜溶液的配合比应由试验确定。薄膜溶剂一般具有易燃或有毒等特性，应做好贮运和安全工作。

（2）塑料薄膜施工，应采用喷洒法。当混凝土表面不见浮水和用手指轻压无痕迹时，应进行喷洒。

（3）喷洒厚度应以能形成薄膜为度，用量应控制在每千克溶剂喷洒$3m^2$左右。

（4）在高温、干燥、刮风时，在喷膜前后，应用遮阴篷加以遮盖。

（5）养护期间应保护塑料薄膜的完整，当破裂时应立即修补。薄膜喷洒后3d内应禁止行人通行，养护期和填缝前禁止一切车辆行驶。

3）养生剂养护

当混凝土表面不见浮水，用手指轻压无痕迹时，即可均匀喷洒养生剂塑料溶液，形成不透水的薄膜黏附于表面，从而阻止混凝土中水分的蒸发，保证混凝土的水化作用。喷洒养生剂的高度应控制在0.5～1cm，最小喷洒量不得少于$0.3kg/m^2$，不得使用容易被雨水冲刷和对混凝土强度、表面耐磨性有影响的养生剂。

8. 表面整修和防滑措施

混凝土终凝前必须用人工或机械抹平其表面。当用人工抹光时，不仅劳动强度大、工效低，而且还会把水分、水泥和细砂带至混凝土表面，致使它比下部混凝土或砂浆有较高的干缩性和较低的强度，而采用机械抹面时可以克服以上缺点。目前国产的小型电动抹面机有两种装置：装上圆盘即可进行粗光，装上细抹叶片即可进行精光。在一般情况下，面层表面仅需粗光即可。抹面结束后，有时再用拖光带横向轻轻拖拉几次。

为保证行车安全，混凝土表面要具有粗糙抗滑的表面。最普遍的做法是用棕刷顺横向在抹平后的表面上轻轻刷毛；也可用金属丝梳子梳成深1～2mm的横槽。近年来，施工人员采用一种更有效的方法，即在已硬结的路面上，用锯槽机将路面锯割成深3～5mm、宽2～3mm、间距20mm的小横槽。

9. 开放交通

在面层混凝土弯拉强度达到设计强度，且填缝完成前，不得开放交通。混凝土板在达到设计强度的40%以后，方可允许行人通行。

3.5 道路附属工程施工

3.5.1 路缘石施工

路缘石是指铺设在路面边缘或标定路面界限的界石，也称道牙或缘石。路缘石主要有立缘石、平缘石和专用路缘石等，也可将立缘石和平缘石制作在一起，制成L形路缘石。

立缘石又称侧石，是指顶面高出路面的路缘石。在城市道路中，侧石通常设置在沥青类路面的边缘，水泥混凝土路面边缘通常仅设置侧石，同样可起到街沟的作用。

平缘石又称平石，是指顶面与路面平齐的路缘石。侧石和平石可以起到分隔车行道、人行道、隔离带和道路其他部分的作用，还可以起到排除路面水的作用。

专用路缘石包括弯道路缘石、隔离带路缘石、反光路缘石、减速路缘石等。其中，反光路缘石（贴反光材料）能提高道路夜间能见度，有助于行车安全。

1. 路缘石的种类及规格

1）路缘石的种类

路缘石分为直线形及弧形两种，直线形用于直线及大半径曲线上，弧形用于小半径曲线上，如路口、分隔带端及小半径圆岛等，如图3.20所示。

路缘石一般由工厂生产，侧石混凝土强度主要考虑冻融损坏，其抗压强度不得低于C30级；路缘石主要考虑车轮磨损，其抗压强度不得低于C30级。

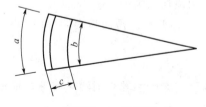

a—外弧长；b—内弧长；
c—内外弧长对应的圆半径之差
图3.20 弧形侧石平面

2）路缘石的规格

（1）直线形路缘石。

高阶路缘石 A 型：11/13cm×35cm×80cm。

高阶路缘石 B 型：11/13cm×35cm×40cm。

普通路缘石 C 型：8/10cm×35cm×80cm。

普通路缘石 D 型：8/10cm×35cm×50cm。

（2）弧形路缘石（其尺寸见表 3-23）。

表 3-23 弧形路缘石尺寸

类 别	半径 R/m	断面尺寸/cm	平面尺寸/cm			90°弧用量/块
			a	b	c	
高阶弧形路缘石	500	11/13×35	51.4	50.0	13	15
	300	11/13×35	51.4	49.1	13	9
	100	11/13×35	38.3	33.2	13	4
	75	11/13×35	38.3	31.5	13	3
普通弧形路缘石	500	8/10×30	51.4	50.3	10	15
	300	8/10×30	51.4	49.6	10	9
	75	8/10×30	38.3	33.0	10	3

2．施工方法及步骤

1）路缘石的施工工艺流程

路缘石的施工工艺流程如图 3.21 所示。

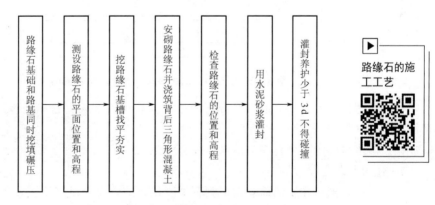

图 3.21 路缘石的施工工艺流程

2）路缘石的基础施工要求和测量放线

（1）路缘石基础应与路基同时挖填碾压。

（2）应按测设的平面位置与高程刨槽、找平、夯实后安装路缘石。

（3）核对道路中心线无误后，进行路面边界的放样，确定路缘石顶面标高；路缘石安装控制测设，直线段桩距为 10~15m，曲线段桩距为 5~10m，路口桩距为 1~5m；应用经纬仪、水准仪测设。

（4）当道路进行改建时，道路改建翻排侧石与平石，应做好原有雨水口标高调整，并与原有侧石与平石衔接平顺。

3) 路缘石的选用和施工

路缘石长度在直线段采用 80～100cm；曲线半径大于 15m 时采用长度为 60cm 或 100cm 的路缘石；曲线半径小于 15m 或圆角部分，可视半径大小采用长度为 30cm 或 60cm 的路缘石。

路缘石施工应根据施工图确定的平面位置和顶面标高所放出的样线执行，但对于人行道斜坡处的路缘石，一般放低至比平石高出 2～3cm，两端接头（与正常路缘石衔接处）则应做成斜坡连接。

4) 路缘石的安装

(1) 钉桩挂线后，沿基础一侧把路缘石依次排好。

(2) 路缘石的垫层用 1∶3 石灰砂浆找平，层厚约 2cm，按照放线位置安砌路缘石，应采用 M10 水泥砂浆灌缝。

(3) 曲线部分应按控制桩位进行安砌。

(4) 路缘石调整块应用机械切割成形或以现浇同级混凝土制作，不得用砖砌抹面方式作路缘石调整块。侧石与平石的安砌按图 3.22 执行。

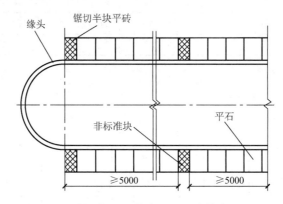

图 3.22　侧石与平石的安砌（尺寸单位：mm）

(5) 无障碍路缘石、盲道口路缘石应按设计要求安装。盲道口路缘石设计无要求时，按图 3.23 安砌。

(6) 雨水口处的路缘石应与雨水口配合施工。

5) 还填石灰土

(1) 侧石。侧石在安装前要按照侧石宽度误差的分类分段砌筑，使顶面宽度统一达到美观。安装后，按线调整顺直圆滑，侧石里侧用长木板、大铁橛背紧，外侧后背用体积比为 2∶8 的石灰土，也可以利用修建路面基层时剩余的石灰土回填夯实，里侧缝用体积比为 2∶8 的石灰土夯填。侧、平石两侧同时分层回填，在回填夯实过程中，要不断调整侧、平石线，使之最后达到顺直圆滑和平整的要求，夯实后拆除两面铁橛及木板。夯实灰土，外侧宽度不小于 30cm，里侧与路面基层接上。

使用的夯实工具，可以用小型夯实机具夯实，每层厚度不大于 15cm。若侧石里侧缝隙太小，可用铺底砂浆填实；如果侧石埋入路面基层太浅，夯填后背时易使侧石倾斜，此时靠路一侧可用体积比为 1∶3 的石灰炉渣，加水拌和拍实成三角形，使侧石临时稳固。

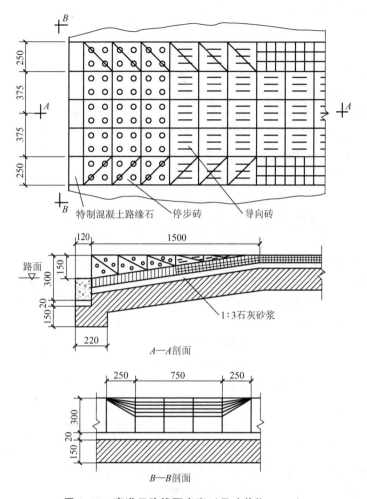

图 3.23 盲道口路缘石安砌（尺寸单位：mm）

设计采用混凝土后，要按照设计要求的强度等级，现场浇筑捣实，要求表面平整。

(2)平石。在安装平石后，人工刨槽的槽外一侧沟槽用体积比为 2∶8 的石灰土分层填实，宽度不小于 30cm，层厚不高于 15cm，也可利用路面基层剩余的路拌石灰土填实。外侧经夯实后与平石顶面齐平，内侧用上述同样材料分层夯实，夯实后要比平石顶面低一个路面层厚度，待油面铺筑后与平石顶面齐平。

使用的夯实工具，可以用洋镐头、铁扁夯等。灰土含水量不足时，要加水夯实。在夯实两侧石灰土的过程中，要不断调整平石线型，保证其顺直圆滑。

机械刨槽时，两侧用过筛体积比为 2∶8 的石灰土夯实或石灰土浆灌填密实。

6）勾缝

路面完工后安排侧石勾缝，勾缝前要先修整路缘石，调整至顺滑平整，其位置及高程符合设计要求方可勾缝，可用 M10 水泥砂浆勾缝，勾缝要饱满密实，可为平缝或凹缝，平石不得阻水。路缘石勾缝养护期在 3d 以上，养护期间不得碰撞。

7）刨槽与处理

(1)人工刨槽。按照桩的位置拉小线或打白灰线，以线为准，按要求宽度向外刨槽，通常为一平铣宽。靠近路面一侧，比线位宽出少许，通常不大于5cm，不要太宽，以避免回填夯实不好，造成路边塌陷。刨槽深度可以比设计加深1~2cm，以确保基础厚度，槽底要修理平整。

（2）机械刨槽。使用侧、平石刨槽机，刀具宽度应较侧、平石宽出1~2cm，按照线准确开槽，深度可以比设计加深1~2cm，以确保基础厚度，槽底要修理平整。

（3）如果在路面基层加宽部分安装侧、平石，则将基层平整即可，免去刨槽工序。

（4）铺筑石灰土基层，侧、平石下石灰土基础通常在修建路面基层时加宽基层，一起完成。若不能一起完成而需另外刨槽修筑石灰土基础时，则必须用体积比3∶7的石灰土铺筑夯实，厚度至少为15cm，压实度要求不小于95%。

3.5.2 人行道铺装施工

人行道为道路两侧、公园、里弄供行人行走的设施。道路两侧的人行道为道路的组成部分，人行道与绿化带或土路肩相邻时，应按设计要求埋设缘石、水泥砖或红砖。人行道按照材料可分为沥青混凝土和水泥混凝土两大类。其中水泥混凝土人行道又可分为预制块、连锁砌块和现场浇筑三种。

人行道

1. 人行道的材料种类及规格

1）预制人行道板（砖）的规格

（1）普通混凝土预制板：尺寸为490mm×490mm×65mm及490mm×245mm×65mm的表面滚花道板。

（2）250mm×250mm×60mm的混凝土压纹道板。

（3）250mm×250mm×60(50)mm的混凝土彩色压纹道板。

（4）不同形状与尺寸的彩色连锁型人行道板等。

2）预制混凝土（大方砖）的规格和适用范围

预制混凝土（大方砖）的规格和适用范围见表3-24。

表3-24 预制混凝土（大方砖）的规格和适用范围

品 种	长(mm)×宽(mm)×厚(mm)	混凝土强度/MPa	用 途
9格小方砖	250×250×50	25	人行道（步道）
16格小方砖	250×250×50	25	人行道（步道）
格方砖	200×200×50	20~25	人行步道、庭院步道
格方砖	230×230×40	20~25	人行步道、庭院步道
水泥花砖（单色、多色图案）	200×200×18	20~25	人行步道、人行通道

3）无障碍人行道（盲道）板的种类和规格

无障碍人行道（盲道）板有两种，一种称为导向块材，另一种称为停步块材，其各种块材的规格尺寸如图3.24和图3.25所示。

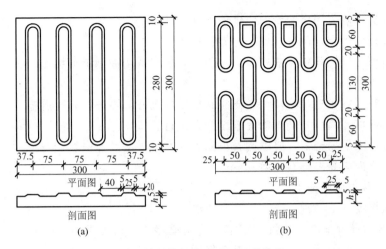

图 3.24　导向块材的规格尺寸（尺寸单位：mm）

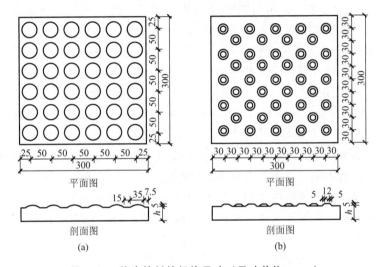

图 3.25　停步块材的规格尺寸（尺寸单位：mm）

4）料石石材的物理力学性能

料石石材的物理力学性能应符合设计规定。设计未规定时，也可采用下列主要指标。

(1) 饱和抗折强度：≥9MPa。

(2) 饱和抗压强度：≥120MPa。

(3) 抗冻性：冻融循环次数为 50 次，无明显损伤，系数 $K \leqslant 75\%$。

(4) 磨耗率：<25%（洛杉矶法）或<4%（狄法尔法）。

(5) 坚固性：（硫酸钠侵蚀）质量损失 $Q \leqslant 15\%$。

(6) 吸水率：≤1%。

(7) 硬度：≥7.0 莫氏。

(8) 密度：≥2500kg/m³。

(9) 孔隙率：≤3%。

2. 人行道面层的施工

人行道施工时，一般应遵守下列规定。

（1）对各类市政公用事业管线、地面设施，如消防栓等，应当按照人行道标高、横坡予以调整，并且要固定好位置，保护好测量标志。

（2）对沿街房屋有落水管或屋檐滴水路段，要采取防冲刷道面措施，按照设计要求设置落水管接设施。

（3）结合布置绿化建筑地段，要先将花坛墙体砌好，再进行人行道施工。

（4）要与斜坡、踏步、挡土墙等施工结合进行。

（5）人行道面层的施工，要以侧石顶面为基准，根据设计横坡和宽度放样定线，靠近侧石处的人行道面应高出侧石顶面5mm。

1）沥青混凝土面层施工

（1）一般规定。

① 人行道、自行车道、非机动车道、公园道路、不通行重型车辆的行人广场、运动场地等的沥青面层要平顺、舒适，具有良好的排水性能。

② 人行道、自行车道、公园道路可以铺筑单层细粒式或砂粒式沥青混凝土混合料面层、沥青表面处治面层或空隙率大的沥青碎石混合料透水性面层。

③ 行人道路沥青面层的材料要求应与车行道沥青面层相同，并选择针入度较高的石油沥青或乳化沥青。行人道路路面沥青用量应比车行道用量增加0.3%左右。

④ 三幅道以上道路的非机动车道、行人广场，当采用拌和的沥青混合料时，应分双层铺筑，上面层要使用细粒式或砂粒式沥青混凝土混合料。铺筑贯入式路面时应加铺拌和层。

⑤ 沥青混合料的技术指标应符合行人道路设计的规定。

⑥ 浇洒沥青或铺筑混合料时应采用防止污染道路附属设施及其他构造物的措施；路缘石、阀门盖座、消防栓、电杆等道路附属设施按照设计要求预先安装，用压路机碾压时不得损坏道路附属设施及其他构造物。使用大型压路机有困难的部位，应采用小型振动压路机或振动夯板压实。在不能采用压实机具的地方，使用人工夯实。

（2）施工步骤。

① 准备工作：清除表面松散颗粒及杂物，覆盖侧石及建筑物防止污染，喷洒乳化沥青或煤沥青透层油一道。次要道路人行道也可以不用透层油。不用透层油时，要清除浮土杂物，喷水湿润，用平碾压平一遍。与面层接触的侧石、井壁、墙边等部位应涂刷粘层油一道，以利于结合。

② 铺筑面层：检查到达工地的沥青混凝土种类、温度及拌和质量等，冬季运输沥青混凝土必须注意保温。人工摊铺时要计算用量，分段卸料，卸料要卸在钢板上，松铺系数为1.2~1.3。上料时要注意扣铣操作，摊铺时不要踩在新铺混合料上，注意轻拉慢摊，搂平时注意粗细均匀，不使大料集中。

③ 碾压：用平碾纵向错半轴碾压，随时用3m直尺检查平整度，不平处及粗麻处要及时修整或筛补，趁热压实。碾压不到处要用热夯或热烙铁拍平，或用振动夯板夯实。

④ 接槎：采用立槎涂油热料温边的方法。

⑤ 低温施工：适当采取喷油皮铺热砂措施，以确保人行道面越冬，防止掉渣。

2）预制水泥砖的铺装

（1）复测标高：按照设计图纸复核放线，用测量仪器打方格，并以对角线检验方正，然后在桩橛上标注该点面层设计标高。

(2) 装卸水泥砖：预制块方砖的规格为 5cm×24.8cm×24.8cm 及 7cm×24.8cm×24.8cm，装运花砖时要注意强度和外观质量，要求颜色一致、无裂缝、不缺棱角，要轻装轻卸以免损坏。卸车前应先确定卸车地点和数量，尽量减少小搬运。砖间缝隙为 2mm，用经纬仪、钢尺测量放线，打方格时要把缝宽计算在内。

预制水泥砖的铺装

(3) 拌制砂浆：采用 1∶3 石灰砂浆或 1∶3 水泥砂浆，石灰粗砂要过筛，配合比要准确，砂浆的和易性要好。

(4) 修整基层：挂线或用测量仪器检查基层竣工高程，对不高于 2m 的凹凸不平处，当低处不高于 1cm 时，可填 1∶3 石灰砂浆或 1∶3 水泥砂浆；低处大于 1cm 时，将基层刨去 5cm，用基层的同样混合料填平拍实，填补前应把坑槽修理平整干净，表面适当湿润，高处应铲平，但如铲后厚度低于设计厚度的 90% 时，应进行返修。

(5) 铺筑砂浆：在清理干净的基层上洒水一遍使之湿润，然后铺筑砂浆，厚度为 2cm，用刮板找平。铺筑砂浆应随砌砖同时进行。

(6) 铺砌水泥砖。

① 按照桩橛高程，在方格内由第一行砖位纵横挂线绷紧，依线依标准缝宽砌第一行样板砖，然后纵线不动，横线平移，依次照样板砖砌筑。

② 直线段纵线应向远处延伸，以保持纵缝直顺。曲线段砖间可以夹水泥砂浆楔形缝成扇形，也可按直线段顺延铺筑，然后在边缘处用 1∶3 水泥砂浆补齐并刻缝。

③ 砌筑时，砖要轻放，用皮锤（橡胶锤）轻击砖的中心。砖若不平，要拿起砖平垫砂浆重新铺筑，不可向砖底塞灰或支垫硬料，必须使砖平铺在满实的砂浆上稳定，无动摇、无任何空隙。

④ 砌筑时砖与侧石应衔接紧密，若有空隙，要甩在临近建筑一边，在侧石边缘与井边有空隙处可用水泥砂浆填满镶边，并刻缝与花砖相仿以保美观。

(7) 灌缝扫墁：用 1∶3（体积比）水泥细砂干浆灌缝，可以分多次灌入，第一次灌满后浇水沉实，再进行第二次灌满、墁平，并适当加水，直至缝隙饱满。

(8) 养护：水泥砖灌缝后洒水养护。

(9) 跟班检查：在铺筑的整个过程中，班组应设专人不断地检查缝距、缝的顺直度、宽窄均匀度以及花砖平整度，发现有不平整的预制块，应及时进行更换。

(10) 清理：每日班后，应将分散在各处的物料堆放一起，保持工地整洁。

3) 普通人行道板的铺装

普通人行道板的铺砌方法和要求一般采用放线定位法顺序铺砌，板底紧贴垫层，不得有翘动、虚空现象。

普通人行道板（砖）的铺装

(1) 下承层准备：摊铺垫层前应先将土基整平。人行道路基经检查合格后，方可测量放线，应用经纬仪测设纵横方格网，用钢尺丈量直线，人行道中线或边线每隔 5~10m 安设一块方砖作方向、高程控制点。

(2) 铺筑砂浆垫层：采用水泥砂浆或石灰砂浆，摊铺宽度要大于铺装面 5~10cm。砂浆随拌随用，水泥砂浆应在初凝前用完。

(3) 铺筑预制板（砖）：铺筑预制板（砖）时，将其沿定位挂线顺序平放，用橡胶锤敲打稳定，不得损伤边角。经常用 3m 直尺沿纵横和对角线方向检查安装是否平整和牢固，并及时修整，不得采用向砖底部填塞砂浆或支垫等方法找平砖面。采用490mm×490mm方砖时，铺砌与侧石垂直的拼缝为通缝（横缝），与侧石平行的拼缝为错缝（纵缝）。缝宽不大于1cm，侧石接边线缝宽1cm，并做到缝隙均匀、灌缝饱满。采用橡胶带做方砖伸缩缝时，应将橡胶带放置平正、直顺、紧靠方砖，不得有弯曲或不平现象，缝宽应符合设计要求。铺盲道砖时，应将导向砖与停步砖严格区分，不得混用。

（4）灌缝：方砖铺砌完成，需经检查合格后，方可进行灌缝。灌缝应用干砂或水泥：砂（水泥与砂的比例为1∶10）干拌混合料，砖缝灌注后应在砖面上泼水，使灌缝料下沉，再灌料补足，直至缝内饱满为止。

（5）养护：人行道板铺装后的养护期不得低于3d，养护期内要禁止通行。

4）彩色板（砖）和触感板（砖）人行道的施工

（1）彩色人行道方砖要采用刚性或半刚性基层及干拌水泥砂浆黏结层。基层和黏结层的材料、厚度、强度应符合设计要求。基层的施工可按照规程的有关规定执行。

（2）彩色板（砖）在铺砌之前要浇水湿润。将彩色板（砖）按照定位线逐块坐实于黏结层上，使其结成整体。相邻板块贴紧，表面平整，线形顺直，铺砌后应浇水湿润养护。艺术花样和触感板的导向、停步块材铺砌时，要按照设计图形进行施工。

5）水泥混凝土连锁砌块铺装

（1）由于连锁砌块条狭块小，因此，对平整度的要求更高，块与块的连接必须连锁紧密、齐平，不得有错落现象。

（2）铺砌不留缝，垫层用粗砂，使用专用的振平板振实，灌缝用细砂，其余操作均同一般水泥砖。

（3）完工后需要表面平整光洁、图案排列整齐、颜色一致，无麻面、掉面或者缺边现象，纵横坡度要符合设计要求。

6）现场浇筑水泥混凝土施工

现浇水泥混凝土人行道在施工中要依照以下规定。

（1）在水泥混凝土人行道基层和面层施工中，可参考水泥混凝土的基层和面层的要求。

（2）当水泥混凝土人行道面层收水抹面后，应及时分块、滚花压线，花眼边缘与压线平行，通常间距为5cm，滚花要清晰，花眼要深度一致（为2~3mm），滚花时应防止将砂浆带起。

（3）铺筑、振实、收水抹面、分块、滚花压线等工序应连续施工，工序间隔时间不宜过长，施工中断不得超过0.5h。

（4）面层成形后要覆盖洒水养护，当混凝土强度达到设计强度的80%以上时可停止养护，养护期间应封闭交通。

7）料石人行道铺装

料石人行道铺装首先应按设计要求选择石料（应选用花岗岩）。基层与路基施工应符合以下规定。

(1) 在检验合格的基层上测量放线：用经纬仪测设纵横方格网，应用钢尺丈量直线；人行道中线或边线上，要每隔5~10m安设一块方砖作方向、高程控制点。

(2) 铺砌时需平放，用橡胶锤敲打稳定，不得损伤石料的边角。

(3) 铺砌中随时检查石料是否安装牢固平整，及时修整，修整要重新铺砌，不得采用在料石下部填塞砂浆或支垫的方法找平上表面。

(4) 灌缝：料石铺砌完成后，需检查其稳固和平整度，全部合格后即可进行灌缝。应用干砂或水泥：砂（1：10）干拌混合料，缝灌砂后应在料石面上泼水，使灌缝料下沉，再灌料补足。

8) 曲线段人行道板（砖）的施工

曲线段人行道的道面铺砌，可采用直铺法或扇形铺法进行铺砌，其中彩色板（砖）应采用直铺法进行施工。铺板（砖）后所形成的楔形空缺和边角空缺可采用同标号水泥混合料就地浇筑，彩色板（砖）应按所需形状切割后拼砌，与预制板（砖）面齐平，并进行养护。

3.6 道路季节性施工

3.6.1 沥青类路面季节性施工

沥青类路面施工有很强的季节性，其路面质量及路面结构强度的形成受施工季节的气温和自然条件的影响很大。实践证明，在低温或不利季节施工的路面工程，其路面质量和使用寿命都会不同程度地受到影响，因而，施工季节通常选择在干燥和较热的季节。当在冬期和雨期施工时，必须采取相应的施工措施，以尽可能易于施工和保证施工质量。

1. 冬期施工措施

当施工现场环境日平均气温连续5d稳定低于5℃，或最低环境气温低于−3℃时，应视为进入冬期施工。

1) 热拌沥青混合料路面冬期施工措施

城市快速路、主干路的沥青混合料面层严禁冬期施工；次干路及其以下道路在施工温度低于5℃时，应停止施工；当风力在6级及以上时，沥青混合料面层不应施工；粘层、透层、封层严禁冬期施工，必须施工时，应采取如下施工措施。

(1) 提高混合料的出厂、摊铺和碾压温度，使其符合低温施工要求。

(2) 运输沥青混合料的车辆必须有严密覆盖设备以保温。

(3) 采用高密度的摊铺机、熨平板，接触热拌沥青混合料的机械工具要经常加热，在现场应准备好挡风、加热、保温工具和设备等。

(4) 卸料后应用苫布等及时覆盖保温。

(5) 摊铺宜在上午9时至下午4时进行，做到"三快两及时"（快卸料、快摊铺、快搂平、及时找细、及时碾压）。

(6) 接槎处要采取直槎热接。在混合料摊铺前必须保持底层清洁干净且干燥无冰雪。

用喷灯将接缝处加热至60~75℃,摊铺沥青混合料后,应用热夯夯实、热烙铁烫平,并应用压路机沿缝加强碾压。

(7) 碾压次序为先重后轻、重碾先压。即先用重碾快速碾压,而且重轮(主动轮)必须在前,再用两轮轻碾消除轮迹。

(8) 施工与供料单位要密切配合,做到定时定量,严密组织生产,及时集中供料,以减少接缝。

(9) 乳化沥青碎石混合料施工的所有工序,包括路面成形及铺筑上封层等,均必须在冻前完成。

2) 贯入式沥青面层与表面处治沥青面层冬期施工措施

贯入式沥青面层与表面处治沥青面层严禁冬期施工。

2. 雨期施工措施

沥青路面雨期施工时,应采取如下防雨措施。

(1) 注意气象预报,加强工地现场与沥青拌和厂的联系。

(2) 现场应尽量缩短施工路段,各工序要紧凑衔接。

(3) 汽车和工地应备有防雨设施,并做好基层及路肩的排水措施。

(4) 下雨和基层或多层式面层的下层潮湿时,均不得摊铺沥青混合料。对未经压实即遭雨淋的沥青混合料,应全部清除,更换新料。

(5) 阳离子乳化沥青碎石混合料,在施工过程中遇雨应停止铺筑,以防雨水将乳液冲走。

3.6.2 水泥混凝土路面季节性施工

水泥混凝土路面的施工质量受环境因素的影响较大,对冬期、雨期及高温季节施工应考虑其特殊性,确保工程的质量。

1. 高温季节施工

气温高于30℃,混凝土拌合物温度在30~35℃,同时空气相对湿度小于80%时,应按高温期施工的规定进行。混凝土板的高温季节施工应符合下列规定。

(1) 混凝土拌合物浇筑中应尽量缩短运输、摊铺、振捣、做面等工序时间,浇筑完毕应及时覆盖、洒水养护。

(2) 在运输过程中要加以覆盖混凝土拌合物,以减少水分蒸发。

(3) 搭建临时性遮光挡风设施,搅拌站应有遮阴篷,以避免浇筑的混凝土受到暴晒,同时降低风速,以减少混凝土表面的水分蒸发,防止混凝土因干缩而出现裂缝。

(4) 在浇筑混凝土前,模板和基层表面应洒水湿润。

(5) 当气温过高时,应避开中午施工,可在夜间进行施工。

(6) 应注意天气预报,如遇到阵雨,要暂停施工。

2. 冬期施工

水泥混凝土路面进入冬期施工的标准同沥青类路面一致。

1) 冬期施工措施

混凝土强度的增长主要依赖水泥的水化作用。当水结冰时,水泥的水化作用便会停止，而混凝土的强度也就不再增长，而且当水结冰时体积会膨胀，导致混凝土结构松散破坏。规范规定，当连续5昼夜平均气温低于-5℃，或最低气温低于-15℃时，宜停止施工。由于特殊情况必须施工时，要采取以下措施。

（1）水泥应选用水化总热量大的R型水泥或单位水泥用量较多的32.5级水泥，不宜掺粉煤灰。

（2）对搅拌物中掺加的早强剂、防冻剂应经优选确定。

（3）采用加热水或砂石料拌制混凝土，应依据混凝土出料温度要求，经热工计算，确定水与粗、细集料加热温度。水温不得高于80℃；砂石温度不宜高于50℃。

（4）搅拌机出料温度不得低于10℃，摊铺混凝土温度不得低于5℃。

（5）养护期应加强保温，保湿覆盖，混凝土面层最低温度不得低于5℃。混凝土整修完毕后，表面覆盖蓄热保温材料，必要时还可加盖养生暖棚，在满足保温要求的同时，还要注意经济性。常用谷草、油毡、锯末覆盖混凝土。

2）冬期施工注意事项

（1）混凝土配合时，水灰比不大于0.45，坍落度不大于1cm，用水量每立方米不大于140kg，并应扣除氯盐溶液中砂石料中的含水量。

（2）在混凝土路面成活后，要立即铺3mm以下细锯末2～3cm，上面加较粗锯末或过筛的细土5cm，再加盖草帘，4d后撤出草帘，换盖20cm以上的松干土。需要特别注意混凝土板边角的覆盖养护，并要在模板外培土30cm左右。冬期养护时间要在28d以上，开放交通强度按照试件决定。

（3）通常可在路面成活3d后拆除模板，外界气温骤降或有大风时要延长拆模时间；拆模后边角要继续培土，注意恢复覆盖养护。

（4）测定水泥、砂、石、水搅拌前的温度，以及混凝土的温度，每台班不小于3次；测定混凝土养护过程中的温度，浇筑的最初两天内，每隔6h测一次，其余每日夜不小于2次；测温孔位置应设在路面边缘，深度大于10cm，温度计插入孔内3min以后读数；要将全部测孔编号并做好测温记录，以便估算混凝土强度。

3）冬季水泥混凝土路面施工氯盐掺量

冬季水泥混凝土路面施工氯盐掺量见表3-25。

表3-25 冬季水泥混凝土路面施工氯盐掺量

预估10d内室外大气平均温度	白天正温度夜间-5℃以上	-5～0℃	-10～-5℃
氯盐掺量占水重/(%)	3	6	10
混凝土硬化最低温度	-2℃	-4℃	-7℃
说明	低温时期	初冬及冬末时期	严冬时期

注：1. 有钙化时，可以代替实验；施工时气温低于预估时，可以采用水加温办法或增加氯盐掺量。
2. 掺加氯盐必须使用氯盐溶液。
3. 预先将氯盐制成规定浓度的溶液，为了加速氯盐的溶解，可将水加热至40～50℃。

3. 雨期施工

（1）经常与气象部门联系，在雨季来临之前，要掌握降雨趋势的中期预报，特别是近期预报的降雨时间和雨量,充分利用不下雨的时间,安排施工。

(2) 做好防雨准备,在搅拌场及砂石料堆场设置排水设施,搅拌楼的水泥和粉煤灰罐仓顶部通气口、料斗等应有覆盖措施;雨天施工时,应备足防雨篷、帆布、塑料布或薄膜。

(3) 在敷设现场,禁止下雨施工。倘若铺筑现场有水,要及时排除基层积水。

(4) 摊铺中遭遇阵雨时,要立即停止铺筑混凝土路面,并紧急使用防雨篷、帆布或塑料布覆盖尚未硬化的路面;被阵雨轻微冲刷过的路面,可采取硬刻槽或先磨平再刻槽的方式处理;被暴雨冲刷后的路面,平整度严重劣化或损坏的部位,要尽早铲除重铺。

3.7 道路施工机械设备

3.7.1 土石方机械

土石方机械包括推土机、铲运机、挖掘机、装载机、平地机、凿岩机,以及石料破碎、筛分机械等几个重要机种,它们是工程机械中用途最广泛的一大类机械。在公路路基工程中,土石方机械担负着土石方的铲装、填挖、运输、整平等作业,具有施工速度快、作业质量高、生产效率高等优点,是现代公路建设中不可缺少的机种。

土石方机械的作业对象是各种土、砂、石等物料。在进行施工作业时,机械承受负荷重,外载变化波动大,工作场地条件差,环境比较恶劣。因此,要求土石方机械具有良好的低速作业性、足够的牵引力、整机的高可靠性和较高的作业生产能力。

1. 推土机

推土机是以拖拉机或专用牵引车为主机,前端装有推土装置,依靠主机的顶推力,对土石方或散状物料进行切削或搬运的铲土运输机械,如图 3.26 所示。

图 3.26 推土机

1) 推土机的分类、特点

(1) 推土机的分类。按行走方式不同,推土机可分为履带式和轮胎式。按传动系统不同,推土机可分为机械传动式和液压传动式。按推土刀操纵的不同,推土机可分为绳索式和液压操纵式。

(2) 推土机的特点。其构造简单、操纵灵活、运转方便、工作面积小、功率大、行走速度快、生产效率高。

2) 推土机的工作过程

推土机工作时，依靠主机的前进动力，使铲刀切入土中，铲起一层土壤，并逐渐堆满在推土板前。土壤堆满后，将铲刀稍稍提升到适合于运行的位置，将土推送到卸土处，提升铲刀进行卸土，然后回程。

3) 推土机的用途及作业对象

推土机在筑路工程中，担负着切削、推运、开挖、填积、回填、平整、疏松、压实等多种繁重的土石方作业。此外，大型推土机加装松土器后还可以进行土石的劈松作业；加装多齿松土器可用于劈开较薄的硬土、冻土等；加装单齿松土器除能疏松硬土、冻土外，还可以劈松有风化和裂缝或节理发育的岩石。

推土机的作业对象主要是各级土、砂石料及风化岩石等。

2. 铲运机

铲运机是大面积填挖土方中循环作业式高效铲土运输机械，能综合完成挖土、运土、卸土、填筑、整平等工作，如图 3.27 所示。

铲运机

图 3.27　铲运机

1) 铲运机的分类、特点

(1) 铲运机的分类。按照运行方式不同，铲运机分为拖式铲运机和自行式铲运机。按照操纵方式不同，铲运机分为液压操纵方式和钢丝绳操纵方式。按照铲土斗容量，铲运机分为小型（斗容量为 $3m^3$ 以下）、中型（斗容量为 $4\sim 9m^3$）、大型（斗容量为 $10m^3$）。按照卸土方式，铲运机分为强制式、半强制式、自由卸土式。

(2) 铲运机的特点。其能独立完成铲土、运土、卸土、填筑、压实等工作；对行驶道路要求较低，行驶速度快，操纵灵活，运转方便，生产率高。它适合于整平大面积场地，开挖大型基坑、沟槽，以及填筑路基、堤坝等工程。

2) 铲运机的工作过程

工作时，铲运机工作装置的斗门打开，斗体落地，斗体前部的刀片切入土壤，借助牵引力在行驶中将土铲入斗内，装满后关闭斗门抬起斗体，使铲运机进入运输状态，到达卸土地点后，一边行驶一边打开斗门，在卸土板的作用下强制卸土，与此同时，斗体前面的刀片将土拉平，完成铲、运、卸三个工序。

3. 挖掘机

挖掘机是土石方施工工程中的主要机械设备之一，可进行挖掘土，主要用于路堑的开挖、高填土和大中型桥梁的基础工程，一般要与其他运输工具配合施工，尤其适合于工期较长、工程量比较大的集中土方工程。其挖土效率高、产量大，如图 3.28 所示。

挖掘机

图 3.28　挖掘机

1) 挖掘机的分类

挖掘机有循环作业式和连续作业式两大类，即单斗挖掘机和多斗挖掘机。单斗挖掘机可以单独进行基坑开挖或配合汽车等运输工具进行远距离的土的运移。目前已被广泛应用于道路工程施工。单斗挖掘机按传动方式不同分为机械式和液压式；按行走方式的不同分为履带式、轮胎式等；按动力装置的不同分为电驱动、内燃机驱动和复合驱动（单斗液压挖掘机采用内燃机驱动）；按工作装置的不同分为反铲、正铲、抓铲和起重四种方式。

2) 挖掘机的特点

反铲挖掘机的挖土特点是"后退向下，强制切土"，用于挖掘停机面以下的土壤，工作灵活，使用较多，是液压挖掘机的一种主要工作装置形式。正铲挖掘机的挖土特点是"前进向上，强制切土"，主要用于挖掘停机面以上的土壤。抓铲挖掘机的挖土特点是"直上直下，自重切土"，主要用于小面积深挖，如挖井、深坑等。起重挖掘机基本上与反铲挖掘机相似，分为沟端开挖和沟侧开挖，其利用惯性将铲斗甩出，挖得比较远。

4. 装载机

装载机是土石方工程中用途非常广泛的一种施工机械，兼有推土机和挖掘机两者的工作性能，可进行铲掘、装运、整平和牵引等多种作业，如图 3.29 所示。

装载机

图 3.29　装载机

1) 装载机的分类

按行走方式的不同，装载机分为履带式、轮胎式等。按发动机功率的不同，装载机分为小型、中型、大型和特大型。

2）装载机的特点

装载机的适应性强、作业效率高、操纵简便，与运输车辆配合，可达到比较理想的铲土运输效果。

5．平地机

平地机是一种装有以铲土刮刀为主，配有其他多种辅助作业装置进行土的切削、刮送和整平作业的工程机械，如图 3.30 所示。

平地机

图 3.30　平地机

其刮刀装在机械前后轮轴之间，能升降、倾斜、回转和外伸。其动作灵活准确，操纵方便，对平整场地有较高的精度，适用于砂、砾石路基和路面的整形及维修，表层土或草皮的剥离、挖沟、修刮边坡等整平作业，还可以完成材料的混合、回填、推移、摊平作业。其效能高、作业精度好、用途广泛。

6．凿岩机

凿岩机是用来直接开采石料的工具。它在岩层上钻凿出炮眼，以便放入炸药炸开岩石，从而完成开采石料或其他石方工程。此外，凿岩机也可改作破坏器，用来破碎混凝土之类的坚硬层，如图 3.31 所示。

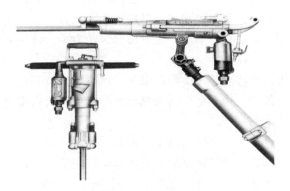

图 3.31　凿岩机

凿岩机按其动力来源可分为风动凿岩机、电动凿岩机、内燃凿岩机和液压凿岩机四类。

风动凿岩机以压缩空气驱使活塞在气缸中向前冲击，使钢钎凿击岩石，应用最广。电动凿岩机由电动机通过曲柄连杆机构带动锤头冲击钢钎，凿击岩石，并利用排粉机构排出石屑。内燃凿岩机利用内燃机原理，通过汽油的燃爆力驱使活塞冲击钢钎，凿击岩石，适用于无电源、无气源的施工场地。液压凿岩机依靠液压通过惰性气体和冲击体冲击钢钎，凿击岩石。这些凿岩机的冲击机构在回程时，由转钎机构强迫钢钎转动角度，使钎头改变位置继续凿击岩石。

3.7.2 拌和设备

1. 沥青混凝土拌和设备

将不同粒径的碎石、天然砂按适当比例配合成符合规定级配范围的矿料混合物，将矿料混合物加热后，与适当比例的热沥青及矿粉一起在规定温度下拌和，所得的混合料称为热拌沥青混合料。拌制沥青混合料的机械和设备称为沥青混凝土拌和设备，如图3.32所示。

图3.32 沥青混凝土拌和设备

一般沥青混凝土拌和设备涉及多道工序，包括多种机械装置。然而由于施工要求和条件不同，其装置或简或繁，大型的拌和设备可以成为一座自动拌和工厂，小型的可以组成一个机组。其根据采用工艺流程的不同，主要可分为两大类：强制间歇式拌和设备和滚筒式拌和设备。

强制间歇式拌和设备的特点是冷矿料的烘干、加热，以及与热沥青、矿粉的拌和，是先后在不同设备中进行的。其优点是矿料与热沥青的比例控制精度高。其缺点是工艺流程长、设备庞杂、建设成本高。

滚筒式拌和设备的特点是冷矿料的烘干、加热，以及与热沥青、矿粉的拌和，是在同一滚筒内进行的。其拌和方式是非强制的，它依靠矿料在旋转滚筒内的自行跌落而实现被沥青的裹覆。其优点是工艺简单、造价相对低、对空气污染少。其缺点是热源利用率低、拌好的混合料含水量较大。

2. 水泥混凝土拌和设备

水泥混凝土搅拌机是将水泥、砂、石子和水按一定的配合比例，进行均匀拌和的设备。其根据搅拌原理的不同，可分为自落式和强制式两大类。

（1）自落式水泥混凝土搅拌机（图3.33）的搅拌原理是将拌合物提升到一定的高度，依靠拌合物的自重下落而达到搅拌的目的。这种搅拌机的价格较便宜、能耗小，适用于拌制塑性和半塑性混凝土。由于混合料搅拌不够均匀，使配合比无法严格控制，故不能用来拌制干硬性混凝土及高等级道路水泥混凝土路面。

（2）强制式水泥混凝土搅拌机（图3.34）是在固定不动的搅拌筒内，用转动的搅拌叶片对材料进行反复的强制搅拌。这种搅拌机的搅拌时间短、效率高、搅拌的混凝土质量好，但是需要的动力大，搅拌筒及叶片磨耗大，集料破碎多，故障率高。它适合于搅拌干硬性混凝土及细粒料混凝土。

图3.33 自落式水泥混凝土搅拌机

图3.34 强制式水泥混凝土搅拌机

3.7.3 运输机械

常见的道路工程施工运输机械有载重运输车辆、叉车、翻斗车、洒水车、沥青洒布车、混凝土搅拌运输车等。

道路工程中的土石方载重运输通常由大型载重运输车辆的作业来完成，它们一般可自行卸料，具有标准化程度高、承载量大、安全性能好和能耗低的优势，符合道路施工运输机械现代化的基本要求。图3.35所示为自卸运输车。

图3.35 自卸运输车

叉车（图3.36）在物料搬运系统中扮演着非常重要的角色，是机械化装卸、堆垛和短距离运输的高效设备。叉车通常可以分为三大类，即内燃叉车、电动叉车和仓储叉车。

图3.36 叉车

翻斗车（图3.37）是一种特殊的运输车辆，车身上安装有一个"斗"状容器，可以翻转以方便卸货，适用于混凝土、砂石、土方、矿石等各种散装物料的短途运输。其动力强劲，通常有机械回斗功能。

图3.37 翻斗车

洒水车（图3.38）又称绿化喷洒车、水罐车，由汽车底盘、进出水系统和罐体构成，根据不同的使用环境和目的有多种喷洒和运水功能。多功能洒水车融多种功能于一体，一般可按用户使用要求特别改制。洒水车按用途划分，分为喷洒式、冲洗式、喷洒-冲洗式；按底盘形式划分，分为汽车式、半拖挂式和拖挂式；按水箱容量划分，分为某立方米（吨）的洒水车。

图3.38 洒水车

智能型沥青洒布车（图3.39）用于高等级公路沥青路面底层的透层油、防水层、黏结层的洒布，可洒布高黏度改性沥青、重交沥青、改性乳化沥青、乳化沥青等，亦可用于实施分层铺路工艺的县、乡级公路油路建设。该洒布车由汽车底盘、沥青罐体、沥青泵送及喷洒系统、导热油加热系统、液压系统、燃烧系统、控制系统、气动系统、操作平台构成。

混凝土搅拌运输车（图3.40）又名水泥搅拌车，是商品混凝土运输的理想设备，主要由底架、搅拌筒、传动系统（驱动装置）、液压驱动系统、加水系统、装（进）料及卸（出）料系统、卸料溜槽、操作平台、操纵系统及防护设备组成。混凝土搅拌运输车常见的有 $3m^3$、$6m^3$、$12m^3$ 等不同规格，可满足不同客户的需求。

图 3.39　智能型沥青洒布车　　　　图 3.40　混凝土搅拌运输车

3.7.4　摊铺机械

1. 沥青混凝土摊铺机

沥青混凝土摊铺机是专门用于摊铺沥青混凝土路面的施工机械，可一次完成摊铺、捣压和熨平三道工序，与自卸汽车和压路机配合作业，可完成敷设沥青混凝土路面的全部工程。摊铺机的分类如下。

1）按移动方式分类

沥青混凝土摊铺机可分为拖式和自行式两种，拖式摊铺机要靠自卸汽车牵引移动，生产率和摊铺质量都较低，应用较少。

2）按行驶装置分类

（1）轮胎式沥青混凝土摊铺机（图3.41）：行驶速度较高，机动性好，构造简单，应用较为广泛。

（2）履带式沥青混凝土摊铺机（图3.42）：特点是牵引力大，接地比压小，可在较软的路基上进行作业，且由于履带的滤波作用，使其对路基不平度的敏感性小。其缺点是行驶速度低，机动性差，制造成本较高。

（3）复合式沥青混凝土摊铺机：综合应用了前两种形式的特点，工作时用履带行走，运输时用轮胎，一般用于小型摊铺机，便于转移工作地点。

图 3.41 轮胎式沥青混凝土摊铺机

图 3.42 履带式沥青混凝土摊铺机

3）按接料方式分类

（1）有接料斗的沥青混凝土摊铺机：可借助刮板输送器和倾翻料斗来对工作机构进行供料，特点是易于调节混合料的称量，但结构复杂。

（2）无接料斗的沥青混凝土摊铺机：将混合料直接卸于路基上，其特点是结构简单，但混合料的计量精度较低。

2. 水泥混合料摊铺机

水泥混凝土滑模式摊铺机

水泥混合料摊铺机是把搅拌好的水泥混凝土先均匀地摊铺在路基上，然后经过振实、整平和抹光等作业程序，完成混凝土的铺筑成形的施工机械。目前水泥混合料摊铺机已从只能完成单一作业程序的单机，发展成能完成摊铺、振实、整平和抹光等作业的联合摊铺机。

按性能和施工方式的不同可将水泥混合料摊铺机分为滑模式（图 3.43）和轨道式两种类型。滑模式摊铺机是机架两侧装有长模板，对水泥混合料进行连续摊铺、振实、整型的机械。它集计算机、自动控制、精密机械操作、现代水泥混凝土工程技术于一体，能够自动进行公路路拱、超高、平滑弯道和变坡等作业。轨道式摊铺机是布料机、振捣机和抹光机等多台机械一起在敷设的两根轨道上行驶，完成单一作业程序，故称之为"摊铺列车"。

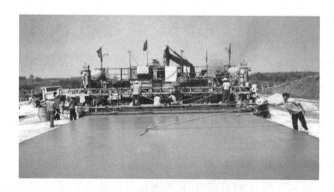
图 3.43 水泥混合料滑模式摊铺机

按用途的不同可将水泥混合料摊铺机分为路缘摊铺机、路基摊铺机、路面摊铺机和沟渠摊铺机等类型。

按行走方式的不同可将水泥混合料摊铺机分为轮胎式、履带式和钢轮式三种类型，现代滑模式摊铺机一般采用履带式，而轨道式则通常采用钢轮式。

3.7.5 压实机械

压路机按行走方式划分，分为拖式和自行式两种，现代压路机一般为自行式，其质量较小，机动灵活，压实效果也较好。

压路机按滚轮的材料性质划分，分为铁轮压路机和轮胎压路机，前者的滚轮是钢制的金属轮，结构简单、造价便宜，应用较为普遍；后者的滚轮是特制的光面充气轮胎，由于胶轮的弹性作用，其压实表面均匀而密实，且压实的接地面积也较宽，故压实效果很好。

压路机按滚轮形状划分，分为光轮压路机、羊角碾滚轮压路机和凸爪式滚轮压路机。

压路机按压实的原理方法划分，分为静碾压式压路机和动碾压式压路机，前者采用的压实方法是滚压，而后者采用滚压和夯实结合的方法。

下面介绍几种在公路工程中应用较多的压路机。

1) 光轮压路机

光轮压路机（图 3.44）是靠光面滚轮自重的静压力来进行压实作业的，其压实深度不大，可用于路基、路面和其他各种大面积回填土的压实施工。

压实路基时应着眼于提高其强度和稳定性，作业的特点是"先轻后重、先慢后快、先边后中"。先轻后重是指初压时使用轻型压路机，随着碾压次数的增加，可改用中型或重型压路机进行重压；先慢后快是指初压时考虑到土壤较松散应低速碾压，以使作用时间长、作用深度大，随着碾压次数的增加，应采用较高的工作速度，以提高作业效率；先边后中是指压实应从路基两侧开始，逐渐向路面中心移动，以保持路基的拱形。

2) 振动压路机

振动压路机（图 3.45）利用机械高频率的振动，使被压材料的颗粒发生共振，从而使颗粒间产生相对位移，使其摩擦力减小、间隙也缩小，土层即被压实。它与静碾压式压路机相比，可得到较大的线压力，压实效果提高 1~2 倍，动力节省 1/3，材料消耗节约 1/2，且压实厚度大、适应性强，但不宜压实黏性土壤，易使操作人员疲劳。

图 3.44　光轮压路机

图 3.45　振动压路机

3) 轮胎压路机

轮胎压路机（图 3.46）是一种由多个特制的光面充气轮胎组成的特种车辆。由于胶轮弹性产生揉压作用，使压实层的物料颗粒能向各个方向移动，因此由轮胎压路机压实的料层均匀而密实。

4）羊角碾滚轮压路机

羊角碾滚轮压路机（图3.47）是一种用于碾压新填松土的压实机械，其单位面积的应力较大，压实深度较厚，压实效果较好。羊角碾滚轮压路机既可用于压实非黏性土壤，又可用于压实含水量不大的黏性土壤、细粒砂砾及碎石与土壤的混合料。

图 3.46　轮胎压路机

图 3.47　羊角碾滚轮压路机

职业能力与拓展训练

职业能力训练

一、填空题

1. 路基施工准备包括_____、_____、_____等。
2. 图纸会审应该由_____主持。
3. 常用的半刚性材料包括_____、_____和_____三类。
4. 刚性路面按施工方法不同可分为_____、_____、_____和_____等。
5. 水泥混凝土路面的横缝按功能可分为_____、_____和_____等。

二、单项选择题

1. 小型构筑物和地下管线是城镇道路路基工程中必不可少的部分，新建地下管线施工必须遵循（　　）的原则来完成。
   A. 先地下、后地上，先浅后深　　B. 先地下、后地上，先深后浅
   C. 先地上、后地下，先浅后深　　D. 先地上、后地下，先深后浅

2. 以下选项中不属于城镇道路路基工程施工流程的是（　　）。
   A. 路基施工　　　　　　　　　　B. 附属构筑物施工
   C. 基层施工　　　　　　　　　　D. 准备工作

3. 以下选项中不属于城镇道路路基工程施工准备工作的是（　　）。
   A. 修筑排水设施　　　　　　　　B. 安全技术交底
   C. 临时导行交通　　　　　　　　D. 施工控制桩放线测量

4. 城镇道路土方路基工程检验与验收项目的主控项目为（　　）和压实度。
   A. 纵断高程　　B. 平整度　　C. 弯沉值　　D. 边坡坡率

5. 采用压路机碾压土路基时，应遵循（　　）及轮迹重叠等原则。

A. 先重后轻、先稳后振、先低后高、先慢后快
B. 先轻后重、先稳后振、先低后高、先慢后快
C. 先轻后重、先振后稳、先高后低、先慢后快
D. 先重后轻、先振后稳、先低后高、先快后慢

6. 碾压时，应视土的湿润程度采取措施使其达到最佳含水量±2％，下列选项中，不属于正确措施的是（　　）。
   A. 换土　　　　B. 晾干　　　　C. 预压　　　　D. 洒水

7. 填方路基碾压按"先轻后重"的原则进行，最后碾压应采用不小于（　　）级的压路机。
   A. 8t　　　　　B. 10t　　　　C. 12t　　　　D. 15t

8. 在道路施工时，路基压实作业要点是：合理选用压实机具、压实方法与压实厚度，达到所要求的（　　）。
   A. 最佳含水量　B. 压实密度　　C. 预沉量值　　D. 压实遍数

三、简答题

1. 柔性路面和刚性路面的性能有何区别？
2. 简述水泥混凝土路面人工加小型机械的施工程序。
3. 简述水泥稳定碎石基层施工质量的控制要点。

拓展训练

某公司承建城市主干道改造工程，其结构为二灰土底基层、水泥稳定碎石基层和沥青混凝土面层，工期要求当年5月完成拆迁，11月底完成施工。由于城市道路施工干扰因素多，有较大的技术难度，项目部提前进行了施工技术准备工作。

水泥稳定碎石基层施工时，项目部在城市外设置了拌和站，为避开交通高峰时段，夜间运输，白天施工。检查发现水泥稳定碎石基层表面出现松散、强度值偏低的质量问题。

项目部依据冬期施工方案，选择在全天最高温度时段进行沥青混凝土摊铺碾压施工。经现场实测，试验段的沥青混凝土面层的压实度、厚度、平整度均符合设计要求，自检的检验结论为合格。

为确保按期完工，项目部编制了详细的施工进度计划，实施中进行动态调整；完工后依据进度计划、调整资料对施工进行总结。

问题：

1. 本项目的施工技术准备工作应包括哪些内容？
2. 分析水泥稳定碎石基层施工出现质量问题的主要原因。
3. 结合案例简述沥青混凝土冬期施工的基本要求。
4. 项目部对沥青混凝土面层自检合格的依据充分吗？如不充分，还应补充哪些内容？
5. 项目部在施工进度总结时的资料依据是否全面？如不全面，请予以补充。

学习情境 2

桥梁工程认知

情境概述

在市政公用基础设施中,城市桥梁扮演着重要的角色,它跨越各种障碍物(河流、沟谷、路线等),是城市交通路线中的重要组成部分。随着城镇化步伐的加快及城市建设的高速发展,人们对城市桥梁建筑提出了更高的要求,现代都市中不断涌现的宏伟壮观的城市桥梁不仅是一件建筑品、艺术品,更是一座城市的标志与骄傲。

本情境以认知城市桥梁为主线,了解桥梁的发展简史,掌握桥梁的构造及常见桥梁的施工工艺流程。

知识目标

(1) 桥梁的组成及分类;
(2) 桥梁的设计作用;
(3) 桥梁的上部结构构造;
(4) 桥梁的下部结构构造;
(5) 桥梁的附属结构构造;
(6) 桥梁工程施工。

技能目标

(1) 掌握桥梁的分类方法及各种桥型的特点;
(2) 能够分清城市桥梁各组成部分;
(3) 能够识读城市桥梁工程图;
(4) 能够根据桥梁工程图计算各分部分项工程的工程量。

任务 4　桥梁工程基础知识学习

> **任务导入**

　　总投资约 63 亿元的济南黄河凤凰大桥是山东省济南市内连接济阳区和历城区的过河通道，位于黄河河道之上，是济南市"携河北跨"战略的重要通道，大桥全长约 3.7km，主桥采用 (70+168+428+428+168+70) m 的跨径布置，全宽 61.7m，主桥为三塔六跨空间索面组合梁自锚式悬索桥，采用"半漂浮"体系。

　　济南黄河凤凰大桥建成通车后，对济南市实现新旧动能转换起步区建设、解决交通拥堵困局、扩展城市发展空间的战略目标具有重要意义，且"同层布置、公轨合建"的大桥也使黄河南北两岸市民可以选择驾车、坐公交车、乘坐轨道交通过河，还能选择以步行、骑单车的方式通过黄河。它的建成打破了 3 项世界纪录，堪称桥梁中的奇迹。

　　我国当前已经迈入世界桥梁建设大国的行列，但是否已经处于世界桥梁建设强国水平？反映桥梁建设技术科技含量高低的判别标准是什么？什么是自锚式悬索桥？何谓跨径？

4.1　桥梁发展简史

4.1.1　我国桥梁建筑概况

1. 中国古代桥梁

　　桥梁建筑是中国古代建筑中一个辉煌的篇章。桥，水梁也。河流是孕育人类的摇篮，世界古代各大文明无不以河流域为发源地。中国是拥有五千年历史的文明古国，其地势西北高东南低，河道纵横交错，有黄河、长江以及珠江等流域，这里孕育了中华民族，创造了灿烂的华夏文明。在历史的长河中，中华民族建造了数以万计的桥梁，它们成为华夏文明的重要组成部分。

　　中国桥梁建设始于殷商到西周，发展于战国到秦汉，鼎盛在南北朝到宋朝。中国桥梁主要包括浮桥、梁桥、索桥、拱桥四大类型，其中拱桥以材料划分又可分为石拱桥与木拱桥，中国古代辉煌的桥梁成就在东西方桥梁史中占有崇高地位，为世人所公认。从距今 1400 多年的河北的赵州桥到距今约 300 年的颐和园的玉带桥，从名扬中外的《清明上河图》中的虹桥到扬州瘦西湖的五亭桥，无一不是中国古人智慧的结晶……

河北的赵州桥（图 4.1）被美国土木工程师学会选定为"国际历史土木工程里程碑"。自重为 2800t 的赵州桥，根基由五层石条砌成高 1.56m 的桥台，直接建在自然砂石上。古人称赞其"制造奇特，人不知其所为"。它是一座单孔弧形敞肩石拱桥，全长 64.4m，拱顶宽 9.6m，跨径 37.02m，弧矢（拱顶到两拱脚的连线）高度是 7.23m。直到 1958 年，它一直是我国跨度最大的石拱桥，且至今仍是世界上现存最早、保存最完善的古代敞肩石拱桥。拱肩加拱这一"敞肩拱"法的运用，是世界桥梁之首创及赵州桥最独特之处。真正的敞肩圆拱在西方迟至 19 世纪才出现。在欧洲，直到 1883 年，法国在亚哥河上修建的安顿尼特铁路石拱桥和卢森堡建造的大石桥，才揭开欧洲建造大跨度敞肩拱桥的序幕，比赵州桥晚了近 1300 年。知道赵州桥的西方桥梁专家也都认为，赵州桥敞肩拱建筑，堪称现代钢筋混凝土桥梁的祖先，开了一代桥风。

图 4.1　赵州桥

 拓展讨论

党的二十大报告提出中华优秀传统文化源远流长、博大精深，是中华文明的智慧结晶。赵州桥不仅是一座实用性交通大桥，而且也是中国古代传统文化的一大载体，是古代劳动人民智慧的结晶，在中国桥梁史上占有重要地位，以及对世界各国的桥梁建筑都产生深远影响。除了赵州桥，你还知道哪些中国古代著名的桥梁建筑，它们的意义是什么？

2. 中国现代桥梁

由桥梁专家茅以升主持设计的钱塘江大桥位于浙江省杭州市西湖之南，六和塔附近的钱塘江上，是我国自行设计、建造的第一座双层铁路、公路两用桥，横贯钱塘江南北，是连接沪杭铁路、杭甬铁路、浙赣铁路的交通要道。大桥于 1934 年 8 月 8 日开始动工兴建，1937 年建成。

中华人民共和国成立后，我国桥梁建设进入突飞猛进的局面。

京周公路哑巴河桥（1956 年）是中国第一座预应力混凝土桥。该桥为跨径 20m 的装配式简支 T 形梁桥，桥净宽 7m，由 6 片 T 梁组成。

武汉长江大桥是第一座长江大桥，于 1957 年建成。上层公路面宽 18m，两侧各设 2.25m 人行道，包括引桥在内全长 1670m。上层为公路，下层为双线铁路。

南京长江大桥于1968年建成，这是一座由我国自行设计、制造、施工，并使用国产高强度钢材的现代化大型桥梁。正桥除北岸第一孔为128m的简支钢桁梁外，其余3联9孔为3×160m的连续钢桁梁。上层为公路，下层为双线铁路。

苏通长江公路大桥位于江苏省东部的南通市和苏州市之间，跨江大桥由主跨1088m的双塔斜拉桥及辅桥和引桥组成。主桥主孔通航净空高62m，宽891m，工程于2003年6月开工，2008年6月30日建成通车。

西堠门大桥（图4.2）是连接浙江省舟山本岛与宁波的舟山连岛工程五座跨海大桥中技术要求最高的特大型跨海桥梁，主桥为两跨连续半漂浮钢箱梁悬索桥，主跨1650m，于2009年12月25日建成通车，目前位居悬索桥世界第二、国内第一，其中钢箱梁全长位居世界第一。

图 4.2　西堠门大桥

4.1.2　国外桥梁建筑成就

1. 19世纪20年代以前（有铁路之前）

1）木桥

公元前2000多年前，巴比伦曾在幼发拉底河上建石墩木梁桥，其木梁可以在夜间撤除，以防敌人偷袭。在罗马，恺撒曾因行军需要，于公元前55年在莱茵河上修建一座长达300多米的木排架桥。在瑞士卢塞恩至今保存着两座中世纪式样的木桥：一座是1333年始建的教堂桥，另一座是1408年始建的托滕坦茨桥，这两座桥都有桥屋，顶棚有绘画。1756—1766年，瑞士建成跨度为52~73m的三座大木桥，其中两座是亦拱亦桁，另一座则用木拱承重，位于韦廷根，跨度61m。

在亚洲，木拱桥出现更早，日本岩国市至今保存的5孔锦带木拱桥，跨度为27.5m，始建于1673年，其图样来自中国。18世纪末至19世纪初的三四十年间，美国盛行建有屋盖（保护木结构）的大木桥，1815年在宾夕法尼亚州建成的跨越萨斯奎汉纳河的麦考尔渡口桥，跨度达到110m，堪称空前。

2）石桥

古罗马时代的石拱桥，拱圈呈半圆形，拱石经过细凿，砌缝不用砂浆。由于不能修建深水基础，桥墩宽度与拱的跨度之比大多为1/3~1/2，阻水面积过大，因此所修建的跨河桥多已被冲毁。西班牙境内有一座6孔石拱桥，名为阿尔坎塔拉桥，桥墩建在岩石上，至今完好（图4.3）。它建成于公元98年，中间两孔跨度各约28m，桥面高出谷底52m。

图4.3　西班牙阿尔坎塔拉桥

欧洲在5—10世纪时期，桥梁建设曾因封建割据而衰退，在中亚和埃及森林较少，因而石桥使用较多。

欧洲在文艺复兴时期，为使桥面纵坡平缓，以利交通，城市拱桥矢跨比（矢高与跨度之比）明显降低，拱弧曲线相应改变，石料加工又趋精细。在18世纪，欧洲石拱桥达到最高水平。

3）铸铁拱桥

直到冶炼业使用焦炭而能生产大型铸件时，铸铁拱桥才能被建造。英国于1779年在科尔布鲁克代尔首次建成一座主跨约30.5m的铸铁肋拱桥。该桥曾使用170年，现作为文物保存。

4）锻铁链杆悬索桥

早期的柔式悬索桥自重小，材料强度低，经不起周期性活荷载的作用（军队以整齐步伐过桥，曾使这种桥遭到破坏）；在风荷载作用下，容易被摧毁。但英国1820—1826年在梅奈海峡建造的跨度达177m的锻铁链杆柔式悬索桥（道路桥），能在桥面随坏随修的情况下获得长寿（1940年在保持原貌的条件下，已将链杆换成低合金钢眼杆）。

2. 19世纪20年代至19世纪末

19世纪20年代至19世纪末，在出现铁路初期，西欧的铁路桥主要使用石拱和铸铁肋拱。在将铸铁肋拱用于多跨桥时，为使桥墩不受拱的水平推力，经在同一拱肋两端之间设置系杆，形成系杆拱。

3. 20世纪初至20世纪中叶

20世纪初至中叶，结构力学的弹性内力分析方法普遍用于超静定承重结构的桥梁设计，为创造长跨纪录的工作取得有力的科学依据。

1）钢桥

这一时期建成的钢桥较多，如加拿大魁北克桥（1918年，主跨548.6m的悬臂桁架梁），如图4.4所示。

图 4.4 加拿大魁北克桥

2) 钢筋混凝土桥

1900 年前后,钢筋混凝土逐渐受到桥梁界重视,被用在拱桥和梁式桥中,钢筋混凝土拱桥的跨度纪录不断被刷新,在 20 年代初最大跨度为 100m。其后则有如 1930 年建成的法国普卢加斯泰勒桥,13 孔净跨各为 171.7m;1943 年建成的瑞典桑德桥,跨度为 264m。

4. 20 世纪中叶至今

20 世纪中叶至今,公路桥和城市桥的大量兴建,新型桥的广泛采用,传统桥式施工方法的改进,使桥梁工程取得新成就。由于特大跨公路桥造价高,为筹措建桥资金,在美国一向流行的收费桥制度在资本主义世界又风行一时,这就是对待建的特大桥组织相应机构,发行债券,借以取得建桥资金,并在桥建成后向过桥车辆和行人征收过桥费,以便在几十年内对债券还本付息;待债券还清后,便可免费过桥。图 4.5 所示的葡萄牙萨拉查桥(1966 年,跨度为 1013m)就是采用这种方法建成的。

图 4.5 葡萄牙萨拉查桥

4.1.3 当今世界桥梁发展趋势

综观大跨径桥梁的发展趋势,可以看到世界桥梁建设必将迎来更大规模的建设高潮。

1. 大跨径桥梁向更长、更大、更柔的方向发展

研究大跨径桥梁在气动、地震和行车动力作用下其结构的安全和稳定性，拟将截面做成适应气动要求的各种流线型加劲梁，以增大特大跨径桥梁的刚度；采用以斜缆为主的空间网状承重体系；采用悬索加斜拉的混合体系；采用轻型而刚度大的复合材料做加劲梁，采用自重轻、强度高的碳纤维材料做主缆。

2. 新材料的开发和应用

新材料应具有高强度、高弹模、轻质的特点，研究超高强度硅粉和聚合物混凝土、高强度双相钢丝纤维增强混凝土、纤维塑料等一系列材料取代目前桥梁使用的钢和混凝土。

3. 在设计阶段采用高度发展的计算机

将计算机作为辅助手段，进行有效的快速优化和仿真分析，运用智能化制造系统在工厂生产部件，利用 GPS 和遥控技术控制桥梁施工。

4. 大型深水基础工程

目前世界桥梁的深水基础尚未超过 100m，下一步须进行 100～300m 深水基础的实践。

5. 桥梁建成交付使用

桥梁建成交付使用后，将通过自动监测和管理系统保证桥梁的安全和正常运行，一旦发生故障或损伤，将自动报告损伤部位和养护对策。

6. 重视桥梁美学及环境保护

桥梁是人类最杰出的建筑之一，美国旧金山金门大桥，澳大利亚悉尼大桥，英国伦敦桥，日本明石海峡大桥，中国上海杨浦大桥、南京长江二桥、香港青马大桥等这些著名大桥都是一件件宝贵的空间艺术品，成为陆地、江河、海洋和天空的景观，成为城市的标志性建筑。宏伟壮观的澳大利亚悉尼大桥与现代化别具一格的悉尼歌剧院融为一体，成为悉尼的象征。因此，21 世纪的桥梁结构必将更加重视建筑艺术造型，重视桥梁美学和景观设计，重视环境保护，达到人文景观同环境景观的完美结合。

在 20 世纪桥梁工程大发展的基础上，描绘 21 世纪的宏伟蓝图，桥梁建设技术将有更大、更新的发展。

4.2 桥梁的概念、作用、组成及分类

4.2.1 桥梁的概念及作用

1. 桥梁的概念

桥梁工程是土木工程的一个分支。"桥梁工程"一词通常有两层含义：一是指桥梁建筑的实体；二是指建造桥梁所需的科技知识，包括桥梁的基础理论和研究，以及桥梁的规划、设计、施工、运营、管理和养护维修等。

桥梁就是供车辆（汽车、列车）和行人等跨越障碍（河流、山谷、海湾或其他线路等）的工程建筑物。简而言之，桥梁就是跨越障碍的通道。"跨越"一词，突出表现出桥

梁不同于其他土木建筑的结构特征。从线路（公路或铁路）的角度讲，桥梁就是线路在跨越上述障碍时的延伸部分或连接部分。

2. 桥梁的作用

桥梁是公路、铁路和城市道路的重要组成部分，特别是大中型桥梁的建设对当地政治、经济、国防等都具有重要意义，其作用如下。

（1）交通运输的咽喉。

（2）国民经济发展的需要。

（3）人民生活的需要。

（4）国防的需要。

（5）作为景观。

4.2.2 桥梁的组成

桥梁由上部结构、下部结构、支座系统和附属设施4个基本部分组成。

（1）上部结构也叫桥跨结构，是线路跨越障碍的主要承载结构。

（2）下部结构包括桥墩、桥台、承台、墩台基础、盖梁。

① 桥墩是多跨桥的中间支承桥跨结构的结构物。

② 桥台设在桥的两端，一边与路堤相接，以防止路堤滑塌，另一边则支承桥跨结构的端部。为保护桥台和路堤填土，桥台两侧常做锥形护坡、挡土墙等防护工程。

③ 承台是承受、分布由墩身传递的荷载，在桩基顶部设置的联结各桩顶的钢筋混凝土平台。

④ 墩台基础可保证桥梁墩台安全并将荷载传至地基。

⑤ 盖梁是指支承、分布和传递上部结构的荷载，在排架桩墩顶部设置的横梁，又称帽梁。

（3）支座系统是在桥跨结构与桥墩或桥台的支承处所设置的传力装置。它不仅要传递很大的荷载，并且要保证桥跨结构能产生一定的变位。

（4）附属设施包括桥面系（桥面铺装、排水防水系统、栏杆或防撞栏杆、灯光照明等）、伸缩缝、桥头搭板和锥形护坡等。

梁式桥的基本组成如图4.6所示，拱桥的基本组成如图4.7所示。

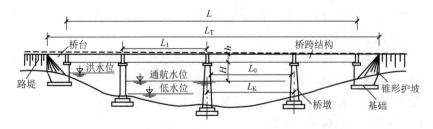

L_T—桥梁全长；L_0—净跨径；L_K—标准跨径；L_1—计算跨径；
L—桥梁跨径；H—桥下净空高度；h—建筑高度

图 4.6 梁式桥的基本组成

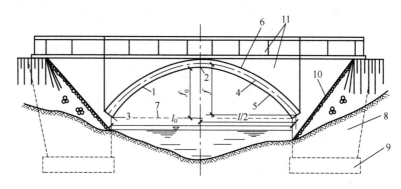

1—主拱圈；2—拱顶；3—拱脚；4—拱轴线；5—拱腹；6—拱背；7—起拱线；
8—桥台；9—桥台基础；10—锥形护坡；11—拱上建筑；
l_0—净跨径；l—计算跨径；f_0—净矢高；f—计算矢高

图 4.7 拱桥的基本组成

桥梁工程常用名词和术语如下。

(1) 主桥：对于规模较大的桥梁，通常把跨越主要障碍（如大江、大河）的桥跨称为主桥。由于通航等原因，主桥常需有一定的高度与跨径，一般采用跨越能力较大的结构体系，其是整个桥梁工程的重点。

(2) 引桥：将主桥与路堤以合理的坡度连接起来的这一部分桥梁称作引桥。

(3) 标准跨径：对于梁式桥和板式桥是指相邻两桥墩中线之间桥中心线长度或桥墩中线与桥台台背前缘线之间桥中心线长度，用 L_K 表示；对于拱桥和涵洞为净跨径。

(4) 净跨径：对于梁式桥是指设计洪水位上相邻两个桥墩（或桥台）之间的净距，用 L_0 表示；对于拱桥是指每孔拱跨两个拱脚截面最低点之间的水平距离，用 l_0 表示。

(5) 总跨径：多孔桥梁中各孔净跨径的总和，也称桥梁孔径，它反映了桥下宣泄洪水的能力。

(6) 计算跨径：对于具有支座的桥梁，是指桥跨结构相邻两个支座中心之间的距离，用 L_1 表示；对于拱桥，是指两相邻拱脚截面形心点之间的水平距离，用 l 表示，因为拱圈（或拱肋）各截面形心点的连线称为拱轴线，故也就是拱轴线两端点之间的水平距离。

(7) 桥梁全长：简称桥长，是桥梁两端两个桥台的侧墙或八字墙后端点之间的距离，以 L_T 表示。对于无桥台的桥梁则为桥面系行车道全长。

(8) 桥梁高度：简称桥高，是指桥面与低水位之间的高差。桥高在某种程度上反映了桥梁施工的难易性。

(9) 桥下净空高度：设计洪水位或计算通航水位至桥跨结构最下缘之间的距离，以 H 表示，它应保证能安全排洪，并不得小于对该河流通航所规定的净空高度。

(10) 建筑高度：桥上行车路面（或轨顶）标高至桥跨结构最下缘之间的距离，以 h 表示。它不仅与桥梁的结构体系和跨径的大小有关，而且还随行车部分在桥上布置的高度位置而异。公路（或铁路）定线中所确定的桥面（或轨顶）标高，与通航净空顶部标高之差，又称容许建筑高度。显然，桥梁的建筑高度不得大于其容许建筑高度，否则就不能保证桥下的通航要求。

(11) 设计水位：相应于设计洪水频率的洪峰流量水位。高水位是指洪峰季节河流中的最高水位；低水位是指枯水季节河流中的最低水位。

(12) 设计洪水位：桥梁设计中按规定的设计洪水频率计算所得的高水位。

(13) 净矢高：从拱顶截面下缘至相邻两拱脚截面下缘最低点连线的垂直距离，以 f_0 表示。

(14) 计算矢高：从拱顶截面形心至相邻两拱脚截面形心连线的垂直距离，以 f 表示。

(15) 矢跨比：拱桥中拱圈（或拱肋）的计算矢高 f 与计算跨径 l 之比，也称拱矢度，它是反映拱桥受力特性的一个重要指标。

(16) 涵洞：用来宣泄路堤下水流的构造物。通常在建造涵洞处路堤不中断。凡是多孔跨径的全长不到 8m 和单孔跨径不到 5m 的泄水结构物，均称为涵洞。

4.2.3 桥梁的分类

1. 按基本结构体系分类

结构工程上的受力构件离不开拉、压和弯三种基本受力方式。由基本构件所组成的各种结构物，在力学上也可归结为梁式、拱式、悬索式三种基本体系，以及它们之间的各种组合，如图 4.8～图 4.11 所示。

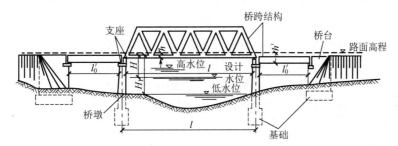

h'—边跨建筑高度；l_0'—边跨净跨径；l—中跨净跨径；h—中跨建筑高度；
H—桥下净空高度；H_1—桥梁高度

图 4.8　梁式桥概貌

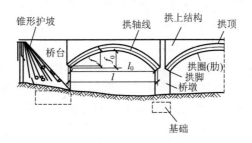

f_0—净矢高；f—计算矢高；l_0—净跨径；l—计算跨径

图 4.9　拱桥概貌

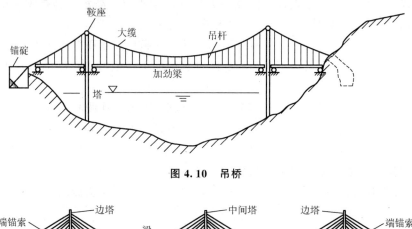

图 4.10 吊桥

图 4.11 斜拉桥

1) 梁式桥

梁式桥是一种在竖向荷载作用下无水平反力的结构。由于外力（恒载和活载）的作用方向与承重结构的轴线接近垂直，故与同样跨径的其他结构体系相比，梁内产生的弯矩最大，通常需用抗弯能力强的材料来建造。目前在公路上应用最广的是预制装配式钢筋混凝土简支梁桥，但其常用跨径低于 25m。当跨度较大时，为了达到经济省料的目的，可根据地质条件等修建悬臂式或连续式的梁桥。对于很大的跨径，以及对于承受很大荷载的特大桥梁可建造钢桥或高强度材料的预应力混凝土梁桥。

2) 拱桥

拱桥的主要承重结构是拱圈或拱肋。这种结构在竖向荷载作用下，桥墩或桥台将承受水平推力。同时，这种水平推力将显著抵消荷载所引起的在拱圈（或拱肋）内的弯矩作用。因此，与同跨径的梁相比，拱弯矩和变形要小得多。鉴于拱桥的承重结构以受压为主，通常就可用抗压能力强的圬工材料（如砖、石、混凝土）和钢筋混凝土等来建造。拱桥的跨越能力很大。

3) 刚架桥

刚架桥的主要承重结构 是梁或板和立柱或竖墙整体结合在一起的刚架结构，梁和柱的连接处具有很大的刚性。在竖向荷载作用下，梁部主要受弯，而在柱脚处也具有水平反力，其受力状态介于梁式桥与拱桥之间。因此，对于同样的跨径，在相同的荷载作用下，刚架桥的跨中正弯矩要比一般梁式桥小。

4) 吊桥

传统吊桥均用悬挂在两塔架上的强大缆索作为主要承重结构。在竖向荷载作用下，通过吊杆使缆索承受很大的拉力，通常就需要在两岸桥台的后方修筑非常巨大的锚碇结构。吊桥也是具有水平反力（拉力）的结构。

吊桥的自重小，结构刚度差，在车辆动荷载作用下有较大的变形和振动。

5）组合体系桥

根据受力特点，由几个不同体系的结构组合而成的桥梁称为组合体系桥。

组合体系桥的种类很多，但其实质为利用梁、拱、吊三者的不同组合，上吊下撑以形成新的结构。组合体系桥一般可用钢筋混凝土来建造，对于大跨径桥以采用预应力混凝土或钢材修建为宜。

2. 按工程规模分类

桥梁按其多孔跨径总长或单孔跨径的长度，可分为特大桥、大桥、中桥、小桥。我国《城市桥梁设计规范（2019年版）》（CJJ 11—2011）规定了城市桥梁的分类标准，见表 4-1。

表 4-1　桥梁按其多孔跨径总长或单孔跨径的长度分类

桥梁分类	多孔跨径总长 L/m	单孔跨径 L_0/m
特大桥	$L>1000$	$L_0>150$
大桥	$1000 \geqslant L \geqslant 100$	$150 \geqslant L_0 \geqslant 40$
中桥	$100>L>30$	$40>L_0 \geqslant 20$
小桥	$30 \geqslant L \geqslant 8$	$20>L_0 \geqslant 5$

注：1. 单孔跨径系指标准跨径。梁式桥、板式桥以两桥墩中线之间桥中心线长度或桥墩中线与桥台台背前缘线之间桥中心线长度为标准跨径；拱桥以净跨径为标准跨径。
2. 梁式桥、板式桥的多孔跨径总长为多孔标准跨径的总长；拱桥为两岸桥台起拱线间的距离；其他形式的桥梁为桥面系的行车道长度。

3. 按主体结构用材分类

按桥梁主体结构用材分类，桥梁分为钢桥、混凝土桥、钢及混凝土组合梁桥、石桥、木桥等。混凝土桥又分为钢筋混凝土桥、预应力混凝土桥、部分预应力混凝土桥等。工程上常把混凝土桥和砖石桥统称为圬工桥。

4. 按用途分类

按桥梁用途分类，桥梁分为铁路桥、公路桥、城市道路桥、公铁两用桥、人行桥、输水桥、农用桥等。

5. 按上部结构的行车道位置分类

按上部结构的行车道位置分类，桥梁分为上承式桥、下承式桥和中承式桥。桥面布置在主要承重结构之上的称为上承式桥；桥面布置在主要承重结构之下的称为下承式桥；桥面布置在桥跨结构高度中间的称为中承式桥。

上承式桥的构造简单，施工方便，而且其主梁或拱肋等的间距可按需要调整，以求得经济合理的布置。一般来说，上承式桥的承重结构宽度可做得小些，因而可节约墩台圬工数量。此外，在上承式桥上行车时，视野开阔、感觉舒适也是其重要的优点。所以，公路桥梁一般尽可能采用上承式桥。上承式桥的不足之处是桥梁的建筑高度较大。

在建筑高度受限制的情况下，以及修建上承式桥必须提高路面（或轨顶）标高而显著增加桥头路堤土方量时，就应采用下承式桥或中承式桥。对于城市桥梁，有时受周围建筑物等的限制，不容许过分抬高桥面标高时，也可修建下承式桥。

6. 按平面布置分类

按平面布置分类，桥梁分为直桥（正桥）、斜桥、弯桥（曲线梁桥）、坡桥和匝道桥等。

此外，桥梁还有其他分类方式。按跨越障碍的性质分类，桥梁分为跨河桥、跨线桥（立体交叉）、高架桥和栈桥。高架桥一般指跨越深沟峡谷以代替高路堤的桥梁。按梁的截面形式分类，桥梁分为T形梁桥、箱梁桥等。按跨越对象分类，桥梁分为跨河桥、跨谷桥、跨线桥、旱桥等。

4.3 桥梁的设计作用、总体规划原则及基本设计资料

4.3.1 桥梁的设计作用

根据使用任务，桥梁结构除承受本身自重和各种附加恒载以外，主要是承受桥上各种交通荷载，如各种汽车、平板挂车、履带车、电车及各种非机动车和人群荷载。而且，鉴于桥梁结构处在自然环境之中，还要经受气候、水文等各种复杂因素（外力）的影响。

通常可以将作用在桥梁上的各种荷载和外力（统称为作用）归纳为三类：永久作用、可变作用、偶然作用。

1. 永久作用

永久作用（也称恒载）是在结构使用期间，其量值不随时间而变化，或其变化值与平均值比较可忽略不计的作用。永久作用的量值是指其作用位置、大小和方向。作用于桥梁上部结构的永久作用，主要是结构物自重、桥面铺装及附属设备（人行道板、栏杆、扶手、灯柱等）的重力、长期作用于结构上的人工预加力，以及混凝土的收缩和徐变作用、基础变位作用。作用于桥梁下部结构的永久作用，主要是上部结构传给支座的永久作用、墩台的自重、土重及土压力、水浮力（水中墩台）。

2. 可变作用

可变作用（也称活载）是在结构使用期间，其量值随时间而变化，且其变化值与平均值比较不可忽略不计的作用。它主要包括汽车荷载及其影响力（汽车冲击力、汽车离心力、汽车引起的土压力、汽车制动力）、支座摩阻力、自然（风荷载、流水压力、温度作用）和人为产生的各种变化力。

3. 偶然作用

偶然作用是在结构使用期间，出现的概率很小，一旦出现，其值很大且持续时间很短的作用。偶然作用主要包括地震作用、船舶或漂流物的撞击作用、汽车撞击作用。

1）地震作用

在地震区建造桥梁，必须考虑地震作用。它虽然不一定会出现，且一旦出现，时间也极为短促，但对结构安全会产生非常巨大的影响。地震作用主要是指地震时强烈的地面运

动引起的结构惯性力，因而它不是静力荷载，而是动力荷载；不是固定值，而是随机变值；不完全决定于地震时地壳运动的强烈程度，还决定于结构的动力特性（频率与振型）。

2）船舶或漂流物的撞击作用

跨越江、河、海湾的桥梁，位于通航河道或有漂流物的河流中的桥梁墩台，设计时必须考虑船舶或漂流物对桥梁墩台的撞击作用。

3）汽车撞击作用

桥梁结构必要时可考虑汽车的撞击作用。为减少或防止因撞击而产生的破坏，对易受到汽车撞击的结构构件的相关部位应采取相应的构造措施，并增设钢筋或钢筋网。

4.3.2 桥梁的总体规划原则及基本设计资料

桥梁应根据所在道路的作用、性质和将来发展的需要，除应符合安全可靠、适用耐久、经济合理、技术先进的要求外，还应按照美观和有利环保的原则进行设计，并考虑因地制宜、就地取材、方便施工和养护等因素。

1. 桥梁的总体规划原则

1）安全可靠

（1）所设计的桥梁结构在强度、稳定和耐久性方面应有足够的安全储备。

（2）防撞栏杆应具有足够的高度和强度，人与车流之间应设防护栏，防止车辆撞入人行道或撞坏栏杆而落到桥下。

（3）对于交通繁忙的桥梁，应设计好照明设施，并有明确的交通标志，两端引桥坡度不宜太陡，以避免发生因车辆碰撞等引起的车祸。

（4）对于河床易变迁的河道，应设计好导流设施，防止桥梁基础底部被过度冲刷；对于通行大吨位船舶的河道，除按规定加大桥孔跨径外，必要时还应设置防撞构筑物等。

（5）对于修建在地震区的桥梁，应按抗震要求采取防震措施；对于大跨柔性桥梁，尚应考虑风振效应。

2）适用耐久

（1）桥面宽度能满足当前以及今后规划年限内的交通流量（包括行人通道）。

（2）桥梁结构在通过设计荷载时不出现过大的变形和过宽的裂缝。

（3）桥跨结构的下方要有利于泄洪、通航（跨河桥）或车辆和行人的通行（立交桥）。

（4）桥梁的两端要便于车辆进入和疏散，而不致发生交通堵塞等。

（5）考虑综合利用，方便各种管线（水、电气、通信等）的搭载。

3）经济合理

（1）桥梁设计应遵循因地制宜、就地取材和方便施工的原则。

（2）经济的桥型应该是造价和养护费用综合最省的桥型。设计中应充分考虑维修的方便和维修费用少，维修时尽可能不中断交通，或使中断交通的时间最短。

（3）所选择的桥位应地质、水文条件好，并使桥梁长度较短。

（4）桥梁应考虑建在能缩短河道两岸运距的位置，以促进该地区的经济发展，产生最大的效益。

4）技术先进

在因地制宜的前提下，桥梁设计应尽可能采用成熟的新结构、新设备、新材料和新工艺。在注意认真学习国内外的先进技术，充分利用前沿科技成就的同时，努力创新，淘汰原来落后和不合理的设计思想。

5）美观

一座桥梁应具有优美的外形，而且这种外形从任何角度看都应该是优美的。结构布置必须合理，并在空间上有和谐的比例。桥型应与周围环境相协调，城市桥梁和游览区的桥梁，可较多地考虑建筑艺术上的要求。合理的结构布置和轮廓是桥梁美观的主要因素，另外，施工质量对桥梁美观也有很大影响。

6）环境保护和可持续发展

桥梁设计应考虑环境保护和可持续发展的要求。从桥位选择、桥跨布置、基础方案、墩身外形、上部结构施工方法、施工组织设计等全面考虑环境要求，采取必要的工程控制措施，并建立环境监测保护体系，将不利影响减至最小。

只有这样才能更好地贯彻"安全、适用、经济、美观和有利环保"的原则，提高我国的桥梁建设水平，赶上和超过世界先进水平。

2. 桥梁的基本设计资料

1）野外勘测与调查研究

桥梁的规划设计涉及的因素很多，必须进行充分的调查研究，收集以下资料，从客观实际出发，提出合理的设计建议及计划任务书。

（1）调查研究桥梁交通要求。对于公路或城市桥梁，需要调查研究桥上交通种类及其要求，如汽车荷载等级、实际交通量和增长率，需要的车道数目或行车道宽度，以及人行道的要求等。

（2）选择桥位。各级公路上的小桥及其与公路的衔接，一般应符合路线布设的要求，桥中线与洪水流向应尽量正交。各级公路上的特大、大、中桥的桥位，原则上应服从路线的总方向。对于特大、大、中桥一般选择2～5个可能的桥位，对每个可能桥位进行相应的调查、勘测工作，包括搜集洪水、地形和地质资料；实地调查历史洪水位；做必要的地形地貌和地质等测绘工作。经综合分析比较，选择出最合理的桥位。

（3）详细勘测和调查桥位。对确定的桥位要进一步搜集资料，为设计和施工提供可靠依据。这时的勘测和调查工作包括绘制桥位附近大比例地形图、桥位地质钻探并绘制地质剖面图、实地水文勘测和调查等。为使地质资料更接近实际，宜将钻孔布置在拟定的桥孔方案墩台附近。

（4）调查其他有关情况。调查了解地震资料、当地建筑材料来源及供应情况、运输条件、是否需要拆迁建筑物或占用农田、桥上是否需要敷设电缆或各种管线等。

2）桥梁纵、横断面设计和平面布置

（1）桥梁纵断面设计。

桥梁纵断面设计包括桥梁总跨径的确定、桥梁分孔、桥面标高的确定、桥下净空的确定、桥梁纵坡布置等。

① 桥梁总跨径的确定。桥梁总跨径一般根据水文计算确定。桥梁墩台和桥头路堤

压缩河床，使桥下过水断面减小，流速增大，引起河床冲刷和桥上游壅水，因此，桥梁总跨径必须保证桥下有足够的排洪面积，河床不产生过大的冲刷，并注意壅水可能淹没耕地和建筑物等危害。此外，尚应注意河床地形，不宜过分压缩河道、改变水流的天然状态。

② 桥梁分孔。桥梁总跨径确定后，下一步是分孔布置，解决一座桥分成几孔和各孔的跨径多大的问题。桥梁分孔是一个较复杂的问题，需因时因地制宜，综合比较后确定。对于通航河流，首先根据通航净空要求，确定通航孔跨径，并布置在稳定的主河槽位置，对于变迁性河流，还需加设通航孔；桥基位置尽量避开复杂的地质和地形区段；分孔布置还要考虑上部结构采用的结构体系类型，各桥孔的跨径应有合宜的比例，以保证结构受力合理；要考虑基础施工因素，若基础施工困难，航运繁忙，则宜加大孔径；从经济上考虑，一般来说，采用大跨度时上部结构造价大，下部结构造价则比小跨度时小。在满足通航的前提下，通过经济技术比较，确定分孔布置。

跨径选择还与施工能力有关，有时选用较大跨径虽然在技术上和经济上是合理的，但由于缺乏足够的施工能力和机械设备，也不得不改用较小跨径。

此外，确定桥梁孔径时还应考虑桥位上下游已建或拟建桥涵和水工建筑物的状况及对河床演变的影响。

③ 桥面标高的确定。桥面标高的确定主要考虑三个要求：路线纵断面设计要求、排洪要求和通航要求。对于中、小桥梁，桥面标高一般由路线纵断面设计确定；对于跨河桥，为保证结构不受毁坏，桥梁主体结构必须比设计洪水位或最高流冰水位高出一定距离。

④ 桥下净空的确定。从设计通航水位（或设计洪水位）至桥跨结构最下缘的净空高度为桥下净空，桥下净空不得小于因排洪所要求的，以及对该河流通航所规定的净空高度。

⑤ 桥梁纵坡布置。桥面标高确定后，就可根据两端桥头的地形和线路要求来设计桥梁的纵断面线形。

(2) 桥梁横断面设计。

桥梁横断面的设计，主要是决定桥面的宽度和桥跨结构横截面的布置。桥面宽度由行车和行人的交通需要决定。

桥面车行道路幅宽度宜与所衔接道路的车行道路幅宽度一致。当道路现状与规划断面相差很大，桥梁按规划车行道布置难度较大时，应保留远期发展余地分期实施。

当两端道路上设有较宽的分隔带或绿化带时，桥梁可考虑分幅布置（横向组成分离式桥），桥上不宜设置绿化带。特大桥、大桥、中桥的桥面宽度可适当减小，但车行道的宽度应与两端道路车行道有效宽度的总和相等并在引道上设变宽缓和段与两端道路接顺。小桥的机动车道平面线形应与道路保持一致。

当特大桥、大桥、中桥与两端道路为新建时，桥面车行道布设应根据规划道路等级，按现行行业标准《城市道路工程设计规范（2016年版）》（CJJ 37—2012）的规定和交通流量来确定。

桥梁人行道临空侧应设置人行道栏杆。对主干路和次干路的桥梁，当两侧无人行道时，应设置保证检修人员及车辆安全的措施。设置检修道时，检修道临空侧应设防撞护栏或人行道栏杆。城市快速路上的桥梁应设置中央分隔带防撞护栏。

(3) 桥梁平面布置。

桥梁在平面上宜做成直桥,当特殊情况时可做成弯桥,其线形布置应符合现行行业标准《城市道路工程设计规范(2016年版)》(CJJ 37—2012)的规定。

3) 桥梁设计程序

桥梁设计是一个分阶段、循序渐进的工作过程。根据国家基本建设程序要求,我国大型桥梁的桥梁设计程序分为前期工作和设计阶段(图 4.12)。前期工作包括编制预可行性研究报告和可行性研究报告;设计阶段按"三阶段设计"进行,即初步设计、技术设计与施工图设计。各阶段的设计目的、内容、要求和深度均不同,分述如下。

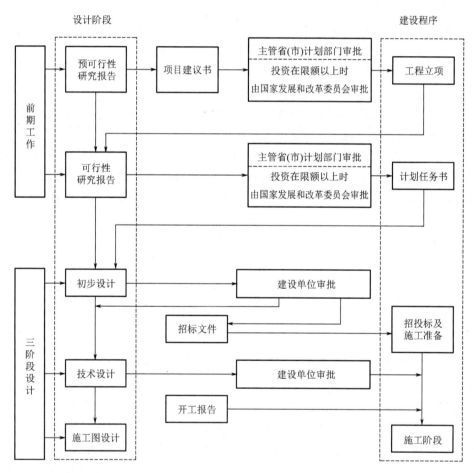

图 4.12 设计阶段与建设程序的关系

(1) 预可行性研究报告的编制。此阶段简称为"预可"阶段。预可行性研究报告是在工程可行的基础上,着重研究建设上的必要性和经济上的合理性,解决是否修建桥梁的问题。对于区域性桥梁,应通过对准备建桥地点附近的渡口车辆流量进行调查,并从发展的观点以及桥梁修建后可能引入的车流,科学分析和确定通过桥梁的可能车流量,论证工程的必要性。

在预可行性研究报告中,应编制几个可能的桥型方案,从工程造价、投资回报、社会效益、政治意义和国防意义等进行分析，论述经济上的合理性，并对资金来源有所设想。

设计方将预可行性研究报告交业主后，由业主据此编制项目建议书报主管上级审批。

（2）可行性研究报告的编制。此阶段简称为"工可"阶段，其与预可行性研究报告阶段的内容和目的基本一致，只是研究的深度不同，可行性研究报告是在预可行性研究报告审批后，着重研究工程上和投资上的可行性。

（3）初步设计。可行性研究报告批复后，即可进行初步设计。在本阶段要进一步开展水文勘测工作，以获取更详细的水文资料、地形图和工程地质资料。在初步设计阶段，应拟定桥梁结构的主要尺寸、估算工程数量和主要材料的用量、提出施工方案的意见和编制设计概算。初步设计的概算成为控制建设项目投资的依据。

初步设计的目的是确定设计方案，应拟定几个桥型方案，综合分析每个方案的优缺点，通过对每个方案的主要材料用量、总造价、劳动力数量、工期、施工难易程度、养护费用等各项技术经济指标以及美观性进行比较，选定一个最佳的推荐方案，报建设单位审批。

（4）技术设计。技术设计的主要内容是对选定的桥型方案中重大、复杂的技术问题通过科学试验、专题研究、加深勘探调查及分析比较，进一步完善批复的桥型方案总体和细部的各种技术问题，提出详尽的设计图样，包括结构断面、配筋、细节处理、材料清单及工程量等，并修正设计概算。

（5）施工图设计。施工图设计是在批复的初步设计（两阶段设计时）或技术设计（三阶段设计时）所有技术文件基础之上，进行的进一步具体设计。此阶段工作包括详细的结构分析计算、配筋计算和验算，并确保各构件的强度、刚度、稳定性和裂缝等各种技术指标满足规范要求，绘制施工详图，编制施工组织设计和施工图预算。

目前，国内一般的（常规的）桥梁采用两阶段设计，即初步设计和施工图设计；对于技术上复杂的特大桥、互通式立交或新型桥梁结构，需增加技术设计，即三阶段设计；对于技术简单、方案明确的小桥，也可采用一阶段设计，即施工图设计。

4.3.3 桥梁设计方案比选

桥梁设计方案的比选主要包括桥位方案的比选和桥型方案的比选。

1. 桥位方案的比选

至少应选择两个以上的桥位方案进行比选。遇到某种特殊情况时，还需要在大范围内提出多个桥位方案进行比选。

桥位的选择应置于路网中考虑，要有利于路网的布置，尽量满足选线的需要。桥梁建在城市范围内时，要重视桥梁建设满足城市规划的要求。

特大桥、大桥桥位应选择河道顺直、河床地质良好、河槽能通过大部分设计流量的河段。桥位不宜选择在河滩、沙洲、古河道、急弯、汇合口、港口作业区及易形成流冰、流木阻塞的河段，以及断层、岩溶、滑坡、泥石流等不良地质的河段。

桥梁纵轴线宜与洪水主流流向正交。对通航河流上的桥梁，桥位的选择还应考虑桥梁对周围设施的影响程度，以及不能拆迁的设施对桥梁的影响程度，同时还应充分考虑桥梁的建设对桥位周围环境的影响等。

2. 桥型方案的比选

为了设计出经济、适用和美观的桥梁,设计者必须根据自然和技术条件,因地制宜,在综合应用专业知识,掌握国内外新技术、新材料、新工艺的基础上,进行深入细致的研究和分析对比,科学地得出最优的设计方案。桥梁设计方案的比选和确定可按下列步骤进行。

1)明确各种高程的要求

在桥位纵断面图上,先按比例绘出设计洪水位、通航水位、堤顶高程、桥面高程、通航净空、堤顶行车净空位置图等。

2)桥梁分孔和初拟桥型方案草图

在确定了各种高程的纵断面图上,根据泄洪总跨径的要求,以及桥下通航、立交等要求,作出桥梁分孔和桥型方案草图。作草图时思路要宽广,只要基本可行,尽可能多绘几种,以免遗漏可能的桥型方案。

3)方案初筛

对方案草图做技术和经济上的初步分析和判断,筛去弱势方案,从中选出2~4个构思好、具有特点的方案,做进一步详细研究和比较。

4)详绘桥型方案图

根据不同桥型、跨度、宽度和施工方法,拟定主要尺寸并尽可能细致地绘制各个桥型方案的尺寸详图。对于新结构,应做初步的力学分析,以准确拟定各方案的主要尺寸。

5)编制估算或概算

依据编制方案的详图,可以计算出上、下结构的主要工程数量,然后依据各省、市或行业的"估算定额"或"概算定额",编制出各方案的主要材料(钢、木、混凝土等)用量、劳动力数量、全桥总造价。

6)方案选定和文件汇总

全面考虑建设造价、养护费用、建设工期、营运适用性、美观等因素,综合分析确定每一个方案的优缺点,最后选定一个最佳的推荐方案。在深入比较的过程中,应当及时发现并调整方案中不尽合理之处,确保最后选定的方案是优中选优的方案。

上述工作全部完成之后,即可着手编写方案说明。说明书中应阐明方案编制的依据和标准、各方案的主要特色、施工方法、设计概算以及方案比较的综合性评述。对推荐方案应做较详细的说明。各种测量资料、地质勘察资料和地震烈度复核资料、水文调查与计算资料等应按附件载入。

职业能力与拓展训练

职业能力训练

一、填空题

1. 桥梁一般是由_____、_____、_____和_____组成的。
2. 多孔桥梁中各孔净跨径的总和称为_____。

3. 按照基本结构体系，桥梁可分为_____、_____、_____、_____和_____等。
4. 建筑高度是_____至桥跨结构最下缘之间的距离。
5. 设计水位是指相应于_____频率的洪峰流量水位。

二、单项选择题

1. 桥跨结构两支点之间的距离称为（   ）。
   A. 计算跨径　　　　B. 标准跨径　　　　C. 净跨径　　　　D. 跨径总长
2. 凡是多孔跨径的全长不到（   ）和单孔跨径不到（   ）的泄水结构物，均称为涵洞。
   A. 8m；5m　　　　B. 10m；8m　　　　C. 5m；3m　　　　D. 3m；2m

三、简答题

1. 桥墩和桥台有何不同？
2. 梁式桥和拱桥的本质区别是什么？

拓展训练

某桥梁为三跨连续梁，跨径组合为35m+35m+35m，按照我国《公路桥涵设计通用规范》（JTG D60—2015）规定标准进行划分，可把它划分为大桥还是中桥？

任务 5　城市桥梁构造认知

任务导入

桥梁结构多种多样，形式多姿多彩，它与人们的生产、生活密切相关，不仅是市政工程中的构筑物，也是一个国家生产力、科技水平的真实写照和文化象征。桥梁按受力结构的体系划分，分为梁式桥、拱桥、刚架桥、吊桥与组合体系桥五大类型。

各种形式的桥梁特点是什么？各自的构造是什么样的？

5.1　简支桥构造

5.1.1　简支板桥

简支板桥

简支板桥是中小跨径钢筋混凝土桥中最常用的形式之一，简支板桥因建成后上部构造的外形像一块薄板而得名。对于城市立交工程，简支板桥又以极易满足斜、弯、坡及 S 形、喇叭形等特殊要求的特点常被采用。简支板桥的外形简单、制作方便，内部一般无须配置抗剪钢筋，仅按构造要求弯起钢筋，因而具有施工简单、模板及钢筋工作都较省等优点，同时也利于工厂化成批生产。简支板桥的建筑高度小，适宜于桥下净空受到限制的桥梁，与其他桥型相比较，既可降低桥面高度，又可缩短引道长度。简支板桥可以采用整体式结构，也可以采用装配式结构。

1. 整体式简支板桥

整体浇筑的简支板桥由于是双向受力结构，因而比一般梁有更高的承载能力和更大的刚度，一般使用在跨径 8m 以下，桥面净宽依路线标准而定，人行道可以向外悬出。在城市修建宽桥时，为了防止由于温度变化和混凝土收缩引起的纵向裂纹，也可以沿中线分开，以形成上部分离的形式。板的厚度一般取 $h=(1/23\sim1/16)L$，随着跨径的增大取用较小值。

整体式简支板桥的宽度大，一般为双向受力板。除配置纵向受力钢筋外，板内还设置垂直于主筋的横向分布钢筋，在板的顶部配置适当的横向钢筋。钢筋混凝土行车道板内主筋直径应不小于 10mm，间距不大于 20cm，主筋间距一般也不宜小于 7cm。板内主筋可以不弯起，也可以弯起，当弯起时，通过支点的不弯起钢筋，每米板宽内不少于 3 根，截面积不少于主筋截面积的 1/4，弯起的角度为 30°或 45°，弯起的位置为沿板高中线计算的 1/6～1/4 跨径处。对于分布钢筋，直径应不小于 6mm，间距不大于 25cm，同时在单位长度板宽内的截面积应不少于主筋截面积的 15%。板的主筋与板边缘间的净距应不小于 2cm，分布钢筋与板边缘间的净距应不小于 1.5cm。图 5.1 为 6m 整体式板钢筋构造。

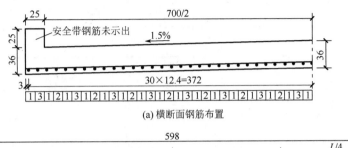

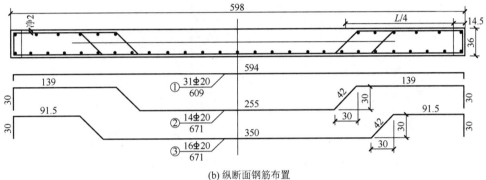

图 5.1　6m 整体式板钢筋构造（尺寸单位：cm）

2. 装配式简支板桥

1）装配式实心板桥

装配式实心板桥是目前最常用的，由于其具有形状简单、施工方便、建筑高度小、施工质量易于保证等优点，因而得到普遍的应用。

图 5.2 为装配式简支实心板桥横断面构造。行车道宽 7m，两边设 0.75m 的人行道。图 5.3 为标准跨径 6m 的装配式实心板钢筋构造。块件安装后在企口缝内填筑 C30 小石子混凝土，并浇筑 6cm 的 C30 防水混凝土铺装层使之连成整体。为了加强预制板与铺装层的结合以及相邻预制板的连接，将板中的③号箍筋伸出预制板顶面，待板安装就位后将这段钢筋放平，并与相邻预制板中的箍筋相互搭接，以铁丝绑扎，然后浇筑于混凝土铺装层中。预制板的混凝土强度等级为 C30。

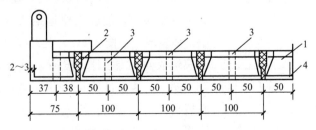

1—预制板；2—接缝；3—预留孔；4—垫层

图 5.2　装配式简支实心板桥横断面构造（尺寸单位：cm）

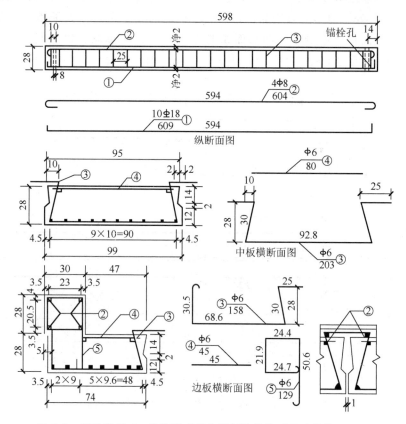

图 5.3 标准跨径 6m 的装配式实心板钢筋构造（尺寸单位：cm）

2) 装配式空心板桥

当跨径增大时，实体矩形截面就显得不甚合理，因而将截面中部部分挖空，做成空心板，这样不仅能减轻自重，而且能充分合理地利用材料。钢筋混凝土空心板桥目前使用的跨径范围为 6~13m，板厚为 0.4~0.8m；预应力混凝土空心板桥常用跨径为 8~16m，其板厚为 0.4~0.7m。空心板较同跨径的实体板质量小，运输安装方便，而建筑高度又较同跨径的 T 形梁小，因而目前使用较多。

图 5.4 为常用的几种空心板截面形式。图 5.4(a)、(b) 开成单个较宽的孔，挖空率最大，质量最小，但顶板需要配置横向钢筋，以承担车轮荷载。图 5.4(a) 略呈微弯形，可以节省钢筋，但模板较图 5.4(b) 复杂。图 5.4(c) 用无缝钢管作芯模，能较方便地挖成两个圆孔，但挖空率小，质量较大。图 5.4(d) 的芯模是由两个半圆和两块侧模组成的。当板厚改变时，只需更换两块侧模。

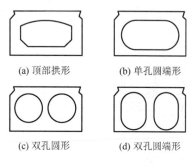

图 5.4 常用的几种空心板截面形式

图 5.5 为标准跨径 13m 的装配式预应力混凝土空心板桥的构造。桥面由 8 块全长 12.96m、净宽 99cm、厚度 60cm 的预制板组成，计算跨径 12.6m，采用 C40 混凝土预制和填缝。

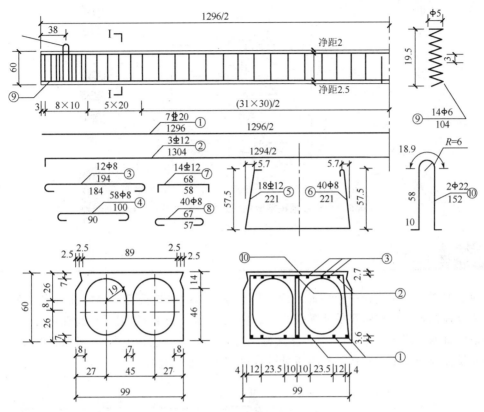

图 5.5 标准跨径 13m 的装配式预应力混凝土空心板桥的构造（尺寸单位：cm）

3）装配式板桥的连接

装配式板桥在安装完成以后，为了使板块共同受力，必须将块件间加以连接。常用企口式混凝土铰连接（图 5.6），即用与预制板同一强度等级或高一强度等级的细集料混凝土将预留的圆形、菱形或漏斗形企口加以填实。如考虑铺装层参与受力，则还需要将伸出板面的钢筋加以绑扎。

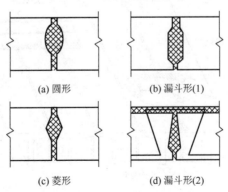

(a) 圆形　　　(b) 漏斗形(1)

(c) 菱形　　　(d) 漏斗形(2)

图 5.6　企口式混凝土铰连接

为了加快工程进度，还可以采用钢板连接（图 5.7）。在接缝两侧的板面每隔 80～150cm 预埋搭架钢板 N_2，安装后再用一块预埋钢板 N_1 搭焊连接。根据受力特点，钢板间距从跨中向支点由密变疏。

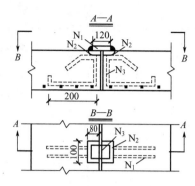

N_1—预埋钢板；N_2—搭架钢板；N_3—预埋钢筋

图 5.7 空心板铰接缝钢板连接（尺寸单位：cm）

5.1.2 简支梁桥

简支梁桥是建桥实践中使用最广泛、构造最简单的梁式桥且相邻桥孔各自单独受力，故最易设计成各种标准跨径的装配式构件。国内外所建造的钢筋混凝土简支梁桥，以 T 形梁桥最为普遍。图 5.8 是装配式 T 形梁桥上部构造概貌。它由几根 T 形截面的主梁、横隔梁及设在横隔梁下方和横隔梁翼板处的焊接钢板连接成整体。

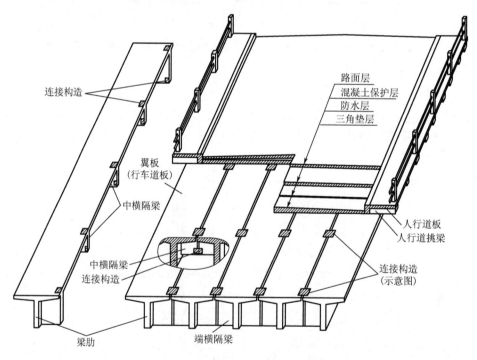

图 5.8 装配式 T 形梁桥上部构造概貌

1. 构造布置

1）主梁布置

对于设计给定的桥面宽度，如何选定主梁的间距（或片数），这是构造布置中首先要解决的问题。对于跨径大的桥梁，如果建筑高度不受限制，则适当加大主梁间距可减少主梁的片数，钢筋混凝土的用量会减少，这样比较经济；但此时桥面板的跨径增大，悬臂翼板端部较大的挠度引起桥面接缝处纵向裂缝的可能性增大；同时，构件质量的增大也给运输和架设带来困难。当吊装允许时，主梁间距采用 1.8~2.2m 为宜。

2）横隔梁布置

横隔梁在装配式 T 形梁桥中起着保证各根主梁相互连接成整体的作用，它的刚度愈大，桥梁的整体性愈好，在荷载作用下各根主梁就能更好地共同工作。T 形梁桥的端横隔梁是必须设置的，它不但有利于制造、运输和安装阶段构件的稳定性，而且能加强全桥的整体性；有中横隔梁的梁桥，荷载横向分布比较均匀，且可以减轻翼板接缝处的纵向开裂现象。故当梁跨径稍大时，应根据跨度、荷载、行车道板构造等情况，在跨径内增设 1~3 道横隔梁，间距为 5~6m。

2. 截面尺寸

1）主梁梁肋尺寸

主梁的合理高度与梁的间距、活载的大小等有关。对于跨径 10m、13m、16m、20m 的标准设计采用的梁高相应为 0.9m、1.1m、1.3m、1.5m，高跨比为 1/16~1/11。主梁梁肋的宽度，在满足抗剪需要的前提下，一般都做得较薄，以减轻构件的质量。目前常用的梁肋宽度为 180mm，具体视梁内主筋的直径和钢筋骨架的片数而定。

2）横隔梁尺寸

跨中横隔梁的高度应保证具有足够的抗弯刚度，通常可做成主梁高度的 3/4 左右。梁肋下部呈马蹄形加宽时，横隔梁应延伸至马蹄形加宽处。横隔梁的肋宽通常采用 150~180mm，宜做成上宽下窄和内宽外窄的楔形，以便于脱模。

为便于安装和检查支座，端横隔梁底部与主梁底缘之间宜留有一定的空隙，或可做成和中横隔梁同高；但从梁体运输和安装阶段的稳定要求来看，端横隔梁又宜做成与主梁同高，可视施工的具体情况决定。

3）主梁翼板尺寸

在实际预制时，翼板的宽度应比主梁中距小 20mm，以便在安装过程中易于调整 T 形梁的位置和制作上的误差。翼板的厚度应满足强度和构造最小尺寸的要求。根据受力特点，翼板通常都做成变厚度的，即端部较薄，向根部逐渐加厚。为保证翼板与梁肋连接的整体性，翼板与梁肋衔接处的厚度应不小于主梁高度的 1/10。

3. 主梁钢筋构造

1）梁肋的钢筋构造

装配式 T 形梁桥的钢筋可分为纵向受力钢筋（主筋）、斜钢筋、箍筋、架立钢筋和分布钢筋等几种。简支梁承受正弯矩作用，故抵抗拉力的主筋设置在梁肋的下缘。随着弯矩向支点处的减小，主筋可在跨间适当的位置处切断或弯起。为保证主筋在梁端有足够的锚固长度和加强支承部分的强度，至少有 2 根，并不少于总数 20% 的下层主筋应伸过支承截面。

由主筋弯起的斜钢筋用来增强梁体的抗剪强度，当无主筋弯起时，尚需配置专门的焊于主筋和架立钢筋上的斜钢筋。

箍筋的主要作用也是增强主梁的抗剪强度。其间距应不大于梁高的 1/2 且不大于 400mm，且两支点附近的第一个箍筋应设置在距端面一个混凝土保护层距离处。

架立钢筋布置在梁肋的上缘,主要起固定箍筋和斜钢筋,并使梁内全部钢筋形成立体或平面骨架的作用。当T形梁梁肋高度大于100cm时,为了防止梁肋侧面因混凝土收缩等而产生裂缝,需要设置纵向防裂的分布钢筋。

为了防止钢筋受到大气影响而锈蚀,并保证钢筋与混凝土之间的黏着力充分发挥作用,钢筋到混凝土边缘需要设置保护层,主筋的最小保护层厚度为30mm。当受拉区主筋的混凝土保护层厚度大于50mm时,应在保护层内设置直径不小于6mm、间距不大于100mm的钢筋网。

为了使混凝土的粗集料能填满整个梁体,以免形成灰浆层或空洞,规定各主筋之间的净距:当主筋为三层或三层以下者不小于30mm,且不小于钢筋直径;三层以上者不小于40mm,且不小于钢筋直径的1.25倍。

2) 翼板的钢筋构造

T形梁翼板内的受力钢筋沿横向布置在板的上缘,以承受悬臂的负弯矩,在顺主梁跨径方向还应设置少量的纵向分布钢筋(图5.9)。

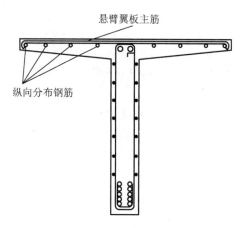

图 5.9 T形梁钢筋布置

5.2 连续梁桥构造

连续梁桥的主要特点:承重结构(板、T形梁或箱梁)不间断地连续跨越几个桥孔而形成一超静定结构,连续孔数一般不宜过多。连续梁由于荷载作用下支点截面产生负弯矩,从而显著降低了跨中的正弯矩,这样不但可降低跨中的建筑高度,而且能节省钢筋和混凝土数量。跨径越大时,这种节省就越显著。普通钢筋混凝土连续梁桥的适用跨径为15~30m,当跨径进一步增大时,结构自重产生的弯矩迅速增大,难以避免混凝土开裂,导致材料无法充分利用,于是在此情况下广泛采用预应力混凝土连续梁桥。

5.2.1 预应力混凝土连续梁桥类型

1. 等截面连续梁桥

在跨径不大时可以考虑采用等截面形式,从而简化了主梁的构造。

2. 变截面连续梁桥

当连续梁的主跨跨径接近或大于 70m 时，若主梁仍采用等截面布置，在结构自重和活载作用下，主梁支点截面设计负弯矩将比跨中截面设计正弯矩大得多，从受力上讲就显得不太合理且不经济。因此，主梁采用变截面形式才更符合受力要求，高度变化基本上与内力变化相适应。

5.2.2 横截面形式

预应力混凝土连续梁桥的截面形式很多，合理地选择主梁的截面形式对减轻桥梁自重、节约材料、简化施工和改善截面受力性能十分重要。预应力混凝土连续梁桥横截面形式主要有板式、肋式和箱形截面。其中，板式、肋式截面构造简单、施工方便；箱形截面具有良好的抗弯和抗扭性能，是预应力混凝土连续梁桥的主要截面形式。

1. 板式和肋式截面

板式截面分为实体截面［图 5.10(a)、(b)］和空心截面［图 5.10(c)、(d)］。矩形实体截面使用较少，曲线形整体截面近年相对使用较多，实体截面多用于中小跨径；空心截面常用于跨径为 15～30m 的连续梁桥。肋式截面预制方便，常用跨径为 25～50m，如图 5.10(e) 所示。

2. 箱形截面

当连续梁桥的跨径超过 40～60m 或更大时，主梁多采用箱形截面，其构造布置灵活，常用的箱形截面有单箱单室、单箱双室、单箱多室和双箱单室等几种，如图 5.11 所示。其中第一种应用得较多。单箱单室截面的顶板宽度一般小于 20m；单箱双室的约为 25m；双箱单室的可达 40m 左右。

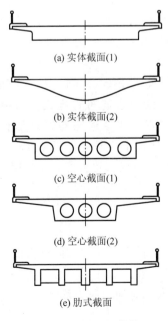

图 5.10　板式和肋式截面

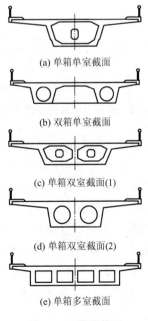

图 5.11　箱形截面

5.2.3 预应力筋布置

连续梁主梁的内力主要有三个,即纵向受弯、受剪以及横向受弯。通常所说的三向预应力就是为了抵抗上述三个内力。纵向预应力抵抗纵向受弯和部分受剪,竖向预应力抵抗受剪,横向预应力则抵抗横向受弯。预应力筋数量和布筋位置都需要根据结构在使用阶段的受力状态予以确定,同时,也要满足施工各阶段的受力需要。施工方法不同,施工阶段的受力状态差别很大,因此,结构配筋必须结合施工方法考虑。

1. 纵向预应力筋

沿桥跨方向的纵向预应力筋又称主筋,是用以保证桥梁在结构自重和活载作用下纵向跨越能力的主要受力钢筋,可布置在顶板、底板和腹板中。

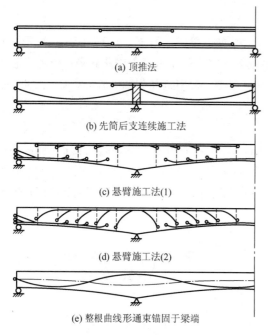

图 5.12 预应力混凝土连续梁配筋方式

图 5.12(a) 表示采用顶推法施工的直线形预应力筋布置方式。上、下的通束使截面接近轴心受压,以抵抗顶推过程中各截面承受的正、负弯矩的交替变化。待顶推完成后,再在跨中的底部和支点的顶部增加局部预应力筋,用来满足运营荷载下相应的内力要求。有时按设计还在跨中的顶部和支点附近的底部设置局部的施工临时束,待顶推完成后即予卸除。

图 5.12(b) 表示采用先简后支连续施工法的预应力筋布置方式。待墩上接缝混凝土达到强度后,用设置在接缝顶部的局部预应力筋来建立结构的连续性。

图 5.12(c)、(d) 表示采用悬臂施工法的预应力筋布置方式。梁中除负弯矩区和正弯矩区各需布置顶部和底部预应力筋外,在有正、负弯矩交替作用的区段内,顶板、底板中均需设置预应力筋。

图 5.12(e) 表示整根曲线形通束锚固于梁端的预应力筋布置方式,一般用于整联现浇的情形。在此情况下,若预应力筋既长且弯曲次数又多,这就显著加大了预应力筋的摩阻损失,因而联长或预应力筋不宜过长。

2. 横向预应力筋和竖向预应力筋

横向预应力筋是用以保证桥梁的横向整体性、桥面板及横隔梁横向抗弯能力的主要受力钢筋,一般布置在顶板和横隔梁中。竖向预应力筋一般施加在截面腹板内,用以提高截面的抗剪能力。图 5.13 为对箱形截面顶板施加的横向和竖向预应力筋构造。

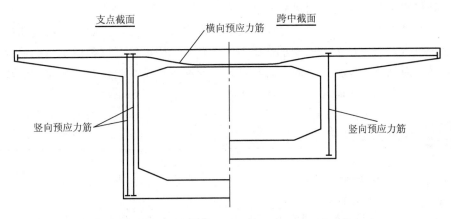

图 5.13 对箱形截面顶板施加的横向和竖向预应力筋构造

5.3 拱桥构造

拱桥是我国常用的一种桥梁形式,其各主要组成如图 5.14 所示。拱桥与梁式桥的区别,不仅在于外形不同,更重要的是两者受力性能也有差别。梁式结构在竖向荷载作用

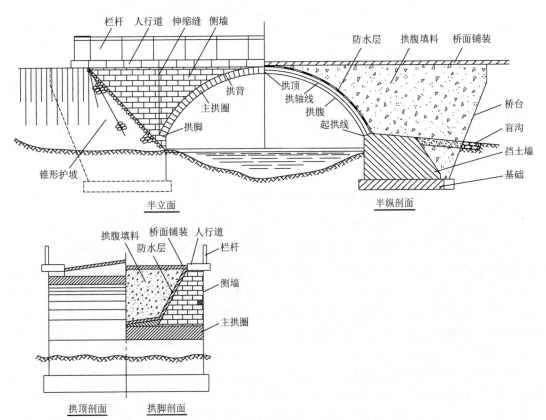

图 5.14 拱桥各主要组成

143

下，支承处仅产生竖向反力，而拱式结构在竖向荷载作用下，支承处不仅产生竖向反力，而且还产生水平推力。水平推力的存在，使拱内产生轴向压力，拱的弯矩将比同跨径的梁的弯矩小很多，而使整个拱主要承受压力。这样，拱桥不仅可以利用钢、钢筋混凝土等材料来修建，而且还可以根据拱的受力特点，充分利用抗压性能较好而抗拉性能较差的圬工材料（石料、混凝土、砖等）来修建。

5.3.1 板拱桥与肋拱桥

板拱桥

1. 拱圈

1）石板拱

按照砌筑拱圈的石料规格，石板拱又可以分为料石拱、块石拱及片石拱等类型。

用来砌筑拱圈的石料应石质均匀，不易风化，其强度等级不应低于MU50。砌筑用的砂浆强度等级，对大、中跨径拱桥不得小于M10，小跨径不得小于M7.5。变截面拱圈的拱石编号如图5.15所示。

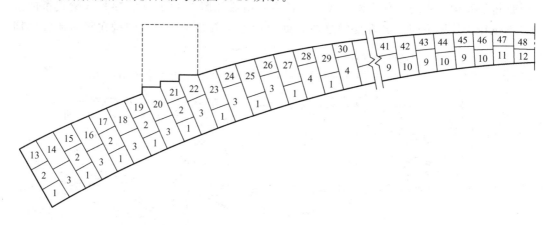

图5.15 变截面拱圈的拱石编号

2）素混凝土板拱

在缺乏合格天然石料的地区，可以用素混凝土来建造板拱，素混凝土板拱可以采用整体现浇，也可以采用预制砌筑。整体现浇素混凝土拱圈，拱内收缩应力大、受力不利，同时，拱架模板等用量大、费时费工，且质量不易控制，故较少采用。预制砌筑就是将素混凝土板拱划分成若干块件，然后预制素混凝土块件，最后，把块件砌筑成拱。为减少和消除素混凝土的收缩影响，预制砌块在砌筑之前应有足够的养护期。

3）钢筋混凝土板拱

与素混凝土板拱相比，钢筋混凝土板拱具有构造简单、外表整齐、可以设计成最小的板厚、轻巧美观等特点。钢筋混凝土板拱根据桥宽需要可做成单条整体拱圈或多条平行板（肋）拱圈，施工时，可反复利用一套较窄的拱架与模板来完成，大大节省了材料。钢筋混凝土等截面板拱的拱圈高度可按跨径的1/70～1/60初拟，跨径大时取小者。

4）肋拱桥

肋拱桥由两条或多条分离的平行拱肋，以及在拱肋上设置的立柱和横梁支承的行车道部分组成（图5.16）。

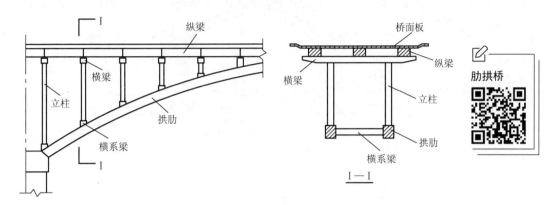

图 5.16 肋拱桥

拱肋是肋拱桥的主要承重结构，通常由混凝土或钢筋混凝土做成。拱肋的数目和间距以及拱肋的截面形式等，均应根据使用要求（跨径、桥宽等）、所用材料和经济性等条件综合比较选定。在分离的拱肋间，需设置横系梁，以增强肋拱桥的横向整体稳定性。

钢筋混凝土肋拱桥与板拱桥相比，优点在于：能较多地节省混凝土用量，减小拱体质量，相应地，桥墩、桥台的工程量也减少；同时随着永久作用对拱肋内力的影响减小，可变作用影响相应增大，钢筋可以较好地承受拉应力，这样就能充分发挥建筑材料的作用而且跨越能力也较大。它的缺点是比混凝土板拱桥用的钢筋数量多，施工较复杂。

2. 拱上建筑

拱桥不同于梁式桥，主拱圈是曲线形，车辆无法直接在主拱圈上行驶，需要在桥面系与主拱圈之间设置传递荷载的构件或填充物，使车辆能在桥面上行驶。桥面系和这些传载构件或填充物统称为拱上建筑（又称拱上结构）。拱上建筑的形式一般分为实腹式和空腹式两大类，空腹式又分为拱式拱上建筑和梁式拱上建筑。

1）实腹式拱上建筑

实腹式拱上建筑由侧墙、拱腹填料、护拱，以及变形缝、防水层、泄水管和桥面等部分组成（图5.17）。拱腹填料的做法可分为填充和砌筑两种方式。

2）空腹式拱上建筑

大、中跨径的拱桥，特别是当矢高较大时，实腹式拱上建筑的填料用量多、质量大，因而以采用空腹式拱上建筑为宜。空腹式拱上建筑除具有实腹式拱上建筑相同的构造外，还具有腹孔和腹孔墩（图5.18）。

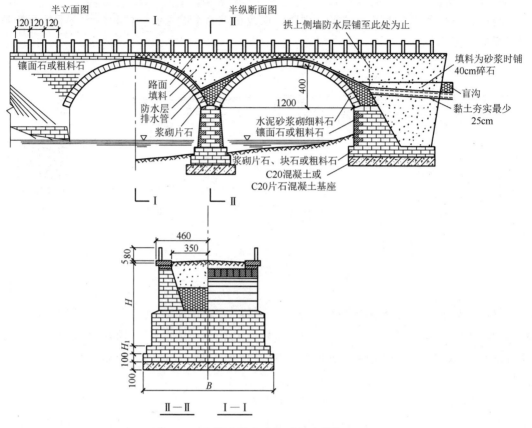

图 5.17 实腹式拱上建筑（尺寸单位：cm）

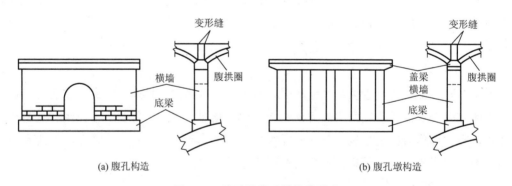

图 5.18 腹孔及腹孔墩构造形式

5.3.2 钢管混凝土拱桥

钢管混凝土是在薄壁圆形钢管内填充混凝土而形成的一种复合材料，它一方面借助内填混凝土增强钢管壁的稳定性，同时又利用钢管对混凝土的套箍作用，使核心混凝土处于三向受压状态，从而使其具有更高的抗压强度和抗变形能力。钢管混凝土相比于钢筋混凝土尺寸较小，结构轻盈，景观效果较好。

钢管混凝土拱桥上部结构由钢管混凝土拱肋、横向联系（风撑）、桥面系、立柱、吊杆、系杆等组成。钢管混凝土拱肋是主要承重结构，它承受桥上的全部荷载，并将荷载传递给墩台和基础。钢管混凝土拱桥根据行车道位置不同分为上承式、中承式、下承式三种类型，如图 5.19 所示。不管哪种形式一般都可做成肋拱形式。

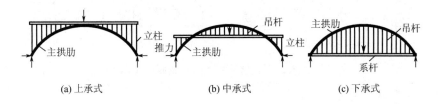

图 5.19　钢管混凝土拱桥分类

1. 主拱肋构造

钢管混凝土拱桥的主拱肋形式主要有肋式和桁式。肋式中又可分为单管、哑铃形，桁式中可分为横哑铃形桁式、多肢桁式、混合桁式及集束式。钢管混凝土劲性骨架钢筋混凝土拱桥的主拱肋形式主要有箱肋、箱拱以及板拱。

1) 钢管混凝土单管拱肋

钢管混凝土拱桥中，肋拱数量最多，当跨径不大时，拱肋可采用单管截面。单管截面主要有圆形和圆端形，如图 5.20 所示。

单圆管加工简单，抗扭性能好，抗轴向力性能由于紧箍力作用显示出优越性；但其抗弯能力小，主要用于跨径不大（80m 以下）的城市桥梁和人行桥中。

2) 钢管混凝土哑铃形拱肋

钢管混凝土拱桥中绝大部分为哑铃形截面（图 5.21），哑铃形截面较单圆管截面，其截面抗弯刚度较大。

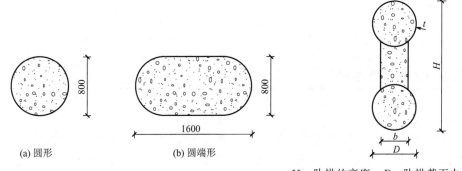

H—肋拱的高度；D—肋拱截面中钢管的直径；
b—缀条宽度；t—钢管壁厚

图 5.20　钢管混凝土单管截面（尺寸单位：cm）　　图 5.21　哑铃形截面

3) 钢管混凝土桁拱

桁拱能够采用较小的钢管直径取得较大的纵横向抗弯刚度，且杆件以受轴向力为主，能够发挥材料的特性。对跨径超过 100m 的钢管混凝土拱桥，这是一个比较合适的截面形式。钢管混凝土桁拱截面形式如图 5.22 所示。

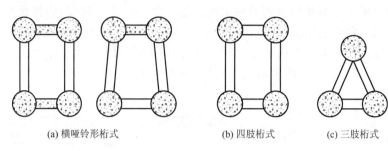

(a) 横哑铃形桁式　　　　(b) 四肢桁式　　　　(c) 三肢桁式

图 5.22　钢管混凝土桁拱截面形式

2. 拱肋横向联系构造

钢管混凝土拱桥中采用拱肋横向联系最多。拱肋横向联系主要设置在拱顶、拱脚、拱肋与桥面系交接处，主要作用是将钢管混凝土拱肋连接成整体，确保结构稳定。拱桥特别是大跨径肋拱桥，横向稳定问题突出，所以其横向结构的合理采用至关重要。

钢管混凝土拱肋的横撑多采用钢管桁架，钢管可以空心也可以内填混凝土，将其做成钢管混凝土横撑。在拱脚段，横撑多做成 K 形撑或 X 形撑，在桥面系以上则多采用直撑、K 形撑（图 5.23）或 H 形撑。

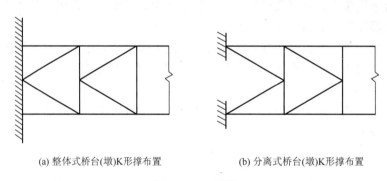

(a) 整体式桥台(墩)K 形撑布置　　　　(b) 分离式桥台(墩)K 形撑布置

图 5.23　K 形撑

5.3.3　立柱、吊杆与系杆

1. 立柱

立柱用于上承式拱桥和中承式拱桥上承部分，是桥面系与主拱肋之间的传力结构。钢管混凝土拱桥的立柱主要形式有钢筋混凝土立柱和钢管混凝土立柱，如图 5.24 所示。钢筋混凝土立柱的柱脚通常为焊接于拱肋之上的钢板箱，以适应拱的曲率变化和拱肋钢管的弧线，钢板箱内灌有混凝土，立柱钢筋焊于钢板箱上。对于小跨径拱桥中的短立柱，也有直接采用钢板箱立柱的。

2. 吊杆

钢管混凝土拱桥的中、下承式拱桥一般采用柔性吊杆，吊杆材料有圆钢、高强度钢丝和钢绞线。吊杆的工作环境要求吊杆有高的承载能力和稳定的高弹性模量（低松弛）、良好的耐疲劳和抗腐蚀能力，易于施工，而且价格便宜。

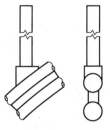
(a) 钢筋混凝土立柱

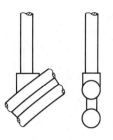
(b) 钢管混凝土立柱

图 5.24　立柱

吊杆的布置有平行式和双吊杆式。

（1）平行式构造简单，施工方便，大多数桥梁采用了这种形式；但平行式吊杆桥面系刚度较低。

（2）为加强桥面系刚度，减小锚具尺寸和应力集中现象且利于今后换锚具，近年来在一些钢管混凝土拱桥中采用了双吊杆构造。双吊杆构造有纵桥向双吊杆和横桥向双吊杆两种。纵桥向双吊杆主要用于箱形横梁中，有利于加强桥面系的纵向刚度和发挥箱形横梁的抗扭刚度。横桥向双吊杆则有利于加强桥面系的横向刚度和改善横梁的受力，若横梁为箱形时，则要通过与之固结的纵梁来提供箱形横梁的抗扭刚度，如图 5.25～图 5.27 所示。

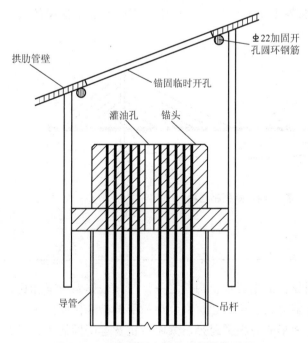

图 5.25　吊杆锚固在拱肋内部的构造图

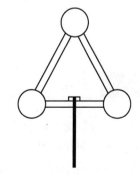

图 5.26　三肢桁肋吊杆布置

3. 系杆

系杆用于拱梁组合体系和刚架系杆拱中。钢管混凝土拱梁组合体系中的系杆为预应力混凝土梁。钢管混凝土刚架系杆拱中采用的系杆为预应力拉索。系杆所采用的拉索体系有配夹片群锚的半平行钢绞线索和配镦头锚或冷铸锚的平行高强度钢丝索。

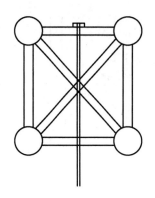
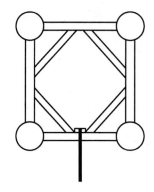

图 5.27　四肢桁肋吊杆布置

5.4　斜拉桥构造

斜拉桥

斜拉桥又称斜张桥，属组合体系桥，它的上部结构由主梁、拉索和索塔三种构件组成，如图 5.28 所示。它是一种桥面体系以主梁受轴向力（密索体系）或受弯（稀索体系）为主、支承体系以拉索受拉和索塔受压为主的桥梁。混凝土斜拉桥的主梁是由钢筋混凝土或预应力混凝土建成的。拉索的水平分力可对混凝土主梁产生轴向预压作用，增强了主梁的抗裂性能并节省了高强度钢材。

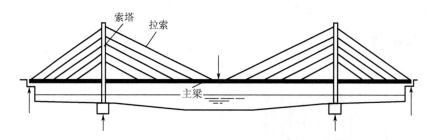

图 5.28　斜拉桥结构

5.4.1　主梁

主梁直接承受车辆荷载，是斜拉桥的主要承重构件之一。与其他体系桥梁相比，由于拉索的支承，斜拉桥具有主梁跨越能力大、梁的建筑高度小和能够借助拉索的预应力对主梁内力进行调整等特点。主梁的截面形式应根据跨径、索距、桥宽等不同需要，综合考虑结构的力学要求、抗风稳定性、施工方法等选用。斜拉桥常用的主梁形式有混凝土梁、钢梁、叠合梁、混合梁。

1. 混凝土梁

混凝土主梁常用的截面形式如图 5.29 所示，其主要优点如下。

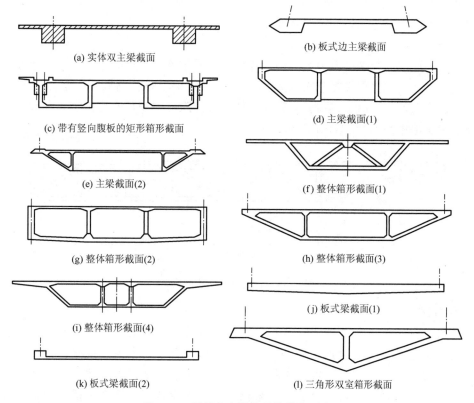

图 5.29 混凝土主梁常用的截面形式

(1)造价低。但主跨跨径大于 500m 时,自重较大,难以抵消由于混凝土自重大而导致的斜拉索和基础费用的额外值。

(2)刚度大,挠度小。在车辆荷载作用下挠度约为类似钢结构的 60%。

(3)抗风稳定性好。混凝土结构振动衰减系数约为钢结构的两倍。

(4)后期养护比钢桥简单便宜。

其缺点是跨越能力不如钢结构大,施工速度不如钢结构快。

图 5.29(a)为实体双主梁截面,适用于双索面体系的混凝土主梁截面。两个分离的主梁之间由混凝土桥面板及横梁连接,拉索可直接锚固在主梁中心处,也可以锚在伸臂横梁的端部。这是一种较简单的混凝土主梁截面形式,也是近年来采用得较多的一种主梁截面形式。

图 5.29(b)为板式边主梁截面形式,可以满足大跨径斜拉桥的抗风要求。

图 5.29(c)为带有竖向腹板的矩形箱形截面,近年来已较少采用。

图 5.29(d)、(e)的主梁截面形式有良好的抗风性能,特别适用于风荷载较大的双索面密索体系斜拉桥。

图 5.29(f)、(g)、(h)、(i)为整体箱形截面,具有较大的抗弯、抗扭刚度,既适用于双索面体系斜拉桥,也适用于单索面斜拉桥。

图 5.29(j)、(k)是板式梁截面形式,其构造简单,梁高小,施工方便且抗风性能好,适用于双索面密索体系斜拉桥。

图 5.29(1) 是三角形双室箱形截面，不仅抗弯、抗扭刚度大，并且对抗风特别有利，既适用于双索面体系，又适用于单索面体系。

2. 钢梁

钢梁的主要优点是跨越能力大，施工速度快，质量可靠程度高。钢主梁自重小，将使拉索、索塔、基础的工程量得到可观节约。其缺点是钢主梁价格较高，后期养护工作量大，抗风稳定性差。但由于钢主梁具有明显的优势，除美国和日本等国家采用较多外，我国也越来越多采用钢主梁，如图 5.30 所示。

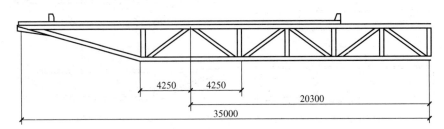

图 5.30 斜拉桥钢加劲梁截面

3. 叠合梁

叠合梁又称结合梁，由钢和混凝土两种材料组成。钢主梁、钢横梁及钢纵梁等组成钢梁，与混凝土桥面板通过连接构件形成一个整体叠合梁，作为主梁共同受力。钢主梁及钢横梁可在工厂加工制作，混凝土桥面板可以预制，精度较高，质量容易控制；现场拼装简便，施工迅速，工期短，且叠合梁梁高小，外观轻巧，体现了桥梁建设新技术等优点。

4. 混合梁

混合梁在中跨部分或全部采用钢主梁，两侧采用预应力混凝土主梁。这种结构的优点如下。

(1) 加大了边跨主梁的自重和刚度，减少了主跨的变形和内力。

(2) 可减小边跨端支点出现的负反力。

(3) 边跨预应力混凝土主梁容易架设，主跨钢主梁也可较容易地从主塔开始按悬臂法连续架设。

(4) 减小全桥钢梁长度，节约造价。预应力混凝土主梁与钢主梁的连接位置宜选择在弯矩和剪力较小的位置，同时要考虑施工方便和造价经济。连接位置一般距离主塔中心一定距离，以预应力混凝土主梁伸入主跨 20~40m 为宜。

5.4.2 拉索

拉索是斜拉桥的重要组成部分，并显示了斜拉桥的特点。斜拉桥桥跨结构的自重和桥上荷载绝大部分通过拉索传递到索塔上。每一根拉索都包括钢索和锚具两部分。钢索承受拉力，设置在钢索两端的锚具用来传递拉力。拉索的索力要根据设计要求进行调整，以使结构体系处于最佳工作状态。拉索的技术经济指标有强度、刚度、耐疲劳性能、耐腐蚀性能、施工难易和造价等。

1. 钢索的种类和构造

作为拉索的主体，钢索应由高强度钢筋、钢丝或钢绞线制作。钢索的种类主要有平行钢筋索、平行钢丝索、钢绞线索、封闭式钢缆，如图5.31所示。钢索必须满足以下要求：组成钢索的钢丝、钢绞线要排列整齐、规则；组成的钢索断面应紧密并易于成形，使每索中的钢丝或钢绞线受力均匀；钢索的形式应便于穿过预埋管道，并易于锚固；钢索应易于防护和施工安装等。

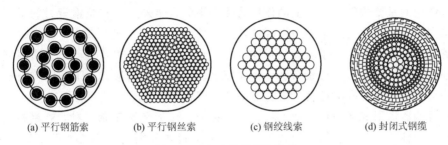

(a) 平行钢筋索　　(b) 平行钢丝索　　(c) 钢绞线索　　(d) 封闭式钢缆

图5.31　钢索的种类和构造

1）平行钢筋索

平行钢筋索由高强度钢筋平行布置组成，标准强度不低于1470MPa，施工操作过程繁杂，索中钢筋都有接头，目前已很少使用。

2）平行钢丝索

平行钢丝索（简称PWC）将若干根预应力钢丝平行并拢、扎紧，整体穿入聚乙烯套管内，并在张拉结束后压注水泥砂浆防护。平行钢丝索截面不要求是六角形，因此截面内的钢丝根数可以自由地选定。平行钢丝索的各项物理特性与平行钢筋索基本一致。

3）钢绞线索

钢绞线索的标准强度可达1860MPa，用钢绞线制成钢索可以进一步减轻拉索的重力。

4）封闭式钢缆

封闭式钢缆的结构紧密，截面孔隙率很小，水分不易浸入，表面光滑，使用镀锌钢丝制作，还可在钢丝上涂防锈脂，最外层再涂防锈涂料防护。

2. 拉索锚具

钢索只有在其两端配装了合适的锚具后才能成为可以承受拉力的拉索。锚具必须能顺畅地将索力传给索塔和主梁。锚具是斜拉桥极其重要的部件，它的质量和性能对整个斜拉桥结构的可靠性有着直接影响。常用的拉索锚具有热铸锚、镦头锚、冷铸锚及夹片群锚等几种。

锚具的主要构造为锚环、锚圈、锚垫板、填充固化料、防漏板及夹片等。为便于穿索、张拉，在锚具尾部须设置与张拉连接器及引出杆连接的附属构造。

3. 拉索的防护

拉索由钢材制成，如不加以防护，锈蚀将是十分惊人的。拉索的防护可分为钢丝防护和拉索防护两个方面。防护主要是防止拉索锈蚀。拉索的锈蚀主要是电化学腐蚀，因此采用的防护材料必须进行严格的检验分析，使它不含有腐蚀钢材的成分，并要求防护层有足够的强度而不致老化或开裂，有良好的耐候性，延长使用时间。目前最常用也较有效的拉索防护方法是热挤高密度聚乙烯套管，它不仅成本低、防腐效果好，而且可以工厂化生产，在制索的同时完成拉索的防护工作。

5.4.3 索塔

作用于斜拉桥主梁的恒载和活载通过拉索传递给索塔，因而索塔是通过拉索对主梁起弹性支承作用的重要构件。索塔上的作用力除索塔的自重外，还有拉索索力的垂直分力引起的轴向力、拉索索力的水平分力引起的弯矩和剪力。

索塔设计应满足强度、刚度和稳定性要求。索塔的结构形式及截面尺寸应根据索塔的强度、刚度、稳定性要求，拉索布置、桥面宽度、主梁的截面形式、下部结构及桥位处的地形等综合考虑确定，同时还要考虑施工简便、降低造价及造型美观等要求。

斜拉桥的索塔形式从桥梁立面上看，有独柱形、A 形和倒 Y 形三种，在横桥向又可做成单柱式、双柱式、门式、斜腿门式、倒 V 式、宝石式和倒 Y 式等多种形式，如图 5.32 所示。

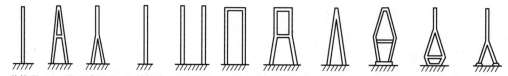

(a) 独柱形　(b) A 形　(c) 倒 Y 形　(d) 单柱式　(e) 双柱式　(f) 门式　(g) 斜腿门式　(h) 倒 V 式　(i) 宝石式　(j) 倒 Y 式(1)　(k) 倒 Y 式(2)

图 5.32　斜拉桥的索塔形式

5.5　悬索桥构造

悬索桥

悬索桥，又名吊桥。其特点是通过索塔悬挂并锚固于两岸（或桥两端）的缆索（或钢链）作为上部结构主要承重构件。其缆索几何形状由力的平衡条件决定，一般接近抛物线。从缆索垂下许多吊索，把桥面吊住，在桥面和吊索之间常设置加劲梁，同缆索形成组合体系，以减小活载所引起的挠度变形。现代悬索桥一般由索塔、锚碇、主索、吊索、加劲梁及索鞍等主要部分组成，如图 5.33 所示。

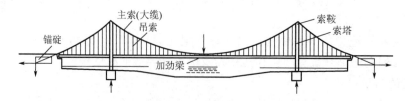

图 5.33　悬索桥结构

1. 索塔

索塔是悬索桥最重要的构件。大跨度悬索桥的索塔主要采用钢结构和钢筋混凝土结构。其结构形式可分为桁架式、刚架式和混合式三种。

2. 锚碇

锚碇是主索的锚固构造。主索中的拉力通过锚碇传至基础。通常采用的锚碇有两种形式：重力式和隧洞式。

3. 主索

主索是悬索桥的主要承重构件，可采用钢丝绳钢缆或平行丝束钢缆，大跨度悬索桥的主索多采用后者。

4. 吊索

吊索也称吊杆，是将加劲梁等恒载和桥面活载传递到主索的主要构件。吊索与主索联结有两种方式：鞍挂式和销接式。吊索与加劲梁联结也有两种方式：锚固式和销接固定式。

5. 加劲梁

加劲梁是承受风载和其他横向水平力的主要构件。大跨度悬索桥的加劲梁均为钢结构，通常采用桁架梁和箱形梁。预应力混凝土加劲梁仅适用于跨径500m以下的悬索桥，工程中大多采用箱形梁。

6. 索鞍

索鞍是支承主索的重要构件，可分为塔顶索鞍和锚固索鞍。塔顶索鞍设置在索塔顶部，将主索荷载传至塔上；锚固索鞍（亦称散索鞍）设置在锚碇的支架处，把主索的钢丝绳束在水平及竖直方向分散开来，并将其引入各自的锚固位置。

5.6 桥梁附属构造

桥梁的附属设施通常由桥面铺装、防水层和排水设施、栏杆、灯柱、护栏、人行道（或安全带）、伸缩装置等组成，如图5.34所示，桥梁的附属设施虽然不是主要承重结构，但它对桥梁功能的正常发挥、对主要构件的保护、对车辆行人的安全以及桥梁的美观等都十分重要，因此应给予足够的重视。

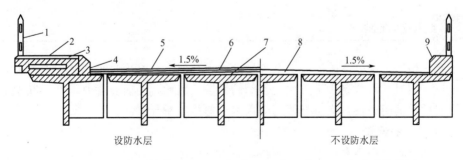

1—栏杆；2—人行道铺装层；3—人行道；4—缘石；5，8—行车道铺装层；
6—防水层；7—三角垫层；9—安全带

图5.34 桥梁的附属设施组成

5.6.1 桥面铺装

桥面铺装的功能是保护行车道板结构不受车辆轮胎（或履带）的直接磨耗，防止主梁遭受雨水的侵蚀，并能对车辆轮重的集中荷载起到一定的分散作用。桥面铺装部分在桥梁恒载中占有相当的比例，特别对于小跨径桥梁尤为显著，故应尽量设法减小铺装的重力。

钢筋混凝土和预应力混凝土梁桥的桥面铺装，目前使用下列几种类型。

1. 普通水泥混凝土或沥青混凝土铺装

在非严寒地区的小跨径桥上，通常桥面内可不做专门的防水层，而直接在桥面上铺筑厚度不小于 8cm 的普通水泥混凝土或厚度不小于 5cm 的沥青混凝土铺装层。铺装层的混凝土一般用与桥面板混凝土相同的等级或略高一级且不小于 C40。

2. 防水混凝土铺装

当位于非冰冻地区的桥梁需做适当的防水时，可在桥面板上铺筑 8~10cm 的防水混凝土作为铺装层。防水混凝土的强度等级一般不低于桥面板混凝土的强度等级，其上一般可不另设面层，但为延长桥面的使用年限，宜在上面铺筑 2cm 的沥青表面处治，作为可修补的磨耗层。

5.6.2 防水层

防水层设置在行车道铺装层下面，将透过铺装层渗下的雨水汇集到排水设施排出。其常用类型有以下两种。

（1）卷材防水层：采用沥青或改性沥青防水卷材以及浸渍沥青的无纺土工布等。为避免防水层在施工中被损坏，其上宜敷设厚度 10mm 的 AC-10 或 AC-5 沥青混凝土或单层沥青表面处治。

（2）涂料防水层：在混凝土结构表面涂刷防水涂料以形成防水层或附加防水层。防水涂料可使用沥青胶结材料或合成树脂、合成橡胶的乳液或溶液，或者环氧沥青或聚氨酯。它们按单层或双层浇筑，最上一层撒砂，以增强其与面层的机械黏附。

5.6.3 排水设施

对于寒冷地区，水分渗入混凝土微细裂纹或大孔隙内，温度过低结冰时会导致混凝土的冻胀破坏，同时，水分侵袭钢筋也会使钢筋锈蚀。因此，为防止雨水滞积于桥面并渗入梁体而影响桥梁的耐久性，应引导桥上的雨水迅速排出桥外。

1. 桥面横坡的设置

为了迅速排除桥面雨水，通常除使桥梁设有纵向坡度外，尚应将桥面铺装沿横向设置双向的桥面横坡。对于沥青混凝土或水泥混凝土铺装，横坡为 1.5%～3%。行车道路面普遍采用抛物线形横坡，人行道则用直线形。在较宽的桥梁（如城市桥梁）中，用三角垫层设置横坡将使恒载增加过多，在此情况下，可将行车道板做成双向倾斜的横坡（图 5.35），但这样会使主梁的构造和施工稍趋复杂。

2. 桥面排水设施

通常当桥面纵坡大于2%而桥长小于50m时,雨水可流至桥头从引道上排除,桥上就不必设置专门的泄水孔道。为防止雨水冲刷引道路基,应在桥头引道的两侧设置流水槽。当纵坡大于2%,但桥长超过50m时,宜在桥上每隔12~15m设置一个泄水管。如纵坡小于2%,则宜每隔6~8m设置一个泄水管。泄水管的过水面积通常是每平方米桥面上不少于2~3cm^2,泄水管可以沿行车道两侧左右对称排列,也可交错排列,其离缘石的距离为10~50cm(图5.36)。

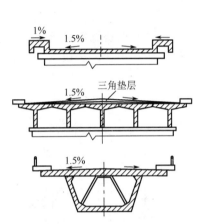

图5.35 桥面横坡的设置

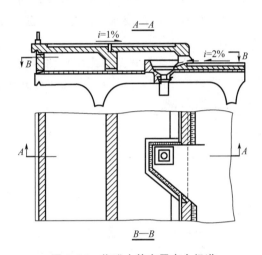

图5.36 将泄水管布置在人行道

对于跨线桥和城市桥梁,最好像建筑物那样设置完善的排水管道,将雨水排至地面阴沟或下水道内(图5.37)。

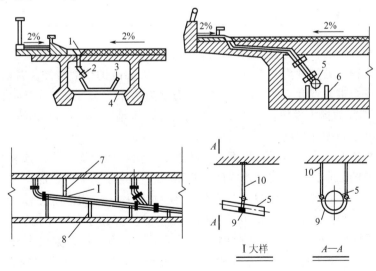

1—泄水漏斗;2—泄水管;3—钢筋混凝土斜槽;4—横梁;5—纵向排水管;6—支撑结构;
7—悬吊结构;8—支柱;9—弧形箍;10—吊杆

图5.37 城市桥梁排水设施

5.6.4　栏杆、灯柱和护栏

桥梁栏杆设置在人行道上,其功能主要在于防止行人和非机动车辆掉入桥下。其设计应符合受力要求,并注意美观,高度不应小于 1.1m。应注意,在靠近桥面伸缩缝处所有的栏杆,均应断开使扶手与柱之间能自由变形。

在城市桥梁以及城郊行人和车辆较多的公路桥梁上,都要设置照明设备。桥梁照明应防止眩光,必要时应采用严格控光灯具,而不宜采用栏杆照明方式。照明灯柱可以设在栏杆扶手的位置上,在较宽的人行道上也可以设在靠近路缘石处。照明用灯一般高出车道 8~12m。

为了避免机动车辆碰撞行人和机动车辆的严重事故发生,需根据桥梁防撞等级设置桥梁护栏。桥梁护栏按构造特征可分为梁柱式护栏、钢筋混凝土墙式护栏、金属制护栏和组合护栏,如图 5.38 所示。

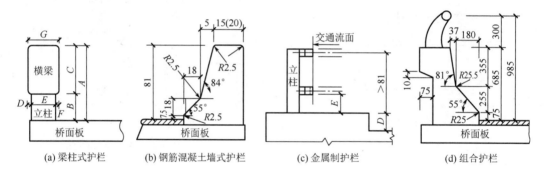

图 5.38　桥梁护栏构造（尺寸单位：cm）

5.6.5　人行道

位于城镇和近郊的桥梁均应设置人行道,其宽度和高度应根据行人的交通流量和周围环境来确定,人行道的宽度为 0.75m 或 1.00m,按 0.50m 的倍数增加。若两侧无人行道,则两侧应设置安全带,宽度为 0.50~0.75m,高度为 0.25~0.35m。人行道顶面应做成倾向桥面 1%~1.5% 的排水横坡,城市桥梁人行道顶面可铺彩砖,以增加美观。此外,人行道在桥面断缝处必须做伸缩缝。

人行道的构造形式多种多样,根据不同的施工方法有就地浇筑式、预制装配式、部分装配和部分现浇的混合式。就地浇筑式的人行道现在已经很少采用。而预制装配式的人行道具有构件标准化、拼装简单化等优点,在各种桥梁结构中应用广泛。

图 5.39(a) 为预制的 F 形人行道,它搁置在主梁上,适用于各种净宽的人行道,人行道下可以放置过桥管线,但检修更换十分困难;图 5.39(b) 为人行道附设在板上,人行道部分用填料填高,上面敷设 2~3cm 砂浆面层或沥青砂,人行道内缘设置缘石;图 5.39(c) 为小跨径桥上将人行道部分墩台加高,在其上搁置独立的人行道板;图 5.39(d) 为就地浇筑式人行道,适用于整体浇筑的钢筋混凝土梁桥,而将人行道设在挑出的悬臂上,这样可以缩短墩台宽度,但施工不太方便。

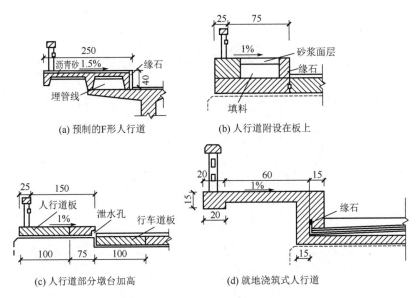

图 5.39 人行道的一般构造（尺寸单位：cm）

5.6.6 伸缩装置

桥梁伸缩装置的主要作用是保证桥跨结构在温度变化、活载作用、混凝土收缩与徐变等影响下按静力图式自由地变形。一般桥面两梁端之间以及在梁端与桥台背墙之间需要设置伸缩缝（也称变形缝）。伸缩缝不但要保证梁能自由变形，而且要使车辆在设缝处平顺地通过并防止雨水、垃圾泥土等渗入阻塞。对于城市桥梁还应考虑伸缩缝的构造在车辆通过时减少噪声，并保证施工和安装方便，除其部件本身要有足够的强度外，还应与桥面铺装部分牢固连接。对于敞露式的伸缩缝要便于检查和清除缝下沟槽的污物。在设置伸缩装置处，栏杆与桥面铺装也要断开。

桥梁伸缩装置有异型钢单缝式、橡胶式、梳齿板式和模数式等伸缩装置。伸缩装置的选型主要视桥梁变形量的大小和活载轮重而定，目前最大适应伸缩量可达 2000mm。下面介绍几种常见的伸缩装置类型。

1. 异型钢单缝式伸缩装置

异型钢单缝式伸缩装置是采用热轧整体成形的异型钢材设计的桥梁伸缩装置，伸缩体完全由橡胶密封带组成，适用于伸缩量为 80mm 以下的桥梁接缝，如图 5.40 所示。

2. 橡胶式伸缩装置

橡胶式伸缩装置分为板式橡胶伸缩装置和组合式橡胶伸缩装置两种。

伸缩体为由橡胶、钢板或角钢硫化为一体的板式橡胶伸缩装置，适用于伸缩量小于 60mm 的桥梁；伸缩体为由橡胶板和钢托板组合而成的组合式橡胶伸缩装置，适用于伸缩量不大于 120mm 的桥梁。图 5.41 为氯丁橡胶具有 2 个圆孔的嵌条伸缩装置。

3. 梳齿板式伸缩装置

梳齿板式伸缩装置（图 5.42）一般适用于伸缩量不大于 300mm 的桥梁工程。

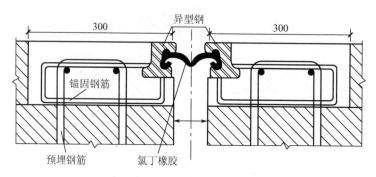

图 5.40 异型钢单缝式伸缩装置

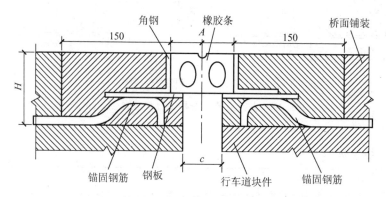

A—橡胶条宽度；c—行车道块件间宽度；H—桥面铺装厚度

图 5.41 氯丁橡胶具有 2 个圆孔的嵌条伸缩装置

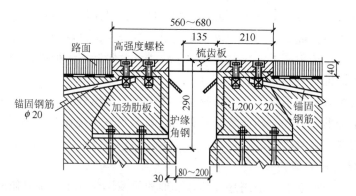

图 5.42 梳齿板式伸缩装置

4. 模数式伸缩装置

　　模数式伸缩装置采用整体成形的异型钢材制成，由边梁、中梁、横梁、位移控制系统、密封橡胶带等构件组成（图 5.43）。其特点是整体性好、抗弯抗压强度高，车辆经过时平稳无跳，噪声低，适用于各种弯、坡、斜、宽桥梁。模数式伸缩缝位移量的设计可根据实际需要按照一定模数任意组拼，适用于伸缩量为 160～2000mm 的桥梁工程。

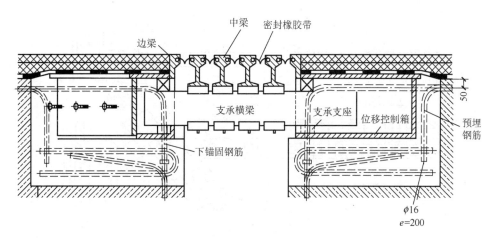

图 5.43 模数式伸缩装置

5.7 桥梁墩台构造

桥梁墩台是桥梁结构的重要组成部分，称为桥梁的下部结构，它是桥梁的主要受力构件。

桥梁墩台是指多跨（不少于两跨）桥梁的中间支承结构，是支承桥跨结构（又称上部结构）和传递桥梁荷载的结构物。它除承受上部结构自重以及作用于其上的车辆荷载作用外，还将荷载传给地基，而且还承受流水压力、水面以上风力以及可能出现的冰压力、船只和漂流物的撞击力等。桥台是设置在桥的两端、支承桥跨结构并与两岸接线路堤衔接的构造物。它既要挡土护岸，又要承受台背填土及填土上车辆荷载所产生的附加土压力。桥梁墩台的形式总体上可分为两大类：重力式墩台、轻型墩台。

5.7.1 桥墩

1. 重力式桥墩

重力式桥墩由墩帽、墩身和基础组成（图 5.44）。

1）墩帽

墩帽是桥墩的顶端，它通过支座承托上部结构，并将相邻两孔桥上的恒载和活载传到墩身上。由于它受到支座传来的很大的集中力作用，所以要求有足够的厚度和强度。

墩帽一般要用 C20 以上的混凝土浇筑，加配构造钢筋，小跨径桥非严寒地区可不设构造钢筋。墩帽钢筋布置如图 5.45 所示。对于小桥，也可用 M5 以上砂浆砌 MU25 以上料石作墩帽。

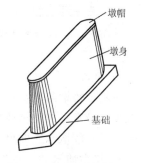

图 5.44 重力式桥墩组成

当桥面的横向排水坡不用桥面三角垫层调整时，可在墩帽顶面从中心向两端横桥向做成一定的排水坡，四周应挑出墩身 5~10cm 作为滴水（檐口）。

对一些宽桥或高墩桥梁，为了节省墩身圬工体积，常常将墩帽做成悬臂式。悬臂的长

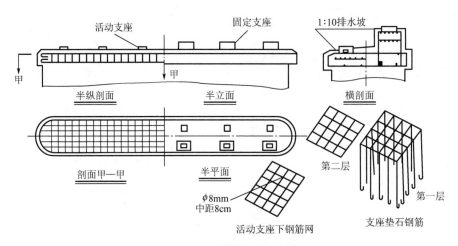

图 5.45 墩帽钢筋布置

度和宽度根据上部结构的形式、支座的位置及施工荷载的要求确定。一般要求，悬臂式墩帽的混凝土强度等级要高些，墩帽端部的最小高度不小于 0.3～0.4m。

2）墩身

墩身是桥墩的主体部分，实体重力式桥墩如图 5.46 所示。

实体重力式桥墩的截面形式有圆端形、尖端形、矩形、圆形、菱形等，如图 5.47 所示。其中圆形、圆端形、尖端形的导流性好，圆形截面对各方向的水流阻力和导流情况相同，适用于潮汐河流或流向不定的桥位。矩形桥墩主要用于无水的岸墩或高架桥墩。

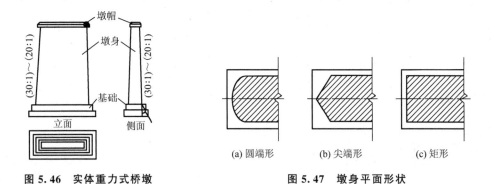

图 5.46 实体重力式桥墩　　　　图 5.47 墩身平面形状

3）基础

基础是桥墩与地基直接接触的部分，其类型与尺寸往往取决于地基条件，尤其是地基承载力。最常见的是刚性扩大基础，一般采用 C15 以上片石混凝土或浆砌块石筑成。基础的平面尺寸较墩身底面尺寸略大，四周各放大 20cm 左右，基础可以做成单层，也可以做成 2～3 层台阶式的。台阶的宽度以基础用材的刚性角控制。

2. 桩（柱）式桥墩

桩（柱）式桥墩由分离的两根或多根立柱（或桩柱）组成。其外形美观、圬工体积小、自重轻，一般用于桥跨径不大于 30m、墩身不高于 10m 的情况。桩（柱）式桥墩形式多样，图 5.48 为其常用形式，其中图 5.48(a) 为灌注桩顶浇一承台，然后在承台上设立柱，或在浅基础上设立柱［图5.48(b)］，再在立柱上浇盖梁。图5.48(c)、(d)、(f)、(g)均为双柱式。图5.48(c)为双柱间设哑铃式隔梁，图5.48(d)为柱实体式的混合墩，图5.48(f)和(g)桩既作墩身，又作基础，在桩上浇盖梁，当采用大直径灌注桩时，水面以上部分可减小桩径，但在变径处需设置横系梁。图5.48(e)为单柱式，适用于窄桥。

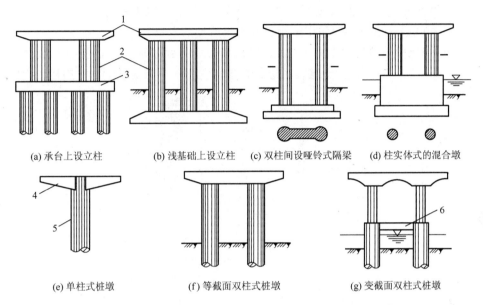

1—盖梁；2—立柱；3—承台；4—悬臂盖梁；5—单立柱；6—横系梁

图5.48 桩（柱）式桥墩常用形式

盖梁是桩（柱）式桥墩的墩帽，一般采用钢筋混凝土就地浇筑，混凝土采用C20～C30，也有采用预制安装或预应力混凝土的。为加强桩（柱）的整体性，桩（柱）式桥墩的柱身间应设置横系梁，其截面高度和宽度可分别取桩（柱）径的0.8～1.0倍和0.6～0.8倍，横系梁一般不直接承受外力。

3. 柔性排架桩墩

柔性排架桩墩的主要特点是，上部结构传来的水平力（制动力、温度影响力等）按各墩台的刚度分配到各墩台，作用在每个柔性墩台上的水平力较小，而作用在刚性墩台上的水平力很大，如图5.49所示。因此，柔性排架桩墩截面尺寸得以减小，具有用料省、施工进度快、修建简便等优点，主要缺点是用钢量大。

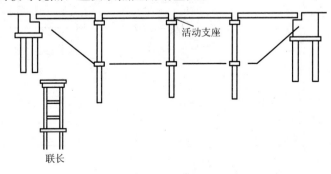

图5.49 柔性排架桩墩的布置

柔性排架桩墩多用于墩高 5～7m、跨径 13m 以下、桥长 50～80m 的中小型桥中；不宜用在山区河流或漂流物严重的河流。

4. 钢筋混凝土薄壁式和空心桥墩

钢筋混凝土薄壁式桥墩［图 5.50(a)］墩身直立，厚度为墩高的 1/15～1/10，一般为 30～50cm，采用 C15 以上混凝土。其特点是圬工体积小，结构轻巧，比重力式桥墩节约圬工数量 70％左右，但会耗用较多的钢材及立模所需的木料。

钢筋混凝土空心桥墩［图 5.50(b)］的外形与重力式桥墩无大的差别。其主要区别是，墩身内部做成空腔体，大大减轻了墩的自重，它介于重力式桥墩与轻型桥墩之间。

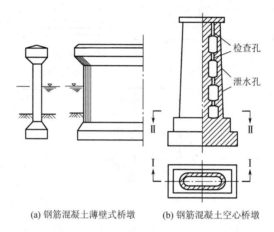

(a) 钢筋混凝土薄壁式桥墩　　(b) 钢筋混凝土空心桥墩

图 5.50　钢筋混凝土薄壁式和空心桥墩

钢筋混凝土空心桥墩有两种形式，一种为中心镂空式桥墩，另一种为薄壁空心桥墩。

(1) 中心镂空式桥墩是在重力式桥墩基础上镂空中心一定数量的圬工体积，目的是减少圬工数量，使结构更经济，减轻桥墩自重，降低对地基承载力的要求。但镂空有一个基本前提，即保证桥墩截面强度和刚度足以承担和平衡外力，从而保证桥墩的稳定性。

(2) 薄壁空心桥墩系用强度高、墩身壁较薄的钢筋混凝土构筑而成的空格形桥墩。其最大特点是大幅度削减了墩身圬工体积和墩身自重，降低了地基负荷，因而适用于软弱地基桥墩。

常见的几种空心桥墩横截面如图 5.51 所示。

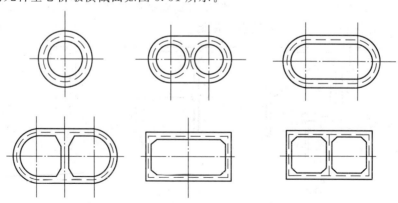

图 5.51　常见的几种空心桥墩横截面

5. 刚构式桥墩

大跨径桥梁为加大跨径，减轻墩身自重，可采用各种形式的刚构式桥墩（图 5.52），由于这种桥墩能缩短上部结构的跨径，因而减小了上部结构所产生的弯矩。除了图 5.52 中的 V 形、Y 形、X 形外，还有斜腿形等。刚构式桥墩的外形美观，减少了桥墩数量，但施工比较复杂，需设置临时墩和钢脚手架支承斜臂的重力。

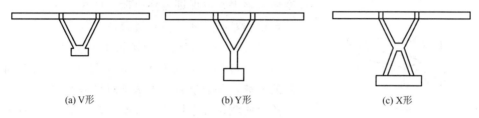

(a) V 形　　　　　　(b) Y 形　　　　　　(c) X 形

图 5.52　刚构式桥墩

6. 轻型桥墩

小跨径的梁桥，一般可采用石砌的或混凝土的轻型桥墩（图 5.53）。

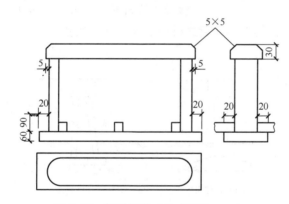

图 5.53　轻型桥墩（尺寸单位：cm）

墩帽用混凝土建筑，厚度不小于 30cm，墩帽上预埋栓钉，以与上部结构栓孔相适应。墩身用混凝土或浆砌片（块）石做成，宽度不小于 60cm，两边坡度直立。基础用 C15 混凝土或浆砌片（块）石做成，平面尺寸较墩身底面略大 20cm。墩下部应设钢筋混凝土支撑梁，断面尺寸为 20cm×30cm，间距为 2～3m，若采用浆砌片（块）石或混凝土浇筑，则支撑梁尺寸不应小于 40cm×40cm。

5.7.2　桥台

桥台按其构造形式分为以下几种。

1. 重力式 U 形桥台

重力式 U 形桥台台身由前墙和侧墙组成，如图 5.54 所示。

梁桥重力式 U 形桥台防护墙顶宽，对片石砌体不宜小于 50cm，对块石、料石砌体及混凝土不宜小于 40cm。前墙任一水平截面的宽度，不宜小于该截面至墙顶高度的 2/5。背坡一般采用（5∶1）～（8∶1），前坡为 10∶1 或直立。侧墙外侧直立，内侧为（3∶1）～

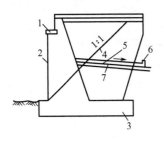

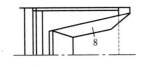

1—台帽；2—前墙；3—基础；
4—锥形护坡；5—碎石；
6—盲沟；7—夯实填土；
8—侧墙

图 5.54 重力式 U 形桥台

(5∶1) 的斜坡，侧墙顶宽一般为 60～100cm，任一水平截面的宽度，对片石砌体不小于该截面至墙顶高度的 2/5，对块石、料石砌体及混凝土不小于 7/20；如桥台内填料为透水性良好的砂性土或砂砾，则上述两项可分别相应减为 7/20 和 3/10，侧墙尾端应有 0.75m 以上的长度伸入路堤，以保证与路堤衔接良好。

台帽和基础尺寸可参照桥墩拟定。

重力式 U 形桥台台心应填透水性良好的土，如砂性土或砂砾。台内一定高度处设黏土隔水层，设置向台后方向的斜坡，并通过盲沟将水排向路基外。

桥台两侧设锥形护坡，坡度由纵向的 1∶1 逐渐变到横向的 1∶1.5，锥形护坡的平面形状为 1/4 椭圆，坡用土夯实填筑，其表面用片石砌筑。

2. 埋置式桥台

埋置式桥台是将台身埋在锥形护坡内，只露出台帽在外，以安置支座及上部构造。埋置式桥台形式多样，如图 5.55 所示。

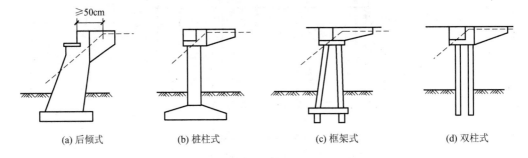

图 5.55 埋置式桥台

埋置式桥台不设侧墙，仅设短小的钢筋混凝土耳墙，伸进路堤长度一般不小于 50cm，台顶部分的内角到路堤锥形护坡表面的距离不应小于 50cm，否则应在台顶缺口处的两侧设置横隔梁。埋置式桥台台身用混凝土、片石混凝土或浆砌块石做成。埋置式桥台的缺点是由于护坡伸入桥孔，使桥长增长。

3. 八字式和一字式桥台

八字式和一字式桥台（图 5.56）基本与重力式桥台相同，仅不设锥形护坡，用八字墙或一字墙代替，在河堤上修建桥梁时可采用。

当台身两侧为独立的翼墙，将台身与翼墙分开，并在其间设变形缝。其中，台身与翼墙斜交时，为八字式桥台；台身与翼墙在同一平面时，则为一字式桥台。八字墙和一字墙除能挡住路堤填土外，还起引导河流的作用。这类桥台适用于河岸稳定、桥台不高、河床压缩小的中小跨径桥，以及跨越人工河道的桥和立交桥。

4. 薄壁式桥台

薄壁式桥台常用的形式有悬臂式、扶壁式、撑墙式和箱式，如图 5.57 所示，其主要

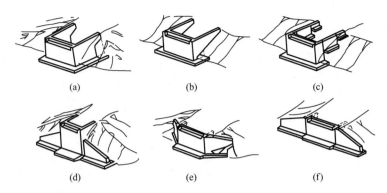

图 5.56 八字式和一字式桥台

特点是利用钢筋混凝土结构的抗弯能力来减少圬工体积,从而使桥台轻型化。相对而言,悬臂式桥台的柔性较大,钢筋用量较大,而撑墙式和箱式桥台刚度大,但模板用量多。

钢筋混凝土薄壁式桥台由扶壁式挡土墙和薄壁侧墙组成(图 5.58)。钢筋混凝土薄壁式桥台可以减少圬工体积达 40%~50%,同时因自重减轻而减小了对地基的压力,故适用于软弱地基情况。但是其构造复杂,施工较困难,并且钢筋用量较多。

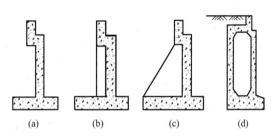

图 5.57 薄壁式桥台

5. 轻型桥台

轻型桥台与前述轻型桥墩类似,但尚需承受台后土压力。上部构造与台帽间应用栓钉连接,其间空隙应用小石子混凝土填塞或砂浆填塞(图 5.59),栓钉直径不宜小于上部构造主筋的直径,锚固长度为台帽厚度加上三角垫层和板厚。轻型桥台翼墙有八字式、一字式和耳墙式(图 5.60)。

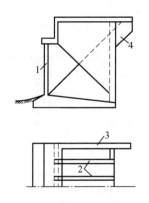

1—前墙;2—扶壁;3—侧墙;4—耳墙

图 5.58 钢筋混凝土薄壁式桥台

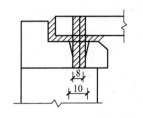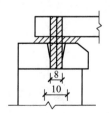

图 5.59 栓钉连接构造(尺寸单位:cm)

对于单跨或少跨的小跨径桥,在条件许可的情况下,可在轻型桥台基础间设置 3~5 根支撑梁,而成为支撑梁轻型桥台(图 5.61)。

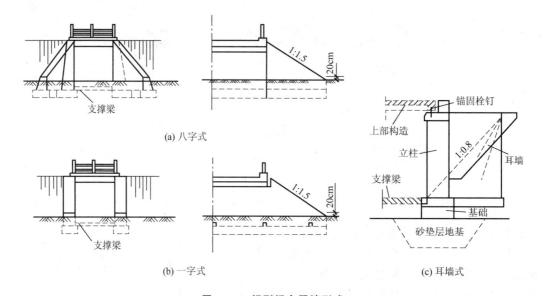

图 5.60　轻型桥台翼墙形式

6. 框架式桥台

框架式桥台由台帽、桩柱及基础或承台组成，是一种在横桥向呈框架式结构的桩基础轻型桥台。其桩基埋入土中，所受土压力较小，适用于地基承载力较低，台身高度大于 4m、跨径大于 10m 的梁桥，构造形式有双柱式、多柱式、肋墙式、半重力式和双排架式、板凳式等。框架柱式桥台如图 5.62 所示。

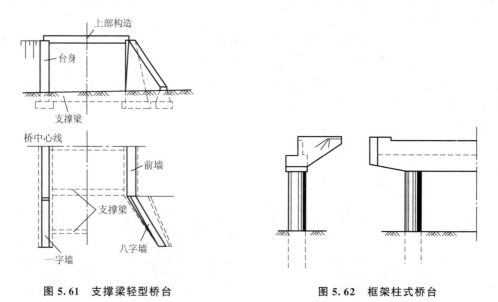

图 5.61　支撑梁轻型桥台　　　　图 5.62　框架柱式桥台

7. 组合式桥台

为使桥台轻型化，可以将桥台上的外力分配给不同对象来承担，如计桥台本身主要承受从桥跨结构传来的竖向力和水平力，而台后的土压力由其他结构来承担，这就形成了由分工不同的结构组合而成的桥台，即组合式桥台。常见的组合式桥台有锚碇板式、过梁式、框架式以及桥台与挡土墙组合式等,下面主要介绍锚碇板式组合桥台。

锚碇板式组合桥台由台身承受竖向力,锚碇板提供抗拔力与土压力平衡,根据结构不同又有分离式与结合式之分,如图5.63所示。分离式是将承受竖向力的台身与承受水平力的锚碇板和挡土结构分开;而结合式是将这两部分结合在一起,台身兼作立柱和挡土板。

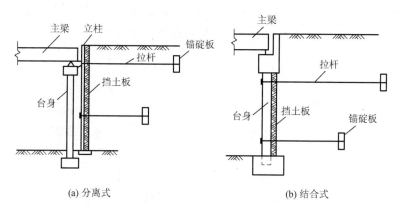

图 5.63 锚碇板式组合桥台

5.8 桥梁支座构造

支座是设置在桥梁上部结构与下部结构之间的重要联系构件,其主要作用是将上部结构的支承反力,包括结构自重和可变作用引起的竖向力和水平力传递到桥梁的墩台,同时保证结构在活载、温度变化、混凝土收缩和徐变等因素作用下能自由变形,以使上下部结构的实际受力情况符合结构的静力图式,如图5.64所示。

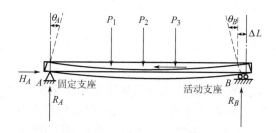

$P_1 \sim P_3$—集中荷载;R_A,R_B—支座竖向反力;H_A—支座水平推力;
θ_A,θ_B—支座转角;ΔL—支座水平位移

图 5.64 简支梁的静力图式

5.8.1 支座类型及其构造

按支座变形的可能性,梁式桥的支座一般分成固定支座和活动支座两种形式。固定支座既要将主梁固定在墩台的位置上,传递竖向压力;又要保证主梁发生挠曲时在支承处能够自由转动。活动支座只传递竖向压力,并保证主梁在支承处既能自由转动又能水平移

动。常用的支座有板式橡胶支座、盆式橡胶支座、抗震支座等。

1. 板式橡胶支座

板式橡胶支座由数层薄橡胶片与薄钢板镶嵌、黏合、压制而成，如图5.65所示。它的活动机理是，利用橡胶的不均匀弹性压缩实现转角θ；利用其剪切变形实现微量水平位移Δ。板式橡胶支座一般不分固定支座和活动支座，这样能将水平力均匀地传递给各个支座，如有必要设置固定支座可采用不同厚度的橡胶支座来实现。

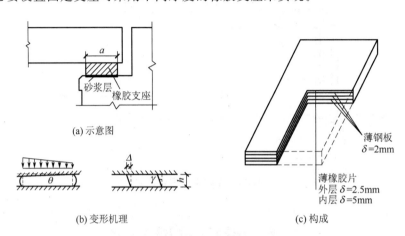

图5.65 板式橡胶支座结构

国产板式橡胶支座的承载能力范围为100～10000kN，适用于中小跨径桥梁。板式橡胶支座有矩形和圆形。弯、坡、斜、宽桥梁宜选用圆形板式橡胶支座。支座的橡胶材料有氯丁橡胶、三元乙丙橡胶、天然橡胶，根据地区温度，-25～$+60$℃地区可选用氯丁橡胶；-40～$+60$℃地区可选用三元乙丙橡胶或天然橡胶。

目前常用的矩形板式橡胶支座的平面尺寸有0.12m×0.14m、0.14m×0.18m、0.15m×0.20m等多种规格，薄橡胶片的厚度为5mm，薄钢板的厚度为2mm，支座厚度可根据所需的橡胶支座剪切位移而采用不同层数组合而成，一般从14mm（两层钢板）开始，以7mm为一个台阶递增。

聚四氟乙烯滑板式橡胶支座是在普通板式橡胶支座上按照支座尺寸大小粘贴一层2～4mm的聚四氟乙烯板，除具有普通板式橡胶支座的竖向刚度与压缩变形，且能承受垂直荷载及适应梁端转动外，还能利用聚四氟乙烯板与梁底不锈钢板间的低摩阻系数，使桥梁上部结构水平位移不受限制。此外，这种支座还可在顶推、横移等施工中作滑板使用。

2. 盆式橡胶支座

盆式橡胶支座是一种钢结构与橡胶组合而成的新型桥梁支座，具有承载能力大、水平位移量大、转动灵活等特点，适用于支座承载力为1000kN以上的大跨径桥梁，如图5.66所示。盆式橡胶支座分为固定支座与活动支座。

它由不锈钢板、聚四氟乙烯板、盆环、氯丁橡胶板、钢密封圈、钢盆塞及氯丁橡胶防水圈等组成。它是利用设置在盆环中的氯丁橡胶板来达到对上部结构具有承压和转动的功能，利用聚四氟乙烯板和不锈钢板之间的平面滑动来满足桥梁的水平位移要求。国内常用的盆式橡胶支座有GPZ型、TPZ型、QPZ型等系列。

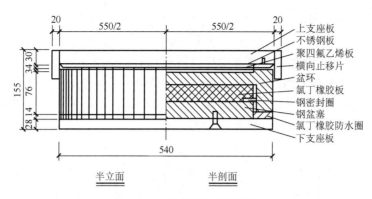

图 5.66 盆式橡胶支座结构

3. 抗震支座

地震地区的桥梁应使用具有抗震和减震功能的支座。减震和隔震支座的作用是尽可能地将结构或部件与可能引起破坏的地震地面运动分离开来,以大大减少传递到上部结构的地震力和能量。目前国内主要的减(隔)震支座、抗震支座的类型有抗震型球形钢支座、铅芯橡胶支座和高阻尼橡胶支座等。

5.8.2 支座的布置

支座的布置,应以有利于墩台传递纵向水平力、梁体的自由变形为原则。根据梁桥的结构体系以及桥宽,支座在纵、横桥向的布置方式主要有以下几种。

(1)对于坡桥,宜将固定支座布置在高程低的墩台上。同时,为了避免整个桥跨下滑,影响车辆的行驶,通常在设置支座的梁底面增设局部的楔形构造。

(2)对于简支梁桥,每跨宜布置一个固定支座、一个活动支座;对于多跨简支梁桥,一般把固定支座布置在桥台上,每个桥墩上布置一个(组)活动支座与一个(组)固定支座。若个别墩较高,也可在高墩上布置两个(组)活动支座。

图 5.67(a)为地震区单跨简支梁桥常用布置,也称"浮动"支座布置;图 5.67(b)为整体简支板桥或箱梁桥常用支座布置。

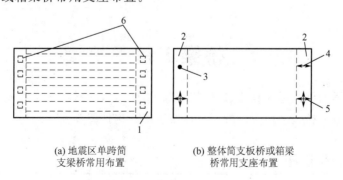

(a) 地震区单跨简支梁桥常用布置

(b) 整体简支板桥或箱梁桥常用支座布置

1,2—桥台;3—固定支座;4—单向活动支座;
5—多向活动支座;6—橡胶支座

图 5.67 单跨简支梁桥支座布置

（3）对于连续梁桥及桥面连续的简支梁桥，一般在每一联设置一个固定支座，并宜将固定支座设置在靠近联长中心的位置，以使全梁的纵向变形分散在梁的两端，其余墩台上均设置活动支座。在设置固定支座的桥墩（台）上，一般采用一个固定支座，其余为横桥向的单向活动支座；在设置活动支座的所有桥墩（台）上，一般沿设置固定支座的一侧，布置顺桥向的单向活动支座，其余均为双向活动支座。图 5.68 为连续结构支座布置。

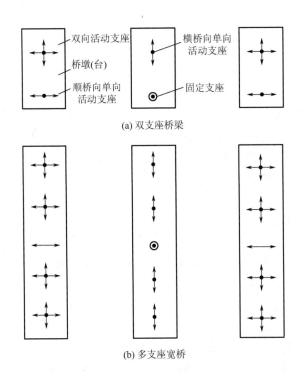

图 5.68　连续结构支座布置

（4）对于悬臂梁桥，锚固孔一侧布置固定支座，另一侧布置活动支座；挂孔支座布置与简支梁桥相同。

5.9　桥梁工程图识读

虽然各种桥梁的结构形式和建筑材料不同，但图示方法基本上是相同的。表示桥梁工程的图样一般可分为桥位平面图、桥梁总体布置图、构件图等。

5.9.1　桥位平面图

桥位平面图主要表示桥梁的所在位置，与路线的连接情况，以及与地形、地物的关系，其画法与路线平面图相同，只是所用的比例较大，如图 5.69 所示。

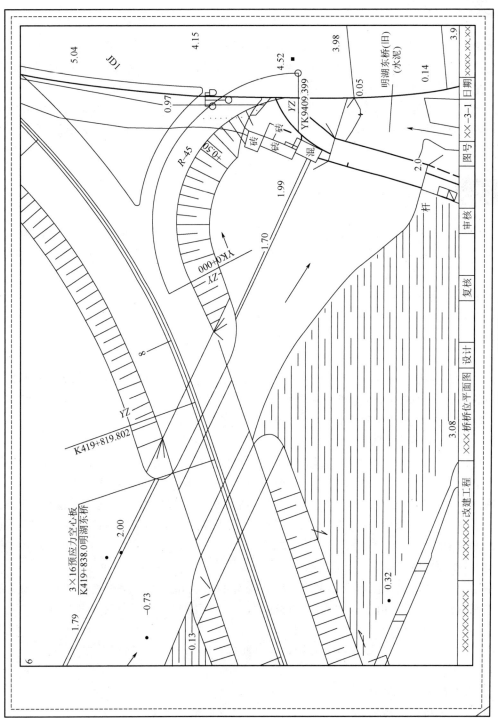

图5.69 桥位平面图

5.9.2　桥梁总体布置图

桥梁总体布置图是指导桥梁施工的最主要图样，它主要表明桥梁的形式、跨径、孔数、总体尺寸、桥面标高、桥面宽度、各主要构件的相互位置关系，桥梁各部分的标高、材料数量以及总的技术说明等，一般由立面图、平面图和剖面图组成。

图 5.70 所示为总体布置图，绘图比例采用 1∶200，该桥为三孔钢筋混凝土空心板简支梁桥，桥墩的基础采用钢筋混凝土钻孔灌注桩，桥上部承重构件为钢筋混凝土空心板梁。

5.9.3　构件图

在总体布置图中，由于比例较小，不可能将桥梁各种构件都详细地表示清楚，为了实际施工和制作的需要，还必须用较大的比例画出各构件的形状大小和钢筋构造，构件图常用的比例为 (1∶50)~(1∶10)。

1. 钢筋混凝土空心板图

钢筋混凝土空心板是该桥梁上部结构中最主要的受力构件，两端搁置在桥墩和桥台上。

1) 空心板构造图

图 5.71 为边跨 16m 空心板一般构造图，由立面图、平面图和断面图组成，主要表达空心板的形状、构造和尺寸。整个桥宽由 20 块板拼成，按不同位置分为三种：中板（中间共 16 块）、次边板（两侧各 1 块）、边板（两边各 1 块）。

2) 空心板钢筋构造图

每种钢筋混凝土板都必须绘制钢筋构造图，现以边板为例介绍，图 5.72 为 16m 板边板钢筋构造图。整块板共有 22 种钢筋，每种钢筋都绘出了钢筋详图。这样几种图互相配合，对照阅读，再结合列出的钢筋明细表，就可以清楚地了解该板中所有钢筋的位置、形状、尺寸、规格、直径、数量等内容，以及弯筋、斜筋及整个钢筋骨架的焊接位置和长度。

2. 桥墩图

1) 桥墩构造图

图 5.73 为桥墩构造图，主要表达桥墩各部分的形状和尺寸。这里绘制了桥墩的立面图、平面图和侧面图，由于桥墩是左右对称的，故立面图和平面图均只画出一半。

2) 桥墩的钢筋构造图

桥墩的各部分均是钢筋混凝土结构，其钢筋构造图如图 5.74 和图 5.75 所示。

3. 桥台图

1) 桥台构造图

图 5.76 为桥台一般构造图，主要表达桥台各部分的形状和尺寸。这里绘制了桥台的立面图、平面图和侧面图，由于桥台是左右对称的，故立面图和平面图均只画出一半。

2) 桥台的钢筋构造图

桥台的各部分均是钢筋混凝土结构，其钢筋构造图如图 5.77 和图 5.78 所示。

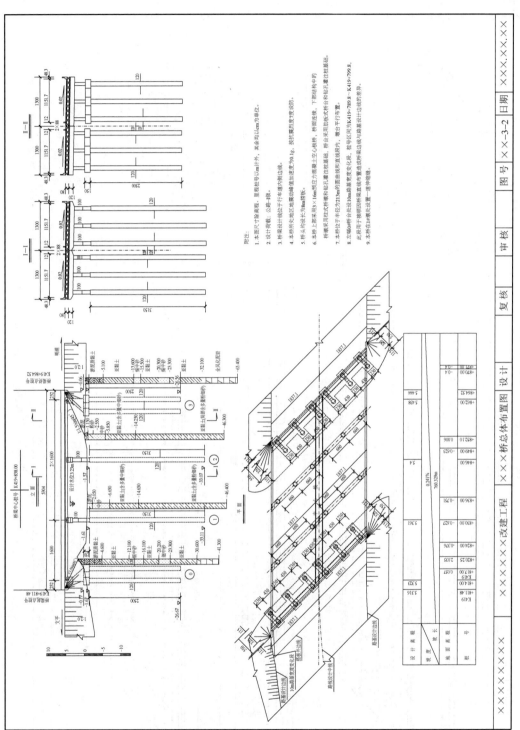

图5.70 总体布置图

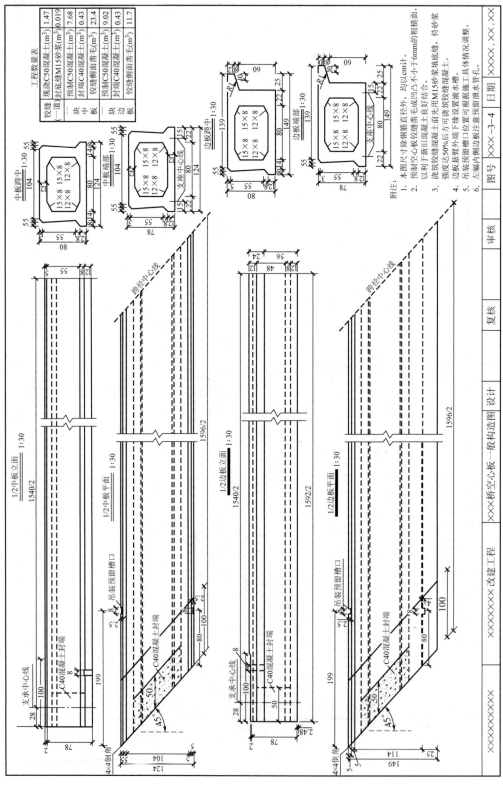

图5.71 边跨16m空心板一般构造图

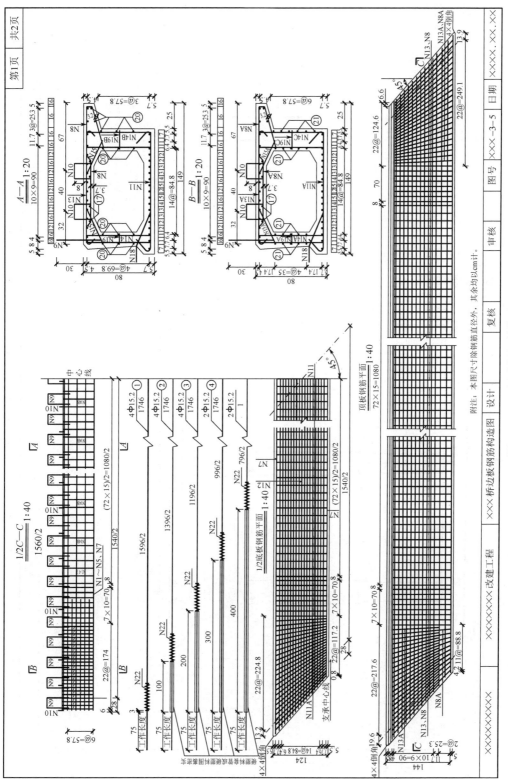

图5.72 16m板边板钢筋构造图

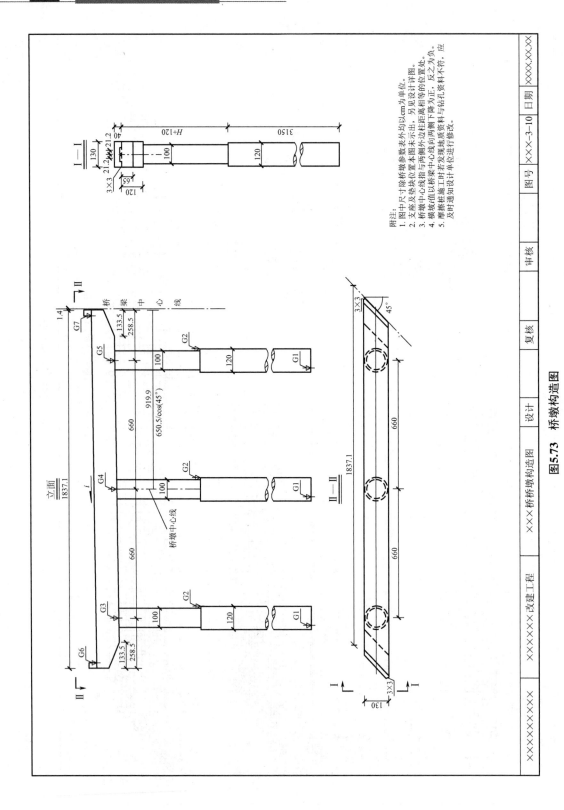

图5.73 桥墩构造图

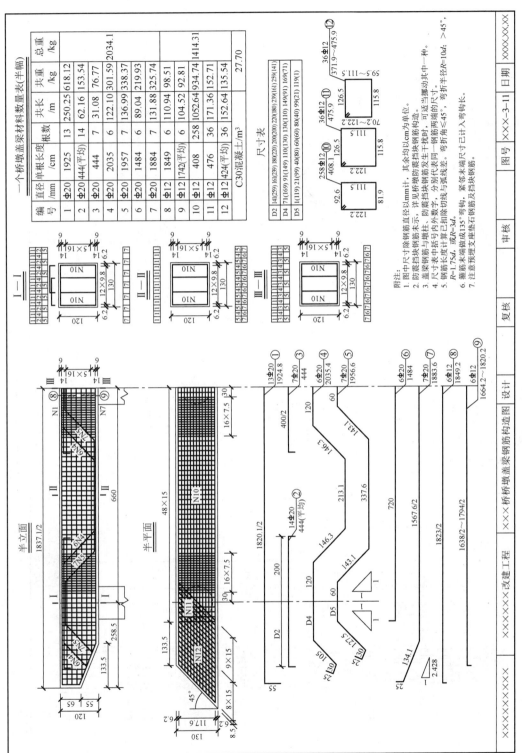

图5.74 桥墩盖梁钢筋构造图

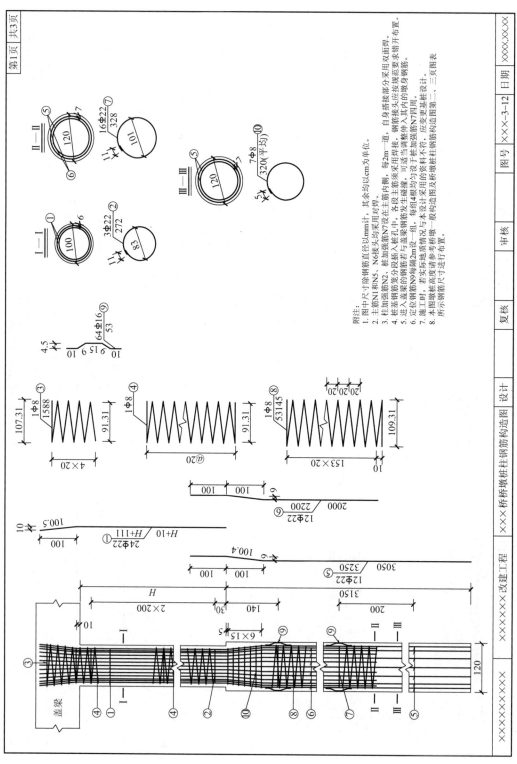

图5.75 桥墩桩钢筋构造图

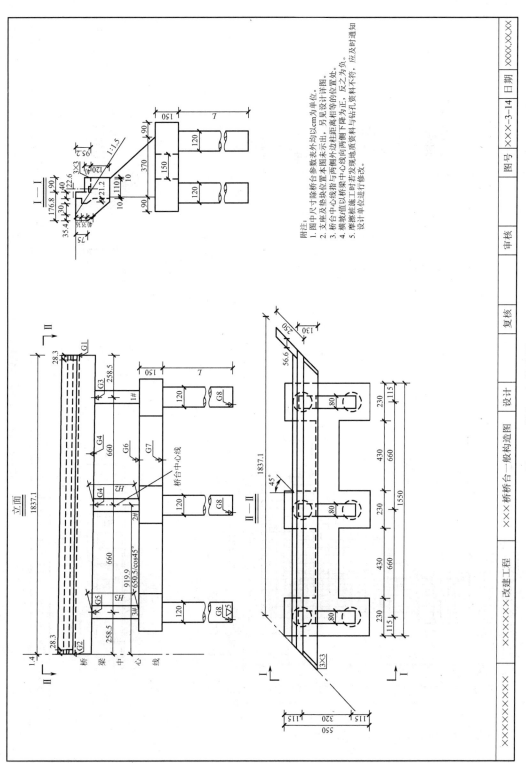

图5.76 桥台一般构造图

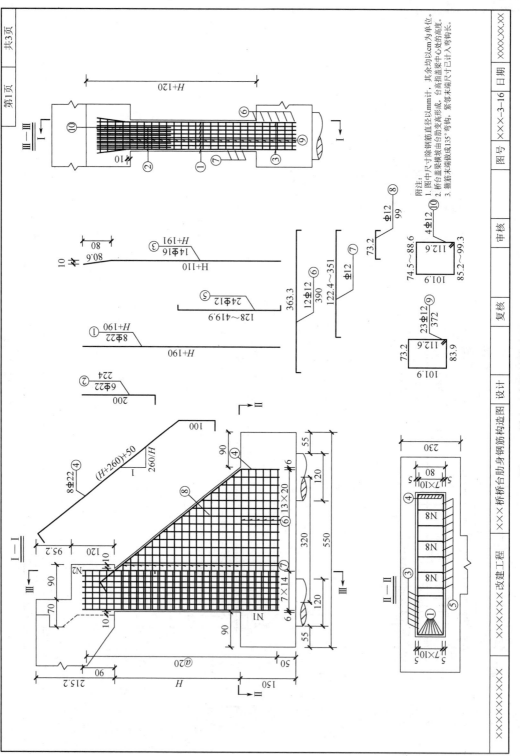

图5.77 桥台肋身钢筋构造图

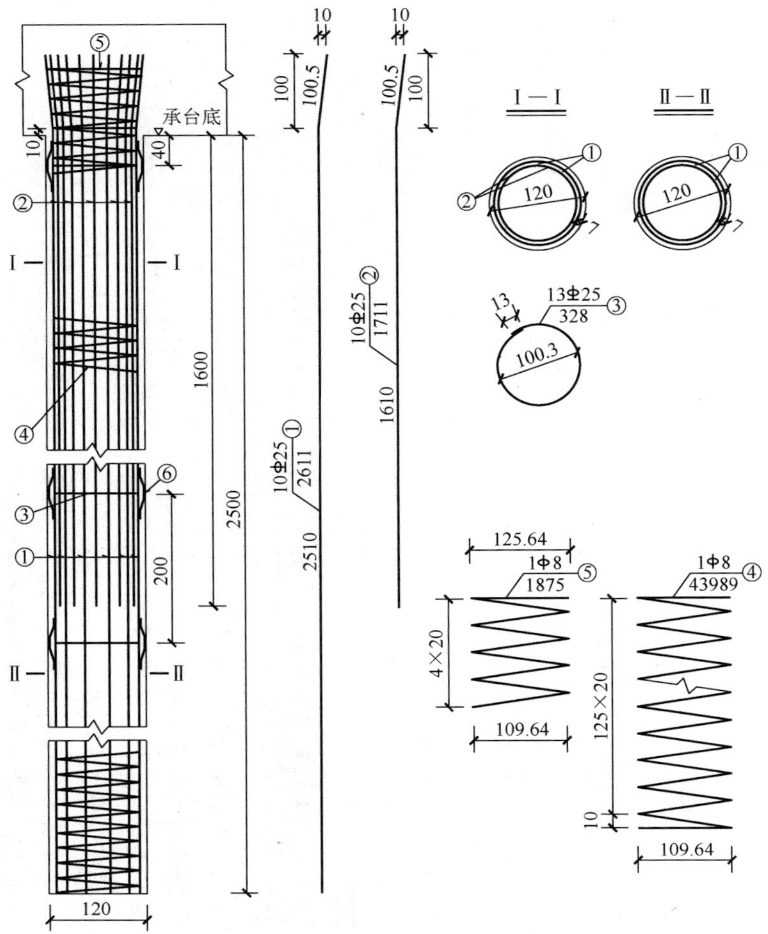

一个桥台桩基材料数量表

编号	直径/mm	单根长/cm	根数	共长/m	共重/kg	总重/kg
1	Φ25	2611	60	1566.60	6031.41	10968.8
2	Φ25	1711	60	1026.60	3952.41	
3	Φ25	238	78	185.64	984.98	
4	Φ8	43989	6	2639.34	1042.54	1087.0
5	Φ8	1875	6	112.50	44.44	
6	Φ16	53	312	165.36	261.27	261.3
C30混凝土/m³						169.65

附注:
1. 图中尺寸除钢筋直径以mm计外,其余均以cm为单位。
2. 桩加强筋N3设在主筋内侧,每2m一道,自身搭接部分采用双面焊,钢筋接头部分采用焊接,各段主筋须采用焊接,钢筋接头处应加强筋N3四周焊接应符合规范。
3. 桩基钢筋笼分段插入桩孔中,各段主筋须采用焊接,钢筋接头处加强筋N3四周要求错开布置。
4. 定位钢筋N6每隔2m设一组,每组4根均匀设于桩加强筋N3四周。
5. 施工时,若实际地质情况与本设计采用的资料不符,应变更基桩设计。

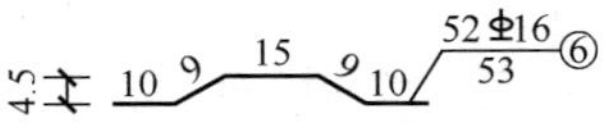

图5.78 桥台桩基钢筋构造图

职业能力与拓展训练

职业能力训练

一、填空题

1. 装配式板桥的横向连接常用的方式有_____和_____。
2. 板桥按施工方法可分为_____和_____。
3. 梁式桥的支座一般分为固定支座和_____两种。
4. 拱桥上部结构的主要受力构件是_____。
5. 上承式拱桥的上部结构由_____和_____组成。
6. 钢筋混凝土桥的桥面部分通常包括_____、_____、_____、人行道、路缘石、栏杆、照明灯具等构造。
7. 桥面伸缩缝一般设置在_____。
8. 桥梁墩台一般由墩（台）帽、_____和_____三部分组成。
9. 桥梁墩台，总体上可以分为_____和_____两种。
10. 支座一般可分为_____、_____和_____三类。

二、单项选择题

1. 悬索桥最主要的承重构件是（　　）。
   A. 主索　　　　B. 吊杆　　　　C. 加劲梁　　　　D. 锚碇
2. 下列不属于桥面系构造的是（　　）。
   A. 桥面铺装　　B. 防水层　　　C. 桥墩　　　　D. 伸缩缝
3. 下列不属于桥面铺装作用的是（　　）。
   A. 防磨耗　　　B. 防水　　　　C. 分布荷载　　　D. 保证行车安全
4. 桥梁支座的主要作用不包括（　　）。
   A. 传递力　　　B. 允许变形　　C. 允许转动　　　D. 调节主梁高度
5. 横隔梁的主要作用是（　　）。
   A. 保证横向稳定　B. 传力　　　　C. 增加自重　　　D. 抗滑

三、简答题

1. 预应力混凝土连续梁的配筋方式有哪几种？各适用于什么情况？
2. 拱桥的受力特点是什么？
3. 钢管混凝土拱桥的优点有哪些？
4. 斜拉桥的组成部分有哪些？
5. 什么是叠合梁？什么是混合梁？
6. 悬索桥有哪些主要构件？
7. 桥面伸缩装置的主要作用是什么？伸缩装置的设置有何基本要求？
8. 阐述重力式墩台与轻型墩台的主要特点。

拓展训练

作为大跨径桥梁的斜拉桥和悬索桥相比，在构造、材料、结构受力、最大跨径、施工难度等方面有何不同？

任务 6　桥梁工程施工

任务导入

2003 年 6 月 28 日正式建成通车的上海卢浦大桥，是黄浦江上第一座全钢结构拱桥，也是当时世界上跨度最大的钢拱桥，科技含量高，精度要求严，施工难度大。它标志着我国桥梁技术取得了重大突破，造桥水平跃上一个新台阶。卢浦大桥犹如一道美丽的彩虹跨越浦江两岸，为上海市增添了新景观、新标志。这座大桥当时在跨径、焊接工艺、单件构件吊装重量及主桥结构用钢量等方面创下了 10 个"世界之最"。

卢浦大桥

如此宏伟的结构工程究竟是如何建造起来的呢？在建造桥梁的过程中使用了哪些施工机械和施工技术呢？

6.1　桥梁施工常备式结构与常用主要施工设备

6.1.1　概述

现代桥梁机械化施工要求广泛地使用各种类型的工程机械和机具，以确保工程施工质量，加快施工速度，降低工程成本，最大限度地减轻工人的劳动强度。施工设备和机具的优劣往往决定了桥梁施工技术的先进与否；反之，桥梁施工技术的发展，也要求各种施工设备和机具不断进行改造、更新。

现代大型桥梁施工设备和机具主要有以下几种。
（1）常备式结构（如万能杆件、贝雷梁、六四式军用梁等）。
（2）起重机具设备（如千斤顶、起重机等）。
（3）混凝土施工设备（如拌和机、输送泵、振捣设备等）。
（4）预应力施工设备（如锚具、张拉千斤顶等）。

6.1.2　桥梁施工常备式结构

1. 钢板桩

在开挖深基坑和在水中进行桥梁墩台的基础施工时，为了抵御坑壁的土压力和水压力，常采用钢板桩，甚至做成大型钢板桩围堰（图6.1）。钢板桩的常用规格、型号，以及使用情况详见相关手册。

图6.1 钢板桩围堰

2. 脚手架（支架）

根据钢管的连接、组合方式不同而产生了多种不同类型的脚手架，主要有扣件式、碗扣式、门式脚手架等。

1) 扣件式脚手架

为建筑施工而搭设的、承受荷载的由扣件和钢管等构成的脚手架或支撑架为扣件式脚手架（图6.2）。扣件采用螺栓紧固的扣接连接件。扣件是钢管与钢管之间的连接件，其形式有三种，即直角扣件、旋转扣件、对接扣件。

图6.2 扣件式脚手架

（1）直角扣件：用于两根垂直相交钢管的连接，是依靠扣件与钢管之间的摩擦力来传递荷载的。

（2）旋转扣件：用于两根任意角度相交钢管的连接。

（3）对接扣件：用于两根钢管对接接长的连接。

2) 碗扣式脚手架

碗扣式脚手架是一种新型承插式钢管脚手架（图6.3）。碗扣式脚手架独创了带齿碗扣接头，具有拼拆迅速、省力，结构稳定可靠，配备完善，通用性强，承载力大，安全可靠，易于加工，不易丢失，便于管理，易于运输，应用广泛等特点。

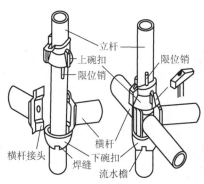 

图 6.3 碗扣式脚手架

3)门式脚手架

门式脚手架(钢管装配框架式脚手架)是建筑用脚手架中,应用最广的脚手架之一。由于主架呈"门"字形,因此称为门式或门形脚手架(图 6.4)。这种脚手架主要由主框、横框、交叉斜撑、脚手板、可调底座等组成,辅助件有连接销、锁臂等。其构造特点是打破了单根杆件组合脚手架的模式,而以单个式刚架作为主要结构构件。

图 6.4 门式脚手架

4)其他类型支架

(1)套装式扣件脚手架。

(2)轮扣式脚手架。

(3)圆盘式扣件。

3. 拼装式模板

拼装式钢模、木模和钢木结合模板的构造都基本相同。整套模板均由底模、侧模和端模三部分组成。

目前在我国的工业和民用建筑中广泛使用的组合式定型钢模板,在桥梁的墩台施工中也有使用。组合式定型钢模板用 2.3mm 或 2.5mm 的钢板冷轧冲压整体成形,肋高 55mm,中间点焊纵肋、横肋,在边肋上设有 U 形卡连接孔,端肋上设有 L 形插销孔,孔径为 13.8mm,孔距为 150mm,使纵(竖)横向均能拼接。它可以根据需要拼装成宽度模数以 50mm 进级、长度模数以 150mm 进级的各种尺寸的模板。这种组合式定型钢模板具有通用性强、可灵活组装、拆装方便、强度高、刚度大、尺寸精度高、接缝严密、表面光洁、适于组合拼装成大块、实现机械化施工、周转次数多（50 次以上）、节约木材、降低成本等优点。

常备拼装式模板主要为钢模板，按照模板块件的大小又可分为小钢模和整体式钢模。

4. 万能杆件

钢制万能杆件可以组拼成桁架、墩架、塔架和龙门架等形式，以作为桥梁墩台、索塔的施工脚手架，或作为吊车主梁形式安装各种预制构件（图 6.5）。必要时还可以作为临时的桥梁墩台和桁架。

图 6.5　万能杆件

万能杆件拆装容易、运输方便、利用效率高，可以大量节省辅助结构所需的木料、劳动力和工期，因此适用范围较广。

万能杆件的构件一般分为以下三大类。

（1）第一类为杆件。杆件在拼装时组成桁架的弦杆、腹杆、斜撑。

（2）第二类为连接板。各种规格的连接板，可将弦杆、腹杆、斜撑等连接成需要的各种形状。

（3）第三类为缀板。缀板可将断面由四肢或两肢角钢组成的各种弦杆、腹杆等在其节间中点做一个加强连接点，使组合断面的整体性更好。

5. 贝雷

贝雷（贝雷梁）是一种由桁架拼装而成的钢桁架结构（图 6.6）。贝雷常拼成导梁作为承载移动支架，再配置部分起重设备与移动机具来实现架梁。其因为架设迅速、机动性强，战时多用于河道、断崖处架设简易桥梁，现多用于工程施工，如龙门吊、施工平台、工程便道桥梁等。贝雷方便快捷，在很多跨公路、跨河道的连续现浇梁中，为支架提供了前提条件。在挂篮、高速公路跨河施工中，也可以为施工提供便道，增加施工的快捷与方便。

图 6.6 贝雷

6.1.3 桥梁施工常用的起重机具设备

1. 起重机具

1）扒杆

扒杆是一种简单的起重吊装工具，一般由施工单位根据工程的需要自行设计和加工制作。扒杆可以用来升降重物，移动和架设桥梁等。常用的扒杆种类有独脚扒杆、人字扒杆、摇臂扒杆和悬臂扒杆。

2）龙门架

龙门架（龙门扒杆、龙门吊机）是一种最常用的垂直起吊设备。在龙门架顶横梁上设行车时，可横向运输重物、构件；在龙门架两腿下设有缘滚轮并置于铁轨上时，可在轨道上纵向运输，如在两腿下设能转向的滚轮时，可进行任何方向的水平运输。龙门架通常设于构件预制场用于吊移构件，或设在桥墩顶、墩旁用于安装大梁构件。常用的龙门架种类有钢木混合构造龙门架、拐脚龙门架和装配式钢桥桁节（贝雷）拼制的龙门架。

3）浮吊

在通航河流上建桥，浮吊是重要的工作船。常用的浮吊有铁驳轮船浮吊和用木船、型钢及人字扒杆等拼成的简易浮吊。我国目前使用的最大浮吊的起重量已达 500t。通常简易浮吊可以利用两只民用木船组拼成门船，用木料加固底舱，舱面上安装型钢组成的底板构架，上铺木板，其上安装人字扒杆制成。起重动力可使用双筒电动卷扬机一台，安装在门船后部中线上。制作人字扒杆的材料可用钢管或圆木，并用两根钢丝绳分别固定在门船尾端两舷旁钢构件上。吊物平面位置的变动由门船移动来调节，另外还须配备电动卷扬机绞车、钢丝绳、锚链、铁锚等，作为移动及固定船位用。

4）缆索起重机

缆索起重机适用于高差较大的垂直吊装和架空纵向运输。

缆索起重机由主索、天线滑车、起重索、牵引索、起重及牵引绞车、主索地锚、塔架、风缆、主索平衡滑轮、电动卷扬机、手摇绞车、链滑车及各种滑轮等部件组成（图 6.7）。在吊装拱桥时，缆索吊装系统除上述各部件外，还有扣索、扣索排架、扣索地锚、扣索绞车等部件。

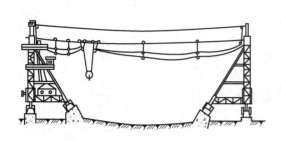

图 6.7 缆索起重机

5）架桥机

架桥机是架设预制梁（构件）的专用设备（图 6.8）。铁路常用的 32m 以下及公路常用的 50m 以下的混凝土简支 T 形梁，通常采用预制安装法施工，为此需要专用架桥机。如今，大型预制箱梁也经常采用架桥机架设。不同型号的架桥机结构特点、功能及架梁工序都有所不同，可一次实现落边梁到位、全幅机械化横移梁片；采用微调控制，动作平稳精确；采用可编程序控制器，系统安全性高；结构简单、自重轻、运输组装方便；摆头灵活，可方便地在复杂工况下工作。

图 6.8 架桥机

6）运行回转起重机

运行回转起重机是常用的重型起重机械，主要有汽车式、履带式和轮胎式等。

（1）汽车式：灵活性大，运行速度快，便于远距离工作点之间的调动。

（2）履带式：起重量大，稳定性较好，适合崎岖不平和松散泥土地区行驶与工作。

（3）轮胎式：不受汽车底盘限制，轮距、轴距配合适当，稳定性好，转弯半径小。

2. 起重设备

1）千斤顶

千斤顶适用于起落高度不大的起重，按其构造不同可分为油压式千斤顶、螺旋式千斤顶和齿条式千斤顶三大类。

油压式千斤顶由于使用方便、省力，故工程中最常采用。其工作原理是依靠手柄推动油泵，将油液压入活塞的气缸内，将活塞逐渐顶起，以举高重物，如欲降低时，可打开放油阀，使油液由气缸回到储油箱，重物就逐渐下降，其下降快慢可由放油阀松开的大小来调节。

使用油压式千斤顶时，可用几台同型千斤顶协同共顶一重物，使其同步上升。其办法是将各顶的油路以耐高压管连通，使各顶的工作压力相同，各顶均分起重量。按上述方法使用的千斤顶称为分离式千斤顶，并须用电动油泵压油。

2）千斤绳

千斤绳又称吊绳、绳套、拴绑绳等，用于将物件捆绑并连接在起重设备的吊钩或吊环上，或用来固定滑车、绞车。

3）卡环

卡环也称卸扣或开口销环，用圆钢锻制而成，用于连接钢丝绳与吊钩、环链条之间及用千斤绳捆绑物件时固定千斤绳。卡环装卸方便，较为安全可靠。卡环分为螺旋式、销子式和半自动式三种。弯环部分又分为直形和圆形两种。半自动式卡环又称半自动脱钩器，是根据普通卡环改制的，使用很方便，只需在地面上拽一下拉绳，止动销就被弹盘压缩而缩入导向管内，千斤绳则因自重而脱出扣环。

4）滑车

滑车又称滑轮或葫芦。滑车种类很多，按制作材料不同可分为铁滑车和木滑车，后者只是外壳为木制，轮和轴仍是铁的，仅用于麻绳滑车组；按转轮的多少，可分为单轮、双轮及多轮几种。

5）滑车组

滑车组由定滑车和动滑车组成，它既能省力又可改变力的方向。定滑车与动滑车的数目可以相同，也可以相差一个。绳的死头可以固定在定滑车上，也可以固定在动滑车上。绳的单头（又称跑头）可以由定滑车引出，也可以由动滑车引出，一般用于吊重时，跑头均由定滑车引出，有时跑头还穿过导向滑车，为了减少拉力，有时采用双联滑车组。

6）钢丝绳

钢丝绳一般由几股钢丝子绳和一根绳芯拧成。绳芯用防腐、防锈润滑油浸透过的有机纤维芯或软钢丝芯组成，而每股钢丝子绳由多根直径为 0.4～3.0mm、强度为 1.4～2.0kN/mm^2 的高强度钢丝组成。

7）卷扬机

卷扬机也称绞车，分为手摇绞车与电动绞车，是最常用、最简单的起重设备之一，广泛用于桥梁施工中。

8）链滑车

常用链滑车分为蜗杆传动与齿轮传动两种，前者效率较低，工作速度也不如后者。链滑车可在垂直、水平和倾斜方向的短距离内起吊和移动重物或绞紧构件以控制方向。

9）地锚

地锚也称地垄或锚碇，用于锚固主索、扣索、起重索及绞车等。地锚的可靠性对缆索吊装的安全有决定性影响。设计与施工都必须高度重视，可以利用桥梁墩台作地锚，这样就能节约材料，否则需设置专门的地锚。

10）托架

托架也称蝴蝶架，用木料或型钢组成，用于托起和移动龙门架。托架顶部两端附有用角钢做成的方框，内放千斤顶，用于转移龙门架时顶起龙门架。托架一般安置在平车上，可沿钢轨行走。

11）滑道

常用的滑道有滚辊滑道与滑板滑道两种。

6.1.4 混凝土施工设备

1. 搅拌机

按照搅拌原理，搅拌机可分为自落式和强制式两类。

（1）自落式搅拌机的搅拌叶片和搅拌筒之间无相对运动。按形状和出料方式分类，自落式搅拌机分为鼓筒式、锥形反转出料式、锥形倾翻出料式。

特点：机件磨损小、易于清理、移动方便，但动力消耗大、效率低，适用于施工现场。

（2）强制式搅拌机的搅拌叶片和搅拌筒之间有相对运动。

特点：搅拌质量好、生产率高、操作简便、安全等，但机件磨损大，适用于预制厂。

2. 搅拌站（楼）

特点：制备混凝土的全过程是机械化或自动化、生产量大、搅拌效率高、质量稳定、成本低、劳动强度小。

搅拌站与搅拌楼的区别：搅拌站的生产能力较小，易拆装，便于转移，适用于施工现场；搅拌楼体积大，生产效率高，只能作为固定式的搅拌装置，适用于产量大的商品混凝土供应。

3. 混凝土搅拌运输车

混凝土运输机具设备选择原则：应根据结构物特点、混凝土浇筑量、运距、现场道路情况以及现有机具设备等条件确定。

混凝土搅拌运输车是一种用于长距离运输混凝土的施工机械。其特点是在整个运输过程中，混凝土的搅拌筒始终在做慢速转动，从而使混凝土在长途运输后，仍不会出现离析现象，以保证混凝土的质量。

4. 混凝土输送泵和混凝土泵车

混凝土输送泵是利用水平或垂直管道，连续输送混凝土到浇筑点的机械，能同时完成水平和垂直输送混凝土，工作可靠，适用于混凝土用量大、作业周期长及泵送距离和高度较大的场合。

HBT60 混凝土输送泵的最大输送距离（水平×垂直）为 300m×80m。

混凝土泵车属于自行式混凝土泵，是把混凝土泵和布料装置直接安装在汽车底盘上的混凝土输送设备。其优点是机动性好，布料灵活，工作时不需另外敷设混凝土管道，使用方便，适合于大型基础工程和零星分散工程的混凝土输送。其缺点是布料杆的长度受汽车底盘限制，泵送的高度和距离较小。

5. 混凝土振动器

混凝土振动器是一种借助动力通过一定装置作为振源产生频繁的振动，并使这种振动传给混凝土，以振动捣固混凝土的设备（图6.9）。按振动传递方式分类，混凝土振动器分为插入式振动器、附着式振动器、平板式振动器和振动台。

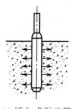 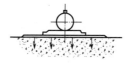 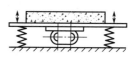

(a) 插入式振动器　　(b) 附着式振动器　　(c) 平板式振动器　　(d) 振动台

图 6.9　混凝土振动器

6.1.5　预应力张拉设备及锚具

预应力张拉设备就是施加预应力值所用的设备（图 6.10），通过设备工作张拉产生预应力相关的数值。预应力张拉设备主要由张拉所用的千斤顶（张拉千斤顶）和电动油泵（张拉油泵）配合使用，通过工作把锚固件中的钢绞线或钢筋力量增加来赋予预应力数值。

图 6.10　预应力张拉设备

1. 设备分类

1) 初始预应力值所用的张拉设备

（1）前卡式千斤顶 QYC270。

（2）电动油泵 ZB2×2/50。

2) 施加预应力值所用的张拉设备

（1）穿心式千斤顶 YDC650～YDC6000。

（2）顶推式千斤顶 YDD1500～YDD4000。

（3）电动油泵 ZB2×2/50。

3) 灌浆封锚所用的张拉设备

（1）真空泵 MV80。

（2）压浆泵 HB3。

（3）灰浆搅拌机 JB180。

2. 锚具分类

在后张法结构或构件中，为保持预应力筋的拉力并将其传递到混凝土上所用的永久性锚固装置称为锚具（图 6.11），它一般可分为以下两类。

(1) 张拉端锚具：安装在预应力筋端部且可以张拉的锚具，也称预应力锚具。

(2) 固定端锚具：安装在预应力筋端部，通常埋入混凝土中且不用张拉的锚具。预应力筋用锚具应符合国家标准《预应力筋用锚具、夹具和连接器》（GB/T 14370—2015）的规定。

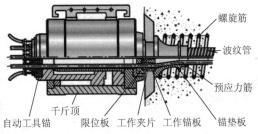

图 6.11　锚具

6.2　桥梁施工准备

6.2.1　施工准备工作的重要性

桥梁工程的施工程序：施工准备工作和桥位放样→下部结构施工→上部结构施工→桥面及附属结构施工。桥梁施工应包括选择施工方法，进行必要的施工验算，选择或设计、制作施工机具设备，选购与运输建筑材料，安排水、电、动力、生活设施以及施工计划，落实组织与管理等方面的事务。施工是一项复杂而涉及面很广的工作，上至天文、气象，下至工程地质、水文、地貌、机械、电器、电子、管理等各领域；同时与人的因素、与地方政府的关系密切。因此，大型的现代桥梁工程施工，应由多种行业的技术人员和管理人员协力完成。

施工准备工作的基本任务是为桥梁工程的施工建立必要的技术和物质条件，统筹安排施工力量和施工现场，是施工企业搞好目标管理、推行技术经济承包的重要依据，同时也是施工得以顺利进行的根本保证。认真做好施工准备工作，对于发挥企业优势、合理供应资源、加快施工进度、保证工程质量和施工安全、降低工程成本、增加企业经济效益、为企业赢得社会效益、实现企业管理现代化等具有重要意义。

6.2.2　施工准备工作的分类

根据施工阶段的不同，可将施工准备工作分为以下两类。

1. 工程项目开工前的施工准备

这是在工程正式开工前所进行的一切施工准备工作，其目的是为工程正式开工创造必要的施工条件。

2. 各施工阶段前的施工准备

这是在工程项目开工之后，每个施工阶段正式开工之前所进行的一切施工准备工作，其目的是为施工阶段正式开工创造必要的施工条件。

施工准备工作既要有阶段性，又要有连贯性，必须有计划、有步骤、分期分阶段地进行，要贯穿于工程项目施工的整个过程。

6.2.3 施工准备工作的内容

施工准备工作主要包括：熟悉设计文件、设计图纸和现场调查施工条件，拟定施工方案，编制施工组织设计，以便有组织、有计划、有步骤地进行施工；成立施工管理机构并配备人员，组织劳动力、材料、施工机具设备和施工现场准备等；桥位施工勘测，墩台中心线定位与放样等。具体来讲，施工准备工作可分为技术准备、组织准备、物资准备和施工现场准备等。

1. 技术准备

技术准备是施工准备的核心。由于技术准备上的差错和隐患将造成生命、财产和经济的巨大损失，因此必须认真做好技术准备工作。技术准备的具体内容如下。

1）熟悉设计文件、研究核对设计图纸

全面领会设计意图，透彻了解桥梁的设计标准、结构和构造细节；检查核对设计图纸与其各组成部分之间有无矛盾或错误；在几何尺寸、坐标、高程、说明等方面是否一致，技术要求是否正确等，发现问题及时与设计单位和监理工程师协商解决。

2）进一步调查分析原始资料

施工前应对施工现场进行实地勘察，以尽可能多地获得有关原始数据的第一手资料，这对于正确选择施工方案、制定技术措施、合理安排施工顺序和施工计划，以及编制切合实际的施工组织设计都是非常必要的。主要调查项目如下。

（1）自然条件的调查分析：地质、水文、气象、施工现场的地形地物、桥梁工程所在地区的国家水准基点和绝对标高等情况。

（2）技术经济条件的调查分析：施工现场的动迁、当地可利用的地方材料、砂石料场、水泥生产厂家及产品质量、地方能源和交通运输、地方劳动力和技术水平、当地生活物质供应、可提供的施工用水用电条件、设备租赁、当地消防治安、分包单位的力量和技术水平等状况。

3）施工前的设计技术交底

施工前的设计技术交底通常由建设单位主持，设计、监理、施工单位参加，对设计图纸的疑问、建议或变更在形成统一认识的基础上做好记录，形成设计技术交底纪要，由建设单位正式行文，参加单位共同会签盖章，作为施工合同的一个补充文本，与设计文件同时使用，是指导施工的依据，也是建设单位与施工单位进行工程结算的依据之一。

4）确定施工方案，进行施工设计

5）编制施工组织设计和施工预算

2. 组织准备

（1）建立监理施工组织结构。

（2）合理设置施工班组。

（3）施工力量的集结进场和培训。

（4）向施工班组和操作工人进行开工前的交底。

（5）建立健全各项管理制度。

3. 物资准备

物资准备工作的内容主要包括：工程材料的准备；构件和制品的加工准备；施工机具设备的准备；各种工具和备件的准备。

物资准备工作的程序：根据施工预算、分部分项工程的施工方法和施工进度安排制订需要量的计划；与有关单位签订供货合同；拟定运输计划和运输方案；按施工平面图的要求，组织物资按计划时间进场，在指定地点、按规定方式进行储存或堆放，以便随时提供给工程使用。

4. 施工现场准备

（1）做好施工测量控制网的复测和加密工作。

（2）做好施工现场的补充钻探。

（3）搞好"三通一平"。

（4）建造临时设施。

（5）安装调试施工机具。

（6）原材料的试验和储存堆放。

（7）做好冬雨期施工安排。

6.3　桥梁通用施工技术

6.3.1　模板、支架和拱架的设计与验算、制作与安装、拆除

1. 模板、支架和拱架的设计与验算

（1）模板、支架和拱架应结构简单、制造与装拆方便，应具有足够的承载能力、刚度和稳定性，并应根据工程结构形式、设计跨径、荷载、地基类别、施工方法、施工设备和材料供应等条件及有关标准进行施工设计。施工设计应包括下列内容：①工程概况和工程结构简图；②结构设计的依据和设计计算书；③总装图和细部构造图；④制作、安装的质量及精度要求；⑤安装、拆除时的安全技术措施及注意事项；⑥材料的性能要求及材料数量表；⑦设计说明书和使用说明书。

（2）钢、木模板、拱架和支架的设计应符合国家现行标准《钢结构设计标准》（GB 50017—2017）、《木结构设计标准》（GB 50005—2017）、《组合钢模板技术规范》（GB/T 50214—2013）的有关规定。

（3）设计模板、支架和拱架应按表6-1进行荷载组合。

表 6-1　设计模板、支架和拱架的荷载组合

模板构件名称	荷载组合	
	计算强度用	验算刚度用
梁、板和拱的底模及支承板、拱架、支架等	①+②+③+④+⑦+⑧	①+②+⑦+⑧
缘石、人行道、栏杆、柱、梁板、拱等的侧模板	④+⑤	⑤
基础、墩台等厚大结构物的侧模板	⑤+⑥	⑤

注：①—模板、拱架和支架自重；②—新浇筑混凝土、钢筋混凝土或圬工、砌体的自重力；③—施工人员及施工材料机具等行走运输或堆放的荷载；④—振捣混凝土时的荷载；⑤—新浇筑混凝土对侧面模板的压力；⑥—倾倒混凝土时产生的水平向冲击荷载；⑦—设于水中的支架所承受的水流压力、波浪力、流冰压力、船只及其他漂浮物的撞击力；⑧—其他可能产生的荷载，如风雪荷载、冬期施工保温设施荷载等。

(4) 验算模板、支架和拱架的抗倾覆稳定时，各施工阶段的稳定系数均不得小于1.3。

(5) 验算模板、支架和拱架的刚度时，其变形值不得超过下列规定。

① 结构表面外露的模板挠度为模板构件跨度的1/400。

② 结构表面隐蔽的模板挠度为模板构件跨度的1/250。

③ 拱架和支架受载后挠曲的杆件，其弹性挠度为相应结构跨度的1/400。

④ 钢模板的面板变形值为1.5mm。

⑤ 钢模板的钢楞、柱箍变形值为$L/500$及$B/500$（L为计算跨度，B为柱宽度）。

(6) 模板、支架和拱架的设计中应设施工预拱度，施工预拱度应考虑下列因素。

① 设计文件规定的结构预拱度。

② 支架和拱架承受全部施工荷载引起的弹性变形。

③ 受载后由于杆件接头处的挤压和卸落设备压缩而产生的非弹性变形。

④ 支架、拱架基础受载后的沉降。

(7) 设计预应力混凝土结构模板时，应考虑施加预应力后构件的弹性压缩、上拱及支座螺栓或预埋件的位移等。

(8) 支架立柱在排架平面内应设水平横撑。碗扣支架立柱高度在5m以内时，水平横撑不得少于两道；立柱高于5m时，水平横撑间距不得大于2m，并应在两道横撑之间加双向剪刀撑。在排架平面外应设斜撑，斜撑与水平交角宜为45°。

(9) 支架的地基与基础设计应符合所在地现行地方标准的规定，并应对地基承载力进行计算。

2. 模板、支架和拱架的制作与安装

(1) 支架和拱架搭设之前，应按《钢管满堂支架预压技术规程》（JGJ/T 194—2009）的要求，预压地基合格并形成记录。

(2) 支架立柱必须落在有足够承载力的地基上，立柱底端必须放置垫板或混凝土垫块。支架地基严禁被水浸泡，冬期施工必须采取防止冻胀的措施。

(3) 支架通行孔的两边应加护桩，夜间应设警示灯。施工中易受漂流物冲撞的河中支架应设牢固的防护设施。

(4) 安设支架、拱架的过程中，应随安装随架设临时支撑。采用多层支架时，支架的

横垫板应水平，立柱应铅直，上下层立柱应在同一中心线上。

(5) 支架或拱架不得与施工脚手架、便桥相连。

(6) 钢管满堂支架搭设完毕后，应按《钢管满堂支架预压技术规程》(JGJ/T 194—2009) 的要求，预压支架合格并形成记录。

(7) 支架、拱架安装完毕，经检验合格后方可安装模板；安装模板应与钢筋工序配合进行，妨碍绑扎钢筋的模板，应待钢筋工序结束后再安装；安装墩台模板时，其底部应与基础预埋件连接牢固，上部应采用拉杆固定；模板在安装过程中，必须设置防倾覆设施。

(8) 模板与混凝土接触面应平整、接缝严密。组合钢模板的制作、安装应符合国家现行标准《组合钢模板技术规范》(GB/T 50214—2013) 的规定；钢框胶合板模板的组配面板宜采用错缝布置；高分子合成材料面板、硬塑料或玻璃钢模板，应与边肋及加强肋连接牢固。

(9) 当采用充气胶囊做空心构件芯模时，其安装应符合下列规定。

① 胶囊在使用前应经检查确认无漏气。

② 从浇筑混凝土到胶囊放气止，应保持气压稳定。

③ 使用胶囊内模时，应采用定位箍筋与模板连接固定，防止上浮和偏移。

④ 胶囊放气时间应经试验确定，以混凝土强度达到能保持构件不变形为度。

(10) 浇筑混凝土和砌筑前，应对模板、支架和拱架进行检查和验收，合格后方可施工。

(11) 模板工程及支撑体系施工属于危险性较大的分部分项工程，施工前应编制专项方案；超过一定规模的还应对专项方案进行专家论证。

3. 模板、支架和拱架的拆除

(1) 模板、支架和拱架拆除应符合的规定。

① 非承重侧模应在混凝土强度能保证结构棱角不损坏时方可拆除，混凝土强度宜为 2.5MPa 及以上。

② 芯模和预留孔道内模应在混凝土抗压强度能保证结构表面不发生塌陷和裂缝时，方可拔出。

③ 钢筋混凝土结构的承重模板、支架，应在混凝土强度能承受其自重荷载及其他可能的叠加荷载时，方可拆除。

(2) 浆砌石、混凝土砌块拱桥拱架的卸落应符合下列规定。

① 浆砌石、混凝土砌块拱桥应在砂浆强度达到设计要求强度后卸落拱架，设计未规定时，砂浆强度应达到设计标准值的 80% 以上。

② 跨径小于 10m 的拱桥宜在拱上结构全部完成后卸落拱架；中等跨径实腹式拱桥宜在护拱完成后卸落拱架；大跨径空腹式拱桥宜在腹拱横墙完成（未砌腹拱圈）后卸落拱架。

③ 在裸拱状态卸落拱架时，应对主拱进行强度及稳定性验算并采取必要的稳定措施。

(3) 模板、支架和拱架拆除应遵循先支后拆、后支先拆的原则。支架和拱架应按几个循环卸落，卸落量宜由小渐大。每一循环中，在横向应同时卸落，在纵向应对称均衡卸落。简支梁、连续梁结构的模板应从跨中向支座方向依次循环卸落，悬臂梁结构的模板宜从悬臂端开始顺序卸落。

(4) 预应力混凝土结构的侧模应在预应力张拉前拆除,底模应在结构建立预应力后拆除。

6.3.2 钢筋施工技术

1. 一般规定

(1) 混凝土结构所用钢筋的品种、规格、性能等均应符合设计要求和国家现行标准《钢筋混凝土用钢 第1部分:热轧光圆钢筋》(GB/T 1499.1—2017)、《钢筋混凝土用钢 第2部分:热轧带肋钢筋》(GB/T 1499.2—2018)、《冷轧带肋钢筋》(GB/T 13788—2017)和《环氧树脂涂层钢筋》(JG/T 502—2016)等的规定。

(2) 钢筋应按不同钢种、等级、牌号、规格及生产厂家分批验收,确认合格后方可使用。

(3) 钢筋在运输、储存、加工过程中应防止锈蚀、污染和变形。

(4) 钢筋的级别、种类和直径应按设计要求采用。当需要代换时,应由原设计单位做变更设计。

(5) 预制构件的吊环必须采用未经冷拉的热轧光圆钢筋制作,不得以其他钢筋替代,且其使用时的拉应力应不大于65MPa。

(6) 在浇筑混凝土之前应对钢筋进行隐蔽工程验收,确认符合设计要求并形成记录。

2. 钢筋加工

(1) 钢筋弯制前应先调直。钢筋宜优先选用机械方法调直。当采用冷拉法进行调直时,HPB300级钢筋冷拉率不得大于2%;HRB400级钢筋冷拉率不得大于1%。

(2) 钢筋下料前,应核对钢筋品种、规格、等级及加工数量,并应根据设计要求和钢筋长度配料。下料后应按种类和使用部位分别挂牌标明。

(3) 受力钢筋弯制和末端弯钩均应符合设计要求或规范规定。

(4) 箍筋末端弯钩形式应符合设计要求或规范规定。箍筋弯钩的弯曲直径应大于被箍主钢筋的直径,且HPB300级钢筋不得小于箍筋直径的2.5倍;弯钩平直部分的长度,一般结构不宜小于箍筋直径的5倍,有抗震要求的结构不得小于箍筋直径的10倍。

(5) 钢筋宜在常温状态下弯制,不宜加热。钢筋宜从中部开始逐步向两端弯制,弯钩应一次弯成。

(6) 钢筋加工过程中,应采取防止油渍、泥浆等物污染和防止受损伤的措施。

3. 钢筋连接

1) 热轧钢筋接头

热轧钢筋接头应符合设计要求。当设计无要求时,应符合下列规定。

(1) 钢筋接头宜采用焊接接头或机械连接接头。

(2) 焊接接头应优先选择闪光对焊。焊接接头应符合国家现行标准《钢筋焊接及验收规程》(JGJ 18—2012)的有关规定。

(3) 机械连接接头适用于HRB400级带肋钢筋的连接。机械连接接头应符合国家现行标准《钢筋机械连接技术规程》(JGJ 107—2016)的有关规定。

(4) 当普通混凝土中钢筋直径等于或小于 22mm 时，在无焊接条件时，可采用绑扎连接，但受拉构件中的主钢筋不得采用绑扎连接。

(5) 钢筋骨架和钢筋网片的交叉点焊接宜采用电阻点焊。

(6) 钢筋与钢板的 T 形连接，宜采用埋弧压力焊或电弧焊。

2) 钢筋接头设置

钢筋接头设置应符合下列规定。

(1) 在同一根钢筋上宜少设接头。

(2) 钢筋接头应设在受力较小区段，不宜位于构件的最大弯矩处。

(3) 在任一焊接或绑扎接头长度区段内，同一根钢筋不得有两个接头，在该区段内的受力钢筋，其接头的截面面积占总截面面积的百分率应符合规范规定。

(4) 接头末端至钢筋弯起点的距离不得小于钢筋直径的 10 倍。

(5) 施工中钢筋受力分不清受拉、受压的，按受拉办理。

(6) 钢筋接头部位横向净距不得小于钢筋直径，且不得小于 25mm。

4. 钢筋骨架和钢筋网的组成与安装

施工现场可根据结构情况和现场运输起重条件，先分部预制成钢筋骨架或钢筋网片，入模就位后再焊接或绑扎成整体骨架。为确保分部钢筋骨架具有足够的刚度和稳定性，可在钢筋的部分交叉点处施焊或用辅助钢筋加固。

1) 钢筋骨架的制作和组装

钢筋骨架的制作和组装应符合下列规定。

(1) 钢筋骨架的焊接应在坚固的工作台上进行。

(2) 组装时应按设计图纸放大样，放样时应考虑骨架预拱度。简支梁钢筋骨架预拱度应符合设计和规范规定。

(3) 组装时应采取控制焊接局部变形措施。

(4) 骨架接长焊接时，不同直径钢筋的中心线应在同一平面上。

2) 钢筋网片电阻点焊

钢筋网片采用电阻点焊应符合下列规定。

(1) 当焊接网片的受力钢筋为 HPB300 级钢筋时，如焊接网片只有一个方向受力，受力主筋与两端的两根横向钢筋的全部交叉点必须焊接；如焊接网片为两个方向受力，则四周边缘的两根钢筋的全部交叉点必须焊接，其余交叉点可间隔焊接或绑焊相间。

(2) 当焊接网片的受力钢筋为冷拔低碳钢丝，而另一方向的钢筋间距小于 100mm 时，除受力主筋与两端的两根横向钢筋的全部交叉点必须焊接外，中间部分的焊点距离可增大至 250mm。

3) 钢筋现场绑扎

现场绑扎钢筋应符合下列规定。

(1) 钢筋的交叉点应采用绑丝绑牢，必要时可辅以点焊。

(2) 钢筋网的外围两行钢筋交叉点应全部扎牢，中间部分交叉点可间隔交错扎牢，但双向受力的钢筋网，钢筋交叉点必须全部扎牢。

(3) 梁和柱的箍筋，除设计有特殊要求外，应与受力钢筋垂直设置；箍筋弯钩叠合处，应位于梁和柱角的受力钢筋处，并错开设置（同一截面上有两个以上箍筋的大截面梁和柱除外）；螺旋形箍筋的起点和终点均应绑扎在纵向钢筋上，有抗扭要求的螺旋箍筋，钢筋应伸入核心混凝土中。

（4）矩形柱角部竖向钢筋的弯钩平面与模板面的夹角应为 45°；多边形柱角部竖向钢筋弯钩平面应朝向断面中心；圆形柱所有竖向钢筋弯钩平面应朝向圆心。小型截面柱当采用插入式振捣器时，弯钩平面与模板面的夹角不得小于 15°。

（5）绑扎接头搭接长度范围内的箍筋间距：当钢筋受拉时应小于 $5d$（d 为钢筋直径）且不得大于 100mm；当钢筋受压时应小于 $10d$ 且不得大于 200mm。

（6）钢筋骨架的多层钢筋之间，应用短钢筋支垫，确保位置准确。

4）钢筋的混凝土保护层厚度

钢筋的混凝土保护层厚度，必须符合设计要求。设计无要求时应符合下列规定。

（1）普通钢筋和预应力直线形钢筋的最小混凝土保护层厚度不得小于钢筋公称直径，后张法构件预应力直线形钢筋不得小于其管道直径的 1/2。

（2）当受拉区主筋的混凝土保护层厚度大于 50mm 时，应在保护层内设置直径不小于 6mm、间距不大于 100mm 的钢筋网。

（3）钢筋机械连接件的最小保护层厚度不得小于 20mm。

（4）应在钢筋与模板之间设置垫块，以确保钢筋的混凝土保护层厚度，垫块应与钢筋绑扎牢固、错开布置。

6.3.3 混凝土施工技术

1. 混凝土的抗压强度

（1）在进行混凝土强度试配和质量评定时，混凝土的抗压强度应以边长为 150mm 的立方体标准试件测定。试件以同龄期者 3 块为一组，并以同等条件制作和养护。

（2）国家现行标准《混凝土强度检验评定标准》(GB/T 50107—2010) 中规定了评定混凝土强度的方法，包括统计方法及非统计方法。工程中可根据具体条件选用，但应优先选用统计方法。

（3）对 C60 及以上的高强度混凝土，当混凝土方量较少时，宜留取不少于 10 组的试件，采用统计方法评定混凝土强度。

2. 混凝土原材料

（1）混凝土原材料包括水泥、粗、细集料、矿物掺合料、外加剂和水。预拌混凝土的生产、运输等环节应执行国家现行标准《预拌混凝土》(GB/T 14902—2012) 的规定。配制混凝土用的水泥等各种原材料，其质量应分别符合相应标准。

（2）配制高强度混凝土的矿物掺合料可选用优质粉煤灰、磨细矿渣粉、硅粉和磨细天然沸石粉。

（3）常用的外加剂有减水剂、早强剂、缓凝剂、引气剂、防冻剂、膨胀剂、防水剂、混凝土泵送剂、喷射混凝土用的速凝剂等。

3. 混凝土配合比设计步骤

（1）初步配合比设计阶段，根据配制强度和设计强度相互间关系，用水灰比计算方法,水量、砂率查表方法以及砂石材料计算方法等计算初步配合比。

(2) 实验室配合比设计阶段,根据施工条件的差异和变化、材料质量的可能波动调整配合比。

(3) 基准配合比设计阶段,根据强度验证原理和密度修正方法,确定每立方米混凝土的材料用量。

(4) 施工配合比设计阶段,根据实测砂石含水率进行配合比调整,提出施工配合比。在施工生产中,对首次使用的混凝土配合比(施工配合比)应进行开盘鉴定,开盘鉴定时应检测混凝土拌合物的工作性能,并按规定留取试件进行检测,其检测结果应满足配合比设计要求。

4. 混凝土施工

混凝土施工包括原材料计量,混凝土搅拌、运输和浇筑,混凝土养护等内容。

1) 原材料计量

各种计量器具应按计量法的规定定期检定,保持计量准确。在混凝土生产过程中,应注意控制原材料的计量偏差。对集料的含水率的检测,每一工作班不应少于一次。雨期施工应增加测定次数,根据集料实际含水率调整集料和水的用量。

2) 混凝土搅拌、运输和浇筑

(1) 混凝土搅拌。混凝土拌合物应均匀,颜色一致,不得有离析和泌水现象。搅拌时间是混凝土拌和时的重要控制参数,使用机械搅拌时,自全部材料装入搅拌机开始搅拌起,至开始卸料时止,延续搅拌的最短时间应符合表6-2的规定。

表6-2 混凝土延续搅拌的最短时间

搅拌机类型	搅拌机容量/L	混凝土坍落度/mm		
		<30	30~70	>70
		混凝土最短搅拌时间/min		
强制式	≤400	1.5	1.0	1.0
	≤1500	2.5	1.5	1.5

注:1. 当掺入外加剂时,外加剂应调成适当浓度的溶液再掺入,搅拌时间宜延长。
2. 采用分次投料搅拌工艺时,搅拌时间应按工艺要求办理。
3. 当采用其他形式的搅拌设备时,搅拌的最短时间应按设备说明书的规定办理,或经试验确定。

混凝土拌合物的坍落度应在搅拌地点和浇筑地点分别随机取样检测。每一工作班或每一单元结构物不应少于两次。评定时应以浇筑地点的测值为准。如混凝土拌合物从搅拌机出料起至浇筑入模的时间不超过15min时,其坍落度可仅在搅拌地点检测。在检测坍落度时,还应观察混凝土拌合物的黏聚性和保水性。

(2) 混凝土运输。

① 混凝土的运输能力应满足混凝土凝结速度和浇筑速度的要求,使浇筑工作不间断。

② 运送混凝土拌合物的容器或管道应不漏浆、不吸水,内壁光滑平整,能保证卸料及输送畅通。

③ 混凝土拌合物在运输过程中,应保持均匀性,不产生分层、离析等现象,如出现

分层、离析现象，则应对混凝土拌合物进行二次快速搅拌。

④ 混凝土拌合物运输到浇筑地点后，应按规定检测其坍落度，坍落度应符合设计要求和施工工艺要求。

⑤ 预拌混凝土在卸料前需要掺加外加剂时，外加剂的掺量应按配合比通知书执行。掺入外加剂后，应快速搅拌，搅拌时间应根据试验确定。

⑥ 严禁在运输过程中向混凝土拌合物中加水。

⑦ 采用泵送混凝土时，应保证混凝土泵连续工作，受料斗应有足够的混凝土。泵送间歇时间不宜超过15min。

(3) 混凝土浇筑。

① 混凝土浇筑前的检查。浇筑混凝土前，应检查模板、支架的承载力、刚度、稳定性，检查钢筋及预埋件的位置、规格，并做好记录，符合设计要求后方可浇筑。在原混凝土面上浇筑新混凝土时，相接面应凿毛，并清洗干净，表面湿润但不得有积水。

② 混凝土浇筑的具体操作。

a. 混凝土一次浇筑量要适应各施工环节的实际能力，以保证混凝土的连续浇筑。对于大方量混凝土浇筑，应事先制定浇筑方案。

b. 混凝土运输、浇筑及间歇的全部时间不应超过混凝土的初凝时间。同一施工段的混凝土应连续浇筑，并应在底层混凝土初凝之前将上一层混凝土浇筑完毕。

c. 采用振捣器振捣混凝土时，每一振点的振捣延续时间，应以混凝土表面呈现浮浆、不出现气泡和不再沉落为准。

3) 混凝土养护

(1) 一般混凝土浇筑完成后，应在收浆后尽快予以覆盖和洒水养护。对于干硬性混凝土、炎热天气浇筑的混凝土、大面积裸露的混凝土，有条件的可在浇筑完成后立即加设棚罩，待收浆后再予以覆盖和养护。

(2) 洒水养护的时间，采用硅酸盐水泥、普通硅酸盐水泥或矿渣硅酸盐水泥的混凝土，不得少于7d。掺用缓凝型外加剂或有抗渗等要求以及高强度混凝土，不少于14d。使用真空吸水的混凝土，可在保证强度条件下适当缩短养护时间。采用涂刷薄膜养护剂养护时，养护剂应通过试验确定，并应制定操作工艺。采用塑料膜覆盖养护时，应在混凝土浇筑完成后及时覆盖严密，保证膜内有足够的凝结水。

(3) 当气温低于5℃时，应采取保温措施，不得对混凝土洒水养护。

6.3.4 预应力混凝土施工技术

1. 预应力筋及管（孔）道

1) 预应力筋

(1) 预应力混凝土结构所采用预应力筋的质量应符合国家现行标准《预应力混凝土用钢丝》(GB/T 5223—2014)、《预应力混凝土用钢绞线》(GB/T 5224—2023)、《无粘结预应力钢绞线》(JG/T 161—2016)等的规定。每批钢丝、钢绞线、钢筋应由同一牌号、同一规格、同一生产工艺的产品组成。

(2) 新产品及进口材料的质量应符合相应国家现行标准的规定。

(3) 预应力筋进场时，应对其质量证明文件、包装、标志和规格进行检验，并应符合下列规定。

① 钢丝检验每批不得大于 60t；从每批钢丝中抽查 5%，且不少于 5 盘，进行形状、尺寸和表面质量检查，检查不合格，则将该批钢丝全数检查。从检查合格的钢丝中抽查 5%，且不少于 3 盘，在每盘钢丝的两端取样进行抗拉强度、弯曲和伸长率试验。试验结果有一项不合格则该盘钢丝报废，并从同批次未试验过的钢丝盘中取双倍数量的试样进行该不合格项的复验。如仍有一项不合格，则该批钢丝为不合格。

② 钢绞线检验每批不得大于 60t；从每批钢绞线中任取 3 盘，并从每盘所选的钢绞线端部正常部位截取一根试样，进行表面质量、直径偏差检查和力学性能试验。如每批少于 3 盘，应全数检验。试验结果如有一项不合格时，则不合格盘报废，并再从该批未试验过的钢绞线中取双倍数量的试样进行该不合格项的复验。如仍有一项不合格，则该批钢绞线为不合格。

③ 精轧螺纹钢筋检验每批不得大于 60t；对其表面质量应逐根进行外观检查，外观检查合格后从每批中任选 2 根钢筋截取试件进行拉伸试验。试验结果如有一项不合格，则取双倍数量的试样重做试验。如仍有一项不合格，则该批钢筋为不合格。

(4) 预应力筋必须保持清洁，在存放、搬运、施工操作过程中应避免机械损伤和有害物质的锈蚀。如长时间存放，必须安排定期的外观检查。

(5) 存放的仓库应干燥、防潮、通风良好、无腐蚀气体和介质。存放在室外时不得直接堆放在地面上，必须垫高、覆盖、防腐蚀、防雨露，时间不宜超过 6 个月。

(6) 预应力筋的制作。

① 预应力筋下料长度应通过计算确定，计算时应考虑结构的孔道长度或台座长度、锚夹具长度、千斤顶长度、焊接接头或镦头预留量、冷拉伸长值、弹性回缩值、张拉伸长值和外露长度等因素。

钢丝束的两端均采用镦头锚具时，同一束中各根钢丝下料长度的相对差值，当钢丝束长度小于或等于 20m 时，不宜大于 1/3000；当钢丝束长度大于 20m 时，不宜大于 1/5000，且不大于 5mm。

② 预应力筋宜使用砂轮锯或切断机切断，不得采用电弧切割。

③ 预应力筋采用镦头锚固时，高强度钢丝宜采用液压冷镦；冷拔低碳钢丝可采用冷冲镦粗；钢筋宜采用电热镦粗，但 HRB500 级钢筋镦粗后应进行电热处理。冷拉钢筋端头的镦粗及热处理工作，应在钢筋冷拉之前进行，否则应对镦头逐个进行张拉检查，检查时的控制应力应不小于钢筋冷拉时的控制应力。

④ 预应力筋由多根钢丝或钢绞线组成时，在同束预应力筋内，应采用强度相等的预应力钢材。编束时，应逐根梳理顺直不扭转，绑扎牢固（用火烧丝绑扎，每隔 1m 一道），不得互相缠绕。编束后的钢丝和钢绞线应按编号分类存放。钢丝和钢绞线束移运时支点距离不得大于 3m，端部悬出长度不得大于 1.5m。

2) 管（孔）道

(1) 后张有黏结预应力混凝土结构中，预应力筋的孔道一般由浇筑在混凝土中的刚性或半刚性管道构成。一般工程可由钢管抽芯、胶管抽芯或金属伸缩套管抽芯预留管道。浇筑在混凝土中的管道应具有足够的强度和刚度，不允许有漏浆现象，且能按要求传递黏结力。

(2) 常用管道为金属螺旋管或塑料（化学建材）波纹管。管道应内壁光滑，可弯曲成适当的形状而不出现卷曲或被压扁。金属螺旋管的性能应符合国家现行标准《预应力混凝土用金属波纹管》（JG/T 225—2020）的规定，塑料波纹管的性能应符合《预应力混凝土桥梁用塑料波纹管》（JT/T 529—2016）的规定。

(3) 管道的检验。

① 管道进场时，应检查出厂合格证和质量保证书，核对其类别、型号、规格及数量，应对外观、尺寸、集中荷载下的径向刚度、荷载作用后的抗渗及抗弯曲渗漏等进行检验。检验方法应按有关规范、标准进行。

② 管道按批进行检验。金属螺旋管每批由同一生产厂家，同一批钢带所制作的产品组成，累计半年或 50000m 生产量为一批。塑料波纹管每批由同配方、同工艺、同设备稳定连续生产的产品组成，每批数量不应超过 10000m。

(4) 管（孔）道的其他要求。

① 在桥梁的某些特殊部位，设计无要求时，可采用符合要求的平滑钢管或高密度聚乙烯管，其管壁厚不得小于 2mm。

② 管道的内横截面面积至少应是预应力筋净截面面积的 2 倍。不足这一面积时，应通过试验验证其可否进行正常压浆作业。超长钢束的管道也应通过试验确定其面积比。

2. 锚具和连接器

1) 基本要求

(1) 后张预应力锚具和连接器按照锚固方式不同，可分为夹片式（单孔和多孔夹片锚具）、支承式（镦头锚具、螺母锚具）、锥塞式（钢制锥形锚具）和握裹式（挤压锚具、压花锚具等）。

(2) 预应力锚具、夹具和连接器应具有可靠的锚固性能、足够的承载能力和良好的适用性，并应符合国家现行标准《预应力筋用锚具、夹具和连接器》（GB/T 14370—2015）和《预应力筋用锚具、夹具和连接器应用技术规程》（JGJ 85—2010）的规定。

(3) 适用于高强度预应力筋的锚具（或连接器），也可以用于较低强度的预应力筋。仅能适用于低强度预应力筋的锚具（或连接器），不得用于高强度预应力筋。

(4) 锚具应满足分级张拉、补张拉和放松预应力的要求。锚固多根预应力筋的锚具，除应有整束张拉的性能外，尚宜具有单根张拉的可能性。

(5) 用于后张法的连接器，必须符合锚具的性能要求。

(6) 当锚具下的锚垫板要求采用喇叭管时，喇叭管宜选用钢制或铸铁产品。锚垫板应设置足够的螺旋筋或网状分布钢筋。

(7) 锚垫板与预应力筋（或孔道）在锚固区及其附近应相互垂直。后张构件锚垫板上宜设灌浆孔。

2) 验收规定

(1) 锚具、夹具及连接器进场验收时，应按出厂合格证和质量保证书核查其锚固性能、类别、型号、规格、数量，确认无误后进行外观检查、硬度检验和静载锚固性能试验。

(2) 验收应分批进行，批次划分时，同一种材料和同一生产工艺条件下生产的产品可列为同一批量。锚具、夹具应以不超过1000套为一个验收批。连接器的每个验收批不宜超过500套。

① 外观检查。从每批锚具（夹具或连接器）中抽取10%且不少于10套，进行外观质量和外形尺寸检查。所抽全部样品表面均不得有裂纹，尺寸偏差不能超过产品标准及设计图纸规定的尺寸允许偏差。当有一套不合格时，另取双倍数量的锚具（夹具或连接器）重做检查，如仍有一套不符合要求时，则应逐套检查，合格者方可使用。

② 硬度检验。从每批锚具（夹具或连接器）中抽取5%且不少于5套进行硬度检验。对其中有硬度要求的零件做硬度试验，对多孔夹片式锚具的夹片，每套至少抽取5片，每个零件测试3点，其硬度应在产品设计要求范围内。有一个零件不合格时，则应另取双倍数量的零件重做检验，仍有一件不合格时，则应对该批产品逐个检查，合格者方可使用。

(3) 静载锚固性能试验：对大桥、特大桥等重要工程、质量证明资料不齐全、不正确或质量有疑点的锚具，在通过外观检查和硬度检验的同批中抽取6套锚具（夹具或连接器），组成3个预应力锚具组装件，由具有相应资质的专业检测机构进行静载锚固性能试验。如有一个试件不符合要求，则应另取双倍数量的锚具（夹具或连接器）重做试验；如仍有一个试件不符合要求，则该批产品视为不合格品。

对用于中小桥梁的锚具（夹具或连接器）进场验收，其静载锚固性能可由锚具生产厂提供试验报告。

3. 预应力混凝土配制与浇筑

1) 配制

(1) 预应力混凝土应优先采用硅酸盐水泥、普通硅酸盐水泥，不宜使用矿渣硅酸盐水泥，不得使用火山灰质硅酸盐水泥及粉煤灰硅酸盐水泥。粗集料应采用碎石，其粒径宜为5～25mm。

(2) 混凝土中的水泥用量不宜大于550kg/m^3。

(3) 混凝土中严禁使用含氯化物的外加剂及引气剂或引气型减水剂。

(4) 从各种材料引入混凝土中的氯离子最大含量不宜超过水泥用量的0.06%。超过0.06%时，宜采取掺加阻锈剂、增加保护层厚度、提高混凝土密实度等防锈措施。

2) 浇筑

(1) 浇筑混凝土时，对预应力筋锚固区及钢筋密集部位，应加强振捣。

(2) 对先张构件应避免振捣器碰撞预应力筋，对后张构件应避免振捣器碰撞预应力筋的管道。

(3) 混凝土施工尚应符合规范的有关规定。

4. 预应力张拉施工

1) 基本规定

(1) 预应力筋的张拉控制应力必须符合设计规定。

(2) 预应力筋采用应力控制方法张拉时，应以伸长值进行校核。实际伸长值与理论伸长值的差值应符合设计要求；设计无要求时，实际伸长值与理论伸长值之差应控制在6%以内。否则应暂停张拉，待查明原因并采取措施后，方可继续张拉。

(3) 预应力张拉时，应先调整到初应力（σ_0），该初应力宜为张拉控制应力（σ_{con}）的10%～15%，伸长值应从初应力时开始量测。

（4）预应力筋的锚固应在张拉控制应力处于稳定状态下进行，锚固阶段张拉端预应力筋的内缩量，不得大于设计要求或规范规定。

2）先张法预应力施工

先张法预应力施工如图 6.12 所示。

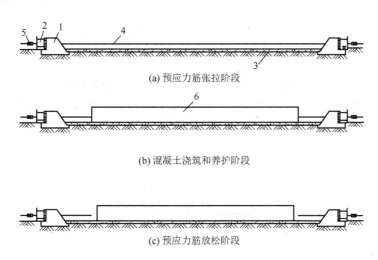

1—台座；2—横梁；3—台面；4—预应力筋；5—锚具；6—混凝土构件

图 6.12 先张法预应力施工

（1）张拉台座应具有足够的强度和刚度，其抗倾覆安全系数不得小于 1.5，抗滑移安全系数不得小于 1.3。张拉横梁应有足够的刚度，受力后的最大挠度不得大于 2mm。锚垫板受力中心应与预应力筋合力中心一致。

（2）预应力筋连同隔离套管应在钢筋骨架完成后一并穿入就位。就位后，严禁使用电弧焊对梁体钢筋及模板进行切割或焊接。隔离套管内端应堵严。

（3）同时张拉多根预应力筋时，各根预应力筋的初始应力应一致。张拉过程中应使活动横梁与固定横梁始终保持平行。

（4）张拉程序应符合设计要求，设计未要求时，其张拉程序应符合表 6-3 的规定。张拉钢筋时，为保证施工安全，应在超张拉放张至 $0.9\sigma_{con}$ 时安装模板、普通钢筋及预埋件等。

表 6-3 先张法预应力筋张拉程序

预应力筋种类	张拉程序
钢筋	0→初应力→$1.05\sigma_{con}$→$0.9\sigma_{con}$→σ_{con}（锚固）
钢丝、钢绞线	0→初应力→$1.05\sigma_{con}$（持荷 2min）→0→σ_{con}（锚固） 对于夹片式等具有自锚性能的锚具： 普通松弛力筋 0→初应力→$1.03\sigma_{con}$（锚固） 低松弛力筋 0→初应力→σ_{con}（持荷 2min 锚固）

注：σ_{con} 为张拉时的控制应力值，包括预应力损失值。

（5）张拉过程中，预应力筋的断丝、断筋数量不得超过表 6-4 的规定。

表 6-4　先张法预应力筋的断丝、断筋数量

预应力筋种类	项　目	控　制　值
钢筋	断筋	不允许
钢丝、钢绞线	同一构件内断丝数不得超过钢丝总数	1%

（6）放张预应力筋时混凝土强度必须符合设计要求，设计未要求时，不得低于强度设计值的 75%。放张顺序应符合设计要求，设计未要求时，应分阶段、对称、交错地放张。放张前，应将限制位移的模板拆除。

3）后张法预应力施工

后张法预应力施工如图 6.13 所示。

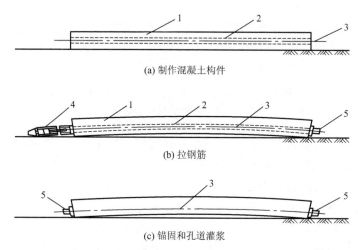

1—混凝土构件；2—预留孔道；3—预应力筋；4—千斤顶；5—锚具

图 6.13　后张法预应力施工

（1）预应力管道安装应符合下列要求。

① 管道应采用定位钢筋牢固地定位于设计位置。

② 金属管道接头应采用套管连接，连接套管宜采用大一个直径型号的同类管道，且应与金属管道封裹严密。

③ 管道应留压浆孔与溢浆孔；曲线孔道的波峰部位应留排气孔；在最低部位宜留排水孔。

④ 管道安装就位后应立即通孔检查，发现堵塞应及时疏通。管道经检查合格后应及时将其端面封堵，防止杂物进入。

⑤ 管道安装后，需在其附近进行焊接作业时，必须对管道采取保护措施。

（2）预应力筋安装应符合下列要求。

① 先穿束后浇混凝土时，浇筑混凝土之前，必须检查管道并确认完好；浇筑混凝土时应定时抽动、转动预应力筋。

② 先浇混凝土后穿束时，浇筑后应立即疏通管道，确保其畅通。

③ 混凝土采用蒸汽养护时，养护期内不得装入预应力筋。

④ 穿束后至孔道灌浆完成应控制在下列时间以内，否则应对预应力筋采取防锈措施：空气湿度大于70%或盐分过大时，7d；空气湿度40%～70%时，15d；空气湿度小于40%时，20d。

⑤ 在预应力筋附近进行电焊时，应对预应力筋采取保护措施。

（3）预应力筋张拉应符合下列要求。

① 混凝土强度应符合设计要求，设计未要求时，不得低于强度设计值的75%；且应将限制位移的模板拆除后，方可进行张拉。

② 预应力筋张拉端的设置应符合设计要求。当设计未要求时，应符合下列规定。

a. 曲线预应力筋或长度大于或等于25m的直线预应力筋，宜在两端张拉；长度小于25m的直线预应力筋，可在一端张拉。

b. 当同一截面中有多束一端张拉的预应力筋时，张拉端宜均匀交错地设置在结构的两端。

③ 张拉前应根据设计要求对孔道的摩阻损失进行实测，以便确定张拉控制应力值，并确定预应力筋的理论伸长值。

④ 预应力筋的张拉顺序应符合设计要求。当设计无要求时，可采取分批、分阶段对称张拉，宜先中间，后上、下或两侧。

⑤ 预应力筋张拉程序应符合表6-5的规定。

表6-5 后张法预应力筋张拉程序

预应力筋种类		张 拉 程 序
钢绞线束	对夹片式等有自锚性能的锚具	普通松弛力筋 0→初应力→1.03σ_{con}（锚固） 低松弛力筋 0→初应力→σ_{con}（持荷2min锚固）
	其他锚具	0→初应力→1.05σ_{con}（持荷2min）→σ_{con}（锚固）
钢丝束	对夹片式等有自锚性能的锚具	普通松弛力筋 0→初应力→1.03σ_{con}（锚固） 低松弛力筋 0→初应力→σ_{con}（持荷2min锚固）
	其他锚具	0→初应力→1.05σ_{con}（持荷2min）→0→σ_{con}（锚固）
精轧螺纹钢筋	直线配筋时	0→初应力→σ_{con}（持荷2min锚固）
	曲线配筋时	0→σ_{con}（持荷2min）→0（上述程序可反复几次）→初应力→σ_{con}（持荷2min锚固）

注：1. σ_{con}为张拉时的控制应力值，包括预应力损失值。

2. 梁的竖向预应力筋可一次张拉到控制应力，持荷5min锚固。

⑥ 张拉过程中预应力筋断丝、滑丝、断筋的数量不得超过表6-6的规定。

表 6-6 后张法预应力筋断丝、滑丝、断筋的数量

预应力筋种类	项目	控制值
钢丝束、钢绞线束	每束钢丝断丝、滑丝	1 根
	每束钢绞线断丝、滑丝	1 丝
	每个断面断丝之和不超过该断面钢丝总数	1%
钢筋	断筋	不允许

注：1. 钢绞线断丝系指单根钢绞线内钢丝的断丝。
2. 超过表列控制数量时，原则上应更换。当不能更换时，在许可的条件下，可采取补救措施，如提高其他钢丝束的控制应力值，应满足设计上各阶段极限状态的要求。

（4）张拉控制应力达到稳定后方可锚固。锚具应用封端混凝土保护，当需较长时间外露时，应采取防锈蚀措施。锚固完毕经检验合格后，方可切割端头多余的预应力筋。

4）孔道压浆

（1）预应力筋张拉后，应及时进行孔道压浆，多跨连续有连接器的预应力筋孔道，应张拉完一段灌注一段。孔道压浆宜采用水泥浆。水泥浆的强度应符合设计要求，设计无要求时不得低于 30MPa。

（2）压浆后应从检查孔抽查压浆的密实情况，如有不实，应及时处理。压浆作业，每一工作班应留取不少于 3 组砂浆试块，标准养护 28d，以其抗压强度作为水泥浆质量的评定依据。

（3）压浆过程中及压浆后的 48h 内，结构混凝土的温度不得低于 5℃，否则应采取保温措施。当白天气温高于 35℃时，压浆宜在夜间进行。

（4）埋设在结构内的锚具，压浆后应及时浇筑封锚混凝土。封锚混凝土的强度等级应符合设计要求，不宜低于结构混凝土强度等级的 80%，且不低于 30MPa。

（5）孔道内的水泥浆强度达到设计要求后方可吊移预制构件；设计未要求时，应不低于砂浆设计强度的 75%。

6.4 桥梁下部结构施工技术

桥梁下部结构施工包括墩台基础施工、墩台施工、支座安装和桥台锥坡施工等。

6.4.1 围堰施工技术

1. 围堰施工的一般规定

（1）围堰高度应高出施工期间可能出现的最高水位（包括浪高）0.5~0.7m。

（2）围堰外形一般有圆形、圆端形（上、下游为半圆形，中间为矩形）、矩形、带三角的矩形等。围堰外形直接影响堰体的受力情况，必须考虑堰体结构的承载力和稳定性。围堰外形还应考虑水域的水深，因围堰施工造成河流断面被压缩后，流速增大引起水流对围堰、河床的集中冲刷，以及对航道、导流的影响。

(3) 堰内平面尺寸应满足基础施工的需要。
(4) 围堰要求防水严密，减少渗漏。
(5) 堰体外坡面有受冲刷危险时，应在外坡面设置防冲刷设施。

2. 各类围堰适用范围

各类围堰适用范围见表6-7。

表6-7 各类围堰适用范围

围堰类型		适用范围
土石围堰	土围堰	水深≤1.5m，流速≤0.5m/s，河边浅滩，河床渗水性较小
	土袋围堰	水深≤3m，流速≤1.5m/s，河床渗水性较小，或淤泥较浅
	木桩竹条土围堰	水深1.5~7m，流速≤2m/s，河床渗水性较小，能打桩，盛产竹木地区
	竹篱土围堰	水深1.5~7m，流速≤2m/s，河床渗水性较小，能打桩，盛产竹木地区
	竹、铅丝笼围堰	水深4m以内，河床难以打桩，流速较大
	堆石土围堰	河床渗水性很小，流速≤3m/s，石块能就地取材
板桩围堰	钢板桩围堰	深水或深基坑，有流速较大的砂类土、黏性土、碎石土及风化岩等坚硬河床。防水性能好，整体刚度较强
	钢筋混凝土板桩围堰	深水或深基坑，有流速较大的砂类土、黏性土、碎石土河床。除用于挡水、防水外，还可作为基础结构的一部分，也可采取拔除周转使用，能节约大量木材
套箱围堰		流速≤2m/s，覆盖层较薄，岩石河床平坦，水中基础埋置不深，也可用于修建桩基承台
双壁钢围堰		大型河流的深水基础，覆盖层较薄，岩石河床平坦

1) 土围堰施工要求

(1) 筑堰材料宜用黏性土、粉质黏土或砂质黏土。填出水面之后应进行夯实。填土应自上游开始至下游合龙。

(2) 筑堰前，必须将筑堰部位河床之上的杂物、石块及树根等清除干净。

(3) 堰顶宽度可为1~2m。机械挖基时不宜小于3m。堰外边坡迎水流一侧坡度宜为(1:3)~(1:2)，背水流一侧可为1:2之内。堰内边坡宜为(1:1.5)~(1:1)。内坡脚与基坑边的距离不得小于1m。

2) 土袋围堰施工要求

(1) 围堰两侧用草袋、麻袋、玻璃纤维袋或无纺布袋装土堆码。袋中宜装不渗水的黏性土，装土量为土袋容量的1/2~2/3。袋口应缝合。堰外边坡为(1:1)~(1:0.5)，堰内边坡为(1:0.5)~(1:0.2)。围堰中心部分可填筑黏土及黏性土芯墙。

(2) 堆码土袋，应自上游开始至下游合龙。上下层和内外层的土袋均应相互错缝，尽量堆码密实、平稳。

(3) 筑堰前，堰底河床的处理、内坡脚与基坑的距离、堰顶宽度与土围堰施工要求相同。

3) 钢板桩围堰施工要求

(1) 有大漂石及坚硬岩石的河床不宜使用钢板桩围堰。

(2) 钢板桩的机械性能和尺寸应符合规定要求。

(3) 施打钢板桩前，应在围堰上、下游及两岸设测量观测点，控制围堰长、短边方向的施打定位。施打时，必须备有导向设备，以保证钢板桩的位置正确。

(4) 施打前，应将钢板桩的锁口用止水材料捻缝，以防漏水。

(5) 施打顺序一般从上游向下游合龙。

(6) 钢板桩可用锤击、振动、射水等方法下沉，但在黏土中不宜使用射水下沉方法。

(7) 经过整修或焊接后的钢板桩应用同类型的钢板桩进行锁口试验、检查。接长的钢板桩，其相邻两钢板桩的接头位置应上下错开。

(8) 施打过程中，应随时检查桩的位置是否正确、桩身是否垂直，否则应立即纠正或拔出重打。

4) 钢筋混凝土板桩围堰施工要求

(1) 板桩断面应符合设计要求。板桩桩尖角度视土质坚硬程度而定。沉入砂砾层的板桩桩头，应增设加劲钢筋或钢板。

(2) 钢筋混凝土板桩的制作，应用刚度较大的模板，榫口接缝应顺直、密合。如用中心射水下沉，板桩预制时，应留射水通道。

(3) 目前钢筋混凝土板桩中，空心板桩较多。空心多为圆形，用钢管作芯模。板桩的榫口一般圆形的较好。桩尖一般斜度为 (1∶2.5)～(1∶1.5)。

5) 套箱围堰施工要求

(1) 无底套箱用木板、钢板或钢丝网水泥制作，内设木、钢支撑。套箱可制成整体式或装配式。

(2) 制作中应防止套箱接缝漏水。

(3) 下沉套箱前，同样应清理河床。若套箱设置在岩层上时，应整平岩面。当岩面有坡度时，套箱底的倾斜度应与岩面相同，以增加稳定性并减少渗漏。

6) 双壁钢围堰施工要求

(1) 双壁钢围堰应做专门设计，其承载力、刚度、稳定性、锚碇系统及使用期等应满足施工要求。

(2) 双壁钢围堰应按设计要求在工厂制作，其分节分块的大小应按工地吊装、移运能力确定。

(3) 双壁钢围堰各节块拼焊时，应按预先安排的顺序对称进行。拼焊后应进行焊接质量检验及水密性试验。

(4) 钢围堰浮运定位时，应对浮运、就位和灌水着床时的稳定性进行验算。尽量安排在能保证浮运顺利进行的低水位或水流平稳时进行，宜在白昼无风或小风时浮运。在水深或水急处浮运时，可在围堰两侧设导向船。围堰下沉前初步锚于墩位上游处。在浮运、下沉过程中，围堰露出水面的高度不应小于1m。

(5) 就位前应对所有缆绳、锚链、锚碇和导向设备进行检查调整，以使围堰落床工作顺利进行，并注意水位涨落对锚碇的影响。

(6) 锚碇体系的锚绳规格、长度应相差不大。锚绳受力应均匀。边锚的预拉力要适当，避免导向船和钢围堰摆动过大或折断锚绳。

(7) 准确定位后，应向堰体壁腔内迅速、对称、均衡灌水，使围堰落床。

(8) 落床后应随时观测水域内流速增大而造成的河床局部冲刷，必要时可在冲刷段用卵石、碎石垫填整平，以改变河床上的粒径，减少冲刷深度，增加围堰稳定性。

(9) 钢围堰着床后，应加强对冲刷和偏斜情况的检查，发现问题及时调整。

(10) 钢围堰浇筑水下封底混凝土之前，应按照设计要求进行清基，并由潜水员逐片检查合格后方可封底。

(11) 钢围堰着床后的允许偏差应符合设计要求。当作为承台模板使用时，其误差应符合模板的施工要求。

6.4.2　桩基础施工方法与设备选择

城市桥梁工程常用的桩基础通常可分为沉入桩基础和灌注桩基础，按成桩施工方法又可分为沉入桩、钻孔灌注桩、人工挖孔桩。下面介绍前两项。

1. 沉入桩

常用的沉入桩有钢筋混凝土桩（图6.14）、预应力混凝土桩（图6.15）和钢管桩。

图6.14　钢筋混凝土桩

图6.15　预应力混凝土桩

1) 沉桩方式及设备选择

(1) 锤击沉桩宜用于砂类土、黏性土。桩锤的选用应根据地质条件、桩型、桩的密集程度、单桩竖向承载力及现有施工条件等因素确定。

(2) 振动沉桩宜用于锤击沉桩效果较差的密实的黏性土、砾石、风化岩。

(3) 在密实的砂土、碎石土、砂砾的土层中用锤击法、振动沉桩法有困难时，可采用射水作为辅助手段进行沉桩施工。在黏性土中应慎用射水沉桩；在重要建筑物附近不宜采用射水沉桩。

(4) 静力压桩宜用于软黏土（标准贯入度 $N<20$）、淤泥质土。

(5) 钻孔埋桩宜用于黏土、砂土、碎石土且河床覆土较厚的情况。

2) 准备工作

(1) 沉桩前应掌握工程地质钻探资料、水文资料和打桩资料。

(2) 沉桩前必须处理地上（下）障碍物，平整场地，并应满足沉桩所需的地面承载力。

(3) 应根据现场环境状况采取降噪声措施；在城区、居民区等人员密集的场所不得进行沉桩施工。

(4) 对地质复杂的大桥、特大桥，为检验桩的承载能力和确定沉桩工艺应进行试桩。

(5) 贯入度应通过试桩或做沉桩试验后会同监理及设计单位研究确定。

(6) 用于地下水有侵蚀性的地区或腐蚀性土层的钢桩应按照设计要求做好防腐处理。

3) 施工技术要点

(1) 预制桩的接桩可采用焊接、法兰连接或机械连接，接桩材料工艺应符合规范要求。

(2) 沉桩时，桩帽或送桩帽与桩周围间隙应为 5~10mm；桩锤、桩帽或送桩帽应和桩身在同一中心线上；桩身垂直度偏差不得超过 0.5%。

(3) 沉桩顺序：对于密集桩群，自中间向两个方向或四周对称施打；根据基础的设计标高，宜先深后浅；根据桩的规格，宜先大后小、先长后短。

(4) 施工中若锤击有困难时，可在管内助沉。

(5) 桩终止锤击的控制应视桩端土质而定，一般情况下以控制桩端设计标高为主，贯入度为辅。

(6) 沉桩过程中应加强邻近建筑物、地下管线等的观测、监护。

(7) 在沉桩过程中发现以下情况应暂停施工，并应采取措施进行处理。

① 贯入度发生剧变。

② 桩身发生突然倾斜、位移或有严重回弹。

③ 桩头或桩身遭破坏。

④ 地面隆起。

⑤ 桩身上浮。

2. 钻孔灌注桩

1) 准备工作

(1) 施工前应掌握工程地质资料、水文资料，具备所用各种原材料及制品的质量检验报告。

(2) 施工时应按有关规定，制定安全生产、保护环境等措施。

(3) 灌注桩施工应有齐全、有效的施工记录。

2) 成孔方式与设备选择

成孔方式可分为泥浆护壁成孔、干作业成孔、沉管成孔及爆破成孔，成孔方式与适用条件可参考表 6-8。

下面介绍泥浆护壁成孔、干作业成孔。

(1) 泥浆护壁成孔。

① 泥浆制备与护筒埋设。

a. 泥浆制备根据施工机具、工艺及穿越土层情况进行配合比设计，宜选用高塑性黏土或膨润土。

表 6-8　成孔方式与适用条件

序号	成孔方式与设备		适用条件
1	泥浆护壁成孔	正循环	黏性土、粉砂、细砂、中砂、粗砂，含少量砾石、卵石（含量少于20%）的土、软岩
		反循环	黏性土、砂土，含少量砾石、卵石（含量少于20%，粒径小于钻杆内径2/3）的土
		冲抓钻	黏性土、粉土、砂土、填土、碎石土及风化岩层
		冲击钻	
		旋挖钻	
		潜水钻	黏性土、淤泥、淤泥质土及砂土
2	干作业成孔	长螺旋钻孔	地下水位以上的黏性土、砂土及人工填土非密实的碎石类土、强风化岩
		钻孔扩底	地下水位以上的坚硬、硬塑的黏性土及中密以上的砂土风化岩层
		人工挖孔	地下水位以上的黏性土、黄土及人工填土
3	沉管成孔	夯扩	桩端持力层为埋深不超过20m的中、低压缩性黏性土、粉土、砂土和碎石类土
		振动	黏性土、粉土和砂土
4	爆破成孔		地下水位以上的黏性土、黄土、碎石类土及风化岩

b. 护筒埋设深度应符合有关规定。护筒顶面宜高出施工水位或地下水位 2m，并宜高出施工地面 0.3m。其高度尚应满足孔内泥浆面高度的要求。

c. 灌注混凝土前，清孔后的泥浆相对密度应小于 1.10，含砂率不得大于 2%，黏度不得大于 20Pa·s。

d. 现场应设置泥浆池和泥浆收集设施，对废弃的泥浆、钻渣应进行处理，不得污染环境。

② 正、反循环钻孔（图 6.16）。

a. 泥浆护壁成孔时根据泥浆补给情况控制钻进速度，保持钻机稳定。

b. 钻进过程中如发生斜孔、塌孔和护筒周围冒浆、失稳等现象时，应先停钻，待采取相应措施后再进行钻进。

c. 钻孔达到设计深度，灌注混凝土之前，孔底沉渣厚度应符合设计要求。设计未要求时端承型桩的沉渣厚度不应大于 100mm；摩擦型桩的沉渣厚度不应大于 300mm。

③ 冲击钻成孔。

a. 冲击钻成孔时，应低锤密击，反复冲击造壁，保持孔内泥浆面稳定。

b. 应采取有效的技术措施防止扰动孔壁、塌孔、扩孔、卡钻和掉钻及泥浆流失等事故。

c. 每钻进 4～5m 应验孔一次，在更换钻头前或容易缩孔处，均应验孔并做记录。

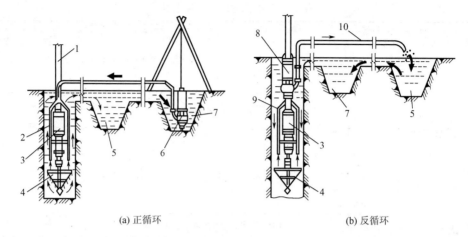

(a) 正循环　　　　　　　　　(b) 反循环

1—钻杆；2—送水管；3—主机；4—钻头；5—沉淀池；6—潜水泥浆泵；7—泥浆池；
8—砂石泵；9—抽渣管；10—排渣胶管

图 6.16　正、反循环钻孔

d. 排渣过程中应及时补给泥浆。

e. 冲孔中遇到斜孔、梅花孔、塌孔等情况时，应采取措施后方可继续施工。

f. 稳定性差的孔壁应采用泥浆循环或抽渣管排渣，清孔后灌注混凝土之前的泥浆指标应符合要求。

④ 旋挖钻成孔。

a. 旋挖钻成孔灌注桩应根据不同的地层情况及地下水位埋深，采用不同的成孔工艺。

b. 泥浆制备的能力应大于钻孔时的泥浆需求量，每台套钻机的泥浆储备量不少于单桩体积。

c. 成孔前和每次提出钻斗时，应检查钻斗和钻杆连接销子、钻斗门连接销子以及钢丝绳的状况，并应清除钻斗上的渣土。

d. 旋挖钻成孔应采用跳挖方式，并根据钻进速度同步补充泥浆，保持所需的泥浆面高度不变。

e. 孔底沉渣厚度控制指标符合要求。

（2）干作业成孔。

① 长螺旋钻孔。

a. 钻机定位后，应进行复检，钻头与桩位点偏差不得大于 20mm，开孔时下钻速度应缓慢；钻进过程中，不宜反转或提升钻杆。

b. 在钻进过程中遇到卡钻、钻机摇晃、偏斜或发生异常声响时，应立即停钻，查明原因，采取相应措施后方可继续作业。

c. 钻至设计标高后，应先泵入混凝土并停顿 10~20s，再缓慢提升钻杆。提钻速度应根据土层情况确定，并保证管内有一定高度的混凝土。

d. 混凝土压灌结束后，应立即将钢筋笼插至设计深度，并及时清除钻杆及泵（软）管内残留混凝土。

② 钻孔扩底。

a. 钻杆应保持垂直稳固，位置准确，防止因钻杆晃动引起孔径扩大。

b. 钻孔扩底桩施工扩底孔部分虚土厚度应符合设计要求。

c. 灌注混凝土时，第一次应灌到扩底部位的顶面，随即振捣密实；灌注桩顶以下5m范围内混凝土时，应随灌注随振动，每次灌注高度不大于1.5m。

③ 人工挖孔。

a. 人工挖孔桩必须在保证施工安全前提下选用。

b. 人工挖孔桩截面一般为圆形，也有方形；孔径1200～2000mm，最大可达3500mm；挖孔深度不宜超过25m。

c. 采用混凝土或钢筋混凝土支护孔壁技术，护壁的厚度、拉结钢筋、配筋、混凝土强度等级均应符合设计要求；井圈中心线与设计轴线的偏差不得大于20mm；上下节护壁混凝土的搭接长度不得小于50mm；每节护壁必须保证振捣密实，并应当日施工完毕；应根据土层渗水情况使用速凝剂；模板拆除应在混凝土强度大于5MPa后进行。

d. 挖孔达到设计深度后，应进行孔底处理，必须做到孔底表面无松渣、泥、沉淀土。

(3) 钢筋笼与灌注混凝土施工要点。

① 钢筋笼加工应符合设计要求。钢筋笼制作、运输和吊装过程中应采取适当的加固措施，防止变形。

② 吊放钢筋笼入孔时，不得碰撞孔壁，就位后应采取加固措施固定钢筋笼的位置。

③ 沉管灌注桩内径应比套管内径小60～80mm，用导管灌注水下混凝土的桩，其钢筋笼内径应比导管连接处的外径大100mm以上。

④ 灌注桩采用的水下灌注混凝土宜采用预拌混凝土，其集料粒径不宜大于40mm。

⑤ 灌注桩各工序应连续施工，钢筋笼放入泥浆后4h内必须浇筑混凝土。

⑥ 桩顶混凝土浇筑完成后应高出设计标高0.5～1m，以确保桩头浮浆层凿除后桩基面混凝土达到设计强度。

⑦ 当气温低于0℃时，浇筑混凝土应采取保温措施，浇筑时混凝土的温度不得低于5℃。当气温高于30℃时，应根据具体情况对混凝土采取缓凝措施。

⑧ 灌注桩的实际浇筑混凝土量不得小于计算体积；套管成孔的灌注桩任何一段平均直径与设计直径的比值不得小于1.0。

(4) 灌注水下混凝土。

① 桩孔检验合格，吊装钢筋笼完毕后，安置导管浇筑混凝土。

② 混凝土配合比应通过试验确定，须具备良好的和易性，坍落度宜为180～220mm。

③ 导管应符合下列要求。

a. 导管内壁应光滑圆顺，直径宜为20～30cm，节长宜为2m。

b. 导管不得漏水，使用前应试拼、试压。

c. 导管轴线偏差不宜超过孔深的0.5%，且不宜大于10cm。

d. 导管采用法兰盘接头宜加锥形活套；采用螺旋丝扣型接头时必须有防止松脱装置。

④ 使用的隔水球应有良好的隔水性能，并应保证顺利排出。

⑤ 开始灌注混凝土时，导管底部至孔底的距离宜为300～500mm；导管首次埋入混凝土灌注面以下不应少于1.0m；在灌注过程中，导管埋入混凝土深度宜为2～6m。

⑥ 灌注水下混凝土必须连续施工，并应控制提拔导管速度，严禁将导管提出混凝土灌注面。灌注过程中的故障应记录备案。

6.4.3 墩台、盖梁施工技术

1. 现浇混凝土墩台、盖梁

1) 重力式混凝土墩台施工

（1）墩台混凝土浇筑前应对基础混凝土顶面做凿毛处理，清除锚筋污锈。

（2）墩台混凝土宜水平分层浇筑，每层高度宜为1.5～2m。

（3）墩台混凝土分块浇筑时，接缝应与墩台截面尺寸较小的一边平行，邻层分块接缝应错开，接缝宜做成企口形。分块数量，墩台水平截面积在200m²以内不得超过2块；在300m²以内不得超过3块。每块面积不得小于50m²。

明挖基础上灌注墩台第一层混凝土时，要防止水分被基础吸收或基顶水分渗入混凝土而降低强度。

大体积混凝土浇筑及质量控制应参照有关规范进行。

2) 柱式墩台施工

（1）模板、支架稳定计算中应考虑风力影响。

（2）墩台柱与承台基础接触面应凿毛处理，清除钢筋污锈。浇筑墩台柱混凝土时，应铺同配合比的水泥砂浆一层。墩台柱的混凝土宜一次连续浇筑完成。

（3）柱身高度内有系梁连接时，系梁应与柱同步浇筑。V形墩柱混凝土应对称浇筑。

（4）采用预制混凝土管做柱身外模时，预制管安装应符合下列要求。

① 基础面宜采用凹槽接头，凹槽深度不得小于50mm。

② 上下管节安装就位后，应采用四根竖方木对称设置在管柱四周并绑扎牢固，防止撞击错位。

③ 混凝土管柱外模应设斜撑，以保证浇筑时的稳定。

④ 管节接缝应采用水泥砂浆等材料密封。

（5）钢管混凝土墩台柱应采用补偿收缩混凝土，一次连续浇筑完成。钢管的焊制与防腐应符合设计要求或相关规范规定。

3) 盖梁施工

（1）在城镇交通繁华路段施工盖梁时，宜采用整体组装模板、快装组合支架，以减少占路时间。

（2）盖梁为悬臂梁时，混凝土浇筑应从悬臂端开始；预应力钢筋混凝土盖梁拆除底模时间应符合设计要求；如设计无要求，孔道压浆强度达到设计强度后，方可拆除底模。

2. 预制混凝土柱和盖梁安装

1) 预制混凝土柱安装

（1）基础杯口的混凝土强度必须达到设计要求，方可进行预制柱安装。杯口在安装前应校核长、宽、高，确认合格。杯口与预制件接触面均应凿毛处理，埋件应除锈并应校核位置，合格后方可安装。

（2）预制柱安装就位后应采用硬木楔或钢楔固定，并加斜撑保持柱体稳定，在确保稳定后方可摘去吊钩。

（3）安装后应及时浇筑杯口混凝土，待混凝土硬化后拆除硬楔，浇筑二次混凝土，待杯口混凝土达到设计强度的 75% 后方可拆除斜撑。

2) 预制混凝土盖梁安装

（1）预制盖梁安装前，应对接头混凝土面凿毛处理，预埋件应除锈。

（2）在墩台柱上安装预制盖梁时，应对墩台柱进行固定和支撑，以确保稳定。

（3）盖梁就位时，应检查轴线和各部尺寸，确认合格后方可固定，并浇筑接头混凝土。接头混凝土达到设计强度后，方可卸除临时固定设施。

3. 重力式砌体墩台

（1）墩台砌筑前，应清理基础，保持洁净，并测量放线，设置线杆。

（2）墩台砌体应采用坐浆法分层砌筑，竖缝均应错开，不得贯通。

（3）砌筑墩台镶面石应从曲线部分或角部开始。

（4）桥墩分水体镶面石的抗压强度不得低于设计要求。

（5）砌筑的石料和混凝土预制块应清洗干净，保持湿润。

6.5　桥梁上部结构施工技术

桥梁上部结构施工包括模板制作与安装，钢筋制作与安装，混凝土浇筑，预制构件的运输和安装等。

6.5.1　装配式梁（板）施工技术

装配式梁（板）施工技术中，包括预应力（钢筋）混凝土简支梁（板）施工技术。

港珠澳大桥

1. 装配式梁（板）施工方案

（1）装配式梁（板）施工方案编制前，应对施工现场条件和拟定运输路线交通情况进行充分调研和评估。

（2）预制和吊运方案。

① 应按照设计要求，并结合现场条件确定梁（板）预制和吊运方案。

② 应依据施工组织进度和现场条件，选择构件厂（或基地）预制和施工现场预制。

③ 依照吊装机具不同，梁（板）架设方法分为起重机架梁法、跨墩龙门吊架梁法和穿巷式架桥机架梁法。无论选择哪种方法都应在充分调研和技术经济综合分析的基础上进行。

2. 技术要求

1) 预制构件与支承结构

安装构件前必须检查构件外形及其预埋件尺寸和位置，其偏差不应超过设计或规范允许值。

装配式桥梁构件在脱底模、移运、堆放和吊装就位时，混凝土的强度不应低于设计要求的吊装强度，设计无要求时一般不应低于设计强度的 75%。预应力混凝土构件吊装时，其孔道水泥浆的强度不应低于构件设计要求。如设计无要求时，不应低于 30MPa。吊装前应验收合格。

安装构件前，支承结构（墩台、盖梁等）的强度应符合设计要求，支承结构和预埋件的尺寸、标高及平面位置应符合设计要求且验收合格。桥梁支座的安装质量应符合要求，其规格、位置及标高应准确无误。墩台、盖梁、支座顶面应清扫干净。

2）吊运方案

（1）吊运（吊装、运输）应编制专项方案，并按有关规定进行论证、批准。

（2）吊运方案应对各受力部分的设备、杆件进行验算，特别是对吊车等机具进行安全性验算，起吊过程中构件内产生的应力验算必须符合要求。梁长 25m 以上的预应力混凝土简支梁应验算裸梁的稳定性。

（3）应按照起重吊装的有关规定，选择吊运工具、设备，确定吊车站位、运输路线与交通导行等具体措施。

3）技术准备

（1）按照有关规定进行技术安全交底。

（2）对操作人员进行培训和考核。

（3）测量放线，给出高程线、结构中心线、边线，并进行清晰的标识。

3. 安装就位的技术要求

1）吊运要求

（1）构件移运、吊装时的吊点位置应按设计规定或根据计算决定。

（2）吊装时构件的吊环应顺直，吊绳与起吊构件的交角小于 60°时，应设置吊架或吊装扁担，尽量使吊环垂直受力。

（3）构件移运、停放的支承位置应与吊点位置一致，并应支承稳固。在顶起构件时应随时置好保险垛。

（4）吊移板式构件时，不得吊错板梁的上下面，防止折断。

2）就位要求

（1）每根大梁就位后，应及时设置保险垛或支撑，将梁固定并用钢板与已安装好的大梁预埋横向连接钢板焊接，防止倾倒。

（2）构件安装就位并符合要求后，方可允许焊接连接钢筋或浇筑混凝土固定构件。

（3）待全孔（跨）大梁安装完毕后，再按设计规定使全孔（跨）大梁整体化。

（4）梁板就位后应按设计要求及时浇筑接缝混凝土。

6.5.2 现浇预应力（钢筋）混凝土连续梁施工技术

以下简要介绍现浇预应力（钢筋）混凝土连续梁常用的支架（模）法和悬臂浇筑法施工技术。

1. 支架（模）法

支架法施工示意图如图 6.17 所示。

1）支架（模）法现浇预应力混凝土连续梁

（1）支架的地基承载力应符合要求，必要时，应采取加强处理或其他措施。

（2）应有简便可行的落架拆模措施。

图6.17 支架法施工示意图

(3) 各种支架和模板安装后,宜采取预压方法消除拼装间隙和地基沉降等非弹性变形。

(4) 安装支架时,应根据梁体和支架的弹性、非弹性变形,设置预拱度。

(5) 支架底部应有良好的排水措施,不得被水浸泡。

(6) 浇筑混凝土时应采取防止支架不均匀下沉的措施。

2) 移动模架上浇筑预应力混凝土连续梁

(1) 模架长度必须满足施工要求。

(2) 模架应利用专用设备组装,在施工时能确保质量和安全。

(3) 浇筑分段工作缝,必须设在弯矩零点或其附近。

(4) 箱梁内外模板在滑动就位时,模板平面尺寸、高程、预拱度的误差必须控制在容许范围内。

(5) 混凝土内预应力筋管道、钢筋、预埋件设置应符合相关规定和设计要求。

移动模架法施工如图6.18所示。

图6.18 移动模架法施工

2. 悬臂浇筑法

悬臂浇筑法的主要设备是一对能行走的挂篮。挂篮在已经张拉锚固并与墩身连成整体的梁段上移动。绑扎钢筋、立模、浇筑混凝土、施加预应力都在其上进行。完成本段施工后,挂篮对称向前各移动一节段,进行下一梁段施工,循序渐进,直至悬臂梁段浇筑完成,如图6.19所示。

图 6.19 悬臂浇筑法施工

1) 挂篮设计与组装

挂篮结构主要设计参数应符合下列规定。

(1) 挂篮质量与梁段混凝土的质量比值控制在 0.3～0.5，特殊情况下不得超过 0.7。

(2) 允许最大变形（包括吊带变形的总和）为 20mm。

(3) 施工、行走时的抗倾覆安全系数不得小于 2。

(4) 自锚固系统的安全系数不得小于 2。

(5) 斜拉水平限位系统和上水平限位安全系数不得小于 2。

挂篮组装后，应全面检查安装质量，并应按设计荷载做载重试验，以消除非弹性变形。

2) 浇筑段落

悬浇梁体一般应分为以下四大部分浇筑。

(1) 墩顶梁段（0 号块）。

(2) 墩顶梁段（0 号块）两侧对称悬浇梁段。

(3) 边孔支架现浇梁段。

(4) 主梁跨中合龙段。

3) 悬浇顺序及要求

(1) 在墩顶托架（图 6.20）或膺架上浇筑 0 号块并实施墩梁临时固结。

(2) 在 0 号块上安装悬臂挂篮，向两侧依次对称分段浇筑主梁至合龙前段。

(3) 在支架上浇筑边跨主梁合龙段。

(4) 浇筑中跨合龙段使其形成连续梁体系。

托架或膺架应经过设计，计算其弹性及非弹性变形。

在梁段混凝土浇筑前，应对挂篮（托架或膺架）、模板、预应力筋管道、钢筋、预埋件、混凝土材料、配合比、机械设备、混凝土接缝处理等情况进行全面检查，经有关方签认后方准浇筑。

悬臂浇筑混凝土时，宜从悬臂前端开始，最后与前段混凝土连接。

桥墩两侧梁段悬臂施工应对称、平衡，平衡偏差不得大于设计要求。

任务 6 桥梁工程施工

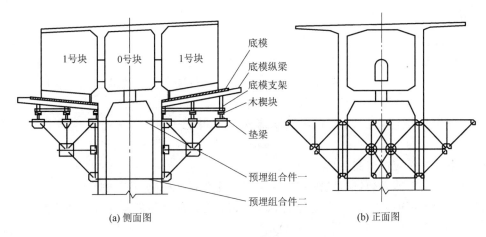

图 6.20 托架

4）张拉及合龙

（1）预应力混凝土连续梁悬臂浇筑施工中，顶板、腹板纵向预应力筋的张拉顺序一般为上下、左右对称张拉，设计有要求时按设计要求施做。

（2）预应力混凝土连续梁合龙顺序一般是先边跨，再次跨，最后中跨。

（3）连续梁（T构）的合龙、体系转换和支座反力调整应符合下列规定。

① 合龙段的长度宜为 2m。

② 合龙前应观测气温变化与梁端高程及悬臂端间距的关系。

③ 合龙前应按设计规定，将两悬臂端合龙口予以临时连接，并将合龙跨一侧墩的临时锚固放松或改成活动支座。

④ 合龙前，在两端悬臂预加压重，并于浇筑混凝土过程中逐步撤除，以使悬臂端挠度保持稳定。

⑤ 合龙宜在一天中气温最低时进行。

⑥ 合龙段的混凝土强度宜提高一级，以尽早施加预应力。

⑦ 连续梁的梁跨体系转换，应在合龙段及全部纵向连续预应力筋张拉、压浆完成，并解除各墩临时固结后进行。

⑧ 梁跨体系转换时，支座反力的调整应以高程控制为主，反力作为校核。

5）高程控制

预应力混凝土连续梁，悬臂浇筑段前端底板和桥面标高的确定是连续梁施工的关键问题之一，确定悬臂浇筑段前端底板标高时应考虑挂篮前端的垂直变形值、预拱度设置、施工中已浇段的实际标高、温度影响。

因此，施工过程中的监测项目为前三项，必要时结构物的变形值、应力也应进行监测，以保证结构的强度和稳定。

6.5.3 钢梁制作与安装要求

1. 钢梁制作

钢梁应由具有相应资质的企业制作，并应符合《铁路钢桥制造规范》（Q/CR 9211—

2015)的有关规定。

1) 钢梁制作的基本要求

(1) 钢梁制作的工艺流程包括钢材矫正,放样画线,加工切割、再矫正、制孔、边缘加工、组装、焊接,构件变形矫正,摩擦面加工,试拼装、工厂涂装、发送出厂等。

(2) 钢梁制作焊接环境相对湿度不宜高于80%。

(3) 焊接环境温度:低合金高强度结构钢不得低于5℃,普通碳素结构钢不得低于0℃。

(4) 主要杆件应在组装后24h内焊接。

(5) 钢梁出厂前必须进行试拼装,并应按设计和有关规范的要求验收。

(6) 钢梁出厂前,安装企业应对钢梁质量和应交付的文件进行验收,确认合格。

2) 钢梁制造企业应向安装企业提供的文件

(1) 产品合格证。

(2) 钢材和其他材料质量证明书和检验报告。

(3) 施工图,拼装简图。

(4) 工厂高强度螺栓摩擦面抗滑移系数试验报告。

(5) 焊缝无损检验报告和焊缝重大修补记录。

(6) 产品试板的试验报告。

(7) 工厂试拼装记录。

(8) 杆件发运和包装清单。

2. 钢梁安装和包装清单

1) 安装方法选择

城区内常用安装方法:自行式起重机整孔架设法、门架起重机整孔架设法、支架架设法、缆索起重机拼装架设法、悬臂拼装架设法、拖拉架设法等。

钢梁工地安装,应根据跨径大小、河流情况、交通情况和起吊能力等条件选择安装方法。

2) 安装前检查

(1) 钢梁安装前应对临时支架、支承、起重机等临时结构和钢梁结构本身在不同受力状态下的强度、刚度及稳定性进行验算。

(2) 应对桥台、墩顶顶面高程、中线及各孔跨径进行复测,误差在允许偏差范围内方可安装。

(3) 应按照构件明细表,核对进场的构件、零件,查验产品出厂合格证及钢材质量证明书。

(4) 对杆件进行全面质量检查,对装运过程中产生缺陷和变形的杆件,应进行矫正。

3) 安装要点

(1) 钢梁安装前应清除杆件上的附着物。摩擦面应保持干燥、清洁。安装中应采取措施防止杆件产生变形。

(2) 在满布支架上安装钢梁时,冲钉和粗制螺栓总数不得少于孔眼总数的1/3,其中冲钉不得多于2/3。孔眼较少的部位,冲钉和粗制螺栓不得少于6个或将全部孔眼插入冲钉和粗制螺栓。

（3）用悬臂和半悬臂法安装钢梁时，连接处所需冲钉数量应按所承受荷载计算确定，且不得少于孔眼总数的 1/2，其余孔眼布置精制螺栓。冲钉和精制螺栓应均匀安放。

（4）高强度螺栓栓合梁安装时，冲钉数量应符合上述规定，其余孔眼布置高强度螺栓。

（5）安装用的冲钉直径宜小于设计孔径 0.3mm，冲钉圆柱部分的长度应大于板束厚度；安装用的精制螺栓直径宜小于设计孔径 0.4mm；安装用的粗制螺栓直径宜小于设计孔径 1.0mm。冲钉和螺栓宜选用 Q345 碳素结构钢制造。

（6）吊装杆件时，必须等杆件完全固定后方可摘除吊钩。

（7）钢梁安装过程中，每完成一节段应测量其位置、标高和预拱度，不符合要求应及时校正。

（8）钢梁杆件工地焊缝连接，应按设计的顺序进行。无设计顺序时，焊接顺序宜为纵向从跨中向两端、横向从中线向两侧对称进行，且符合《城市桥梁工程施工与质量验收规范》（CJJ 2—2008）的规定。

（9）钢梁采用高强度螺栓连接前，应复验摩擦面的抗滑移系数。高强度螺栓连接前，应按出厂批号，每批抽验不小于 8 套复验扭矩系数。高强度螺栓穿入孔内应顺畅，不得强行敲入。穿入方向应全桥一致。施拧顺序为从板束刚度大、缝隙大处开始，由中央向外拧紧，并应在当天终拧完毕。施拧时，不得采用冲击拧紧和间断拧紧。

（10）高强度螺栓终拧完毕必须当班检查。每栓群应抽查总数的 5%，且不得少于 2 套。抽查合格率不得小于 80%，否则应继续抽查，直至合格率达到 80% 以上。对螺栓拧紧度不足者应补拧，对超拧者应更换、重新施拧并检查。

4）落梁就位要点

（1）钢梁就位前应清理支座垫石，其标高及平面位置应符合设计要求。

（2）固定支座与活动支座的精确位置应按设计图并考虑安装温度、施工误差等确定。

（3）落梁前后应检查其建筑拱度和平面尺寸、校正支座位置。

（4）连续梁落梁步骤应符合设计要求。

5）现场涂装施工规定

现场涂装应符合下列规定。

（1）防腐涂料应有良好的附着性、耐蚀性，其底漆应具有良好的封孔性能。钢梁表面处理的最低等级应为 Sa2.5。

（2）上翼缘板顶面和剪力连接器均不得涂装，在安装前应进行除锈、防腐蚀处理。

（3）涂装前应先进行除锈处理。首层底漆于除锈后 4h 内开始，8h 内完成。涂装时的环境温度和相对湿度应符合涂料说明书的规定。当产品说明书无规定时，环境温度宜为 5～38℃，相对湿度不得大于 85%；当相对湿度大于 75% 时应在 4h 内涂完。

（4）涂料、涂装层数、涂层厚度、涂层干漆膜总厚度应符合设计要求。当规定层数达不到最小干漆膜总厚度时，应增加涂层层数。

（5）涂装应在天气晴朗、4 级（不含）以下风力时进行，夏季应避免阳光直射。涂装时构件表面不应有结露，涂装后 4h 内应采取防护措施。

3. 制作安装质量验收主控项目

（1）钢材、焊接材料、涂装材料应符合国家现行标准规定和设计要求。

(2) 高强度螺栓连接副等紧固件及其连接应符合国家现行标准规定和设计要求。

(3) 高强度螺栓的拴接板面（摩擦面）除锈处理后的抗滑移系数应符合设计要求。

(4) 焊缝探伤检验应符合设计要求和《城市桥梁工程施工与质量验收规范》（CJJ 2—2008）的有关规定。

(5) 涂装检验应符合规范规定。

6.5.4 钢-混凝土结合梁施工技术

1. 钢-混凝土结合梁的构成与适用条件

(1) 钢-混凝土结合梁一般由钢梁和钢筋混凝土桥面板两部分组成。

① 钢梁由工字形截面或槽形截面构成，钢梁之间设横梁（横隔梁），有时在横梁之间还设小纵梁。

② 钢梁上浇筑预应力钢筋混凝土，形成钢筋混凝土桥面板。

③ 在钢梁与钢筋混凝土桥面板之间设传剪器，二者共同工作。对于连续梁，可在负弯矩区施加预应力或通过"强迫位移法"调整负弯矩区的内力。

(2) 钢-混凝土结合梁结构适用于城市大跨径或较大跨径的桥梁工程，目的是减轻桥梁结构自重，尽量减少施工对现况交通与周边环境的影响。

2. 钢-混凝土结合梁的施工

1) 基本工艺流程

钢梁预制并焊接传剪器→架设钢梁→安装横梁（横隔梁）及小纵梁（有时不设小纵梁）→安装预制混凝土板并浇筑接缝混凝土或支搭现浇混凝土桥面板的模板并敷设钢筋→现浇混凝土→养护→张拉预应力束→拆除临时支架或设施。

2) 施工技术要点

(1) 钢梁制作、安装应符合有关规定。

(2) 钢主梁架设和混凝土浇筑前，应按设计要求或施工方案要求设置施工支架。施工支架设计验算除应考虑钢梁拼接荷载外，还应同时计入混凝土结构和施工荷载。

(3) 混凝土浇筑前，应对钢主梁的安装位置、高程、纵横向连接及施工支架进行检查验收，各项均应达到设计要求或施工方案要求。钢梁顶面传剪器焊接经检验合格后，方可浇筑混凝土。

(4) 现浇混凝土结构宜采用缓凝、早强、补偿收缩性混凝土。

(5) 混凝土桥面结构应全断面连续浇筑，浇筑顺序为：顺桥向应自跨中开始向支点处交汇，或由一端开始浇筑；横桥向应由中间开始向两侧扩展。

(6) 桥面混凝土表面应符合纵横坡度要求，表面光滑、平整，应采用原浆抹面成活，并在其上直接做防水层。不宜在桥面板上另做砂浆找平层。

(7) 施工中，应随时监测主梁和施工支架的变形及稳定，确认符合设计要求；当发现异常应立即停止施工，并启动应急预案。

(8) 设有施工支架时，必须待混凝土强度达到设计要求且预应力张拉完成后，方可卸落施工支架。

6.5.5 钢筋（管）混凝土拱桥施工技术

1. 拱桥的类型与施工方法

1）主要类型

(1) 拱桥按拱圈和车行道的相对位置以及承载方式分为上承式、中承式和下承式。

(2) 拱桥按拱圈混凝土浇筑的方式分为现浇混凝土拱和预制混凝土拱再拼装。

2）主要施工方法

拱桥主要施工方法按拱圈施工的拱架（支撑方式）可分为支架法、少支架法和无支架法。其中无支架法施工包括缆索吊装、转体安装、劲性骨架、悬臂浇筑和悬臂安装，以及由以上一种或几种施工方法的组合。

应根据拱桥的跨度、结构形式、现场施工条件、施工水平等因素，并经方案的技术经济比较后确定合理的施工方法。

3）拱架种类与形式

拱架按材料分为木拱架、钢拱架、竹拱架、竹木混合拱架、钢木组合拱架、土牛拱胎架。

拱架按结构形式分为排架式、撑架式、扇架式、桁架式、组合式、叠桁式、斜拉式。

在选择拱架时，应结合桥位所处地形、地基、通航要求、过水能力等实际条件进行多方面的技术经济比较。主要原则是拱架应有足够的强度、刚度和稳定性，同时要求取材容易、构造简单、受力明确、制作及装拆方便，并能重复使用。

2. 现浇拱桥施工

1）一般规定

(1) 钢管混凝土拱桥、劲性骨架拱桥及钢拱桥的钢构件制造应符合《城市桥梁工程施工与质量验收规范》（CJJ 2—2018）第 14 章的有关规定。

(2) 装配式拱桥构件在吊装时，混凝土的强度不得低于设计要求；设计无要求时，不得低于设计强度的 75%。

(3) 拱圈（拱肋）放样时应按设计要求设预拱度，当设计无要求时，可根据跨度大小、恒载挠度、拱架刚度等因素计算预拱度，拱顶宜取计算跨度的 1/1000～1/500。放样时，水平长度偏差及拱轴线偏差，当跨度大于 20m 时，不得大于计算跨度的 1/5000；当跨度小于或等于 20m 时，不得大于 4mm。

(4) 拱圈（拱肋）封拱合龙温度应符合设计要求，当设计无要求时，宜在当地年平均温度或 5～10℃时进行。

2）在拱架上浇筑混凝土拱圈

(1) 跨径小于 16m 的拱圈或拱肋混凝土，应按拱圈全宽从两端拱脚向拱顶对称、连续浇筑，并在拱脚混凝土初凝前全部完成。不能完成时，则应在拱脚预留一个隔缝，最后浇筑隔缝混凝土。

(2) 跨径大于或等于 16m 的拱圈或拱肋，宜分段浇筑。分段位置，拱式拱架宜设置在拱架受力反弯点、拱架节点、拱顶及拱脚处；满布式拱架宜设置在拱顶、1/4 跨径、拱脚及拱架节点等处。各段的接缝面应与拱轴线垂直，各分段点应预留间隔槽，其宽度宜为

0.5～1m。当预计拱架变形较小时，可减少或不设间隔槽，应采取分段间隔浇筑。

（3）分段浇筑程序应符合设计要求，并应对称于拱顶进行。各分段内的混凝土应一次连续浇筑完毕，因故中断时，应将施工缝凿成垂直于拱轴线的平面或台阶式接合面。

（4）间隔槽混凝土浇筑应由拱脚向拱顶对称进行；应待拱圈混凝土分段浇筑完成，强度达到设计强度的75%，且结合面按施工缝处理后再进行。

（5）分段浇筑钢筋混凝土拱圈（拱肋）时，纵向不得采用通长钢筋，钢筋接头应安设在后浇的几个间隔槽内，并应在浇筑间隔槽混凝土时焊接。

（6）浇筑大跨径拱圈（拱肋）混凝土时，宜采用分环（层）分段方法浇筑，也可纵向分幅浇筑，中幅先行浇筑合龙，达到设计要求后，再横向对称浇筑合龙其他幅。

（7）拱圈（拱肋）封拱合龙时混凝土强度应符合设计要求，当设计无要求时，各段混凝土强度应达到设计强度的75%；当封拱合龙前用千斤顶施加压力的方法调整拱圈应力时，拱圈（包括已浇间隔槽）的混凝土强度应达到设计强度。

3. 装配式桁架拱和刚构拱安装

1）安装程序

在墩台上安装预制的桁架（刚架）拱片，同时安装横向联系构件，在组合的桁架拱（刚构拱）上铺装预制的桥面板。

2）安装技术要点

（1）装配式桁架拱、刚构拱采用卧式预制拱片时，为防止拱片在起吊过程中产生扭折，起吊时必须将全片水平吊起后，再悬空翻身竖立。在拱片悬空翻身整个过程中，各吊点受力应均匀，并始终保持在同一平面内，不得扭转。

（2）大跨径桁式组合拱，拱顶湿接头混凝土，宜采用较构件混凝土强度等级高一级的早强混凝土。

（3）安装过程中应采用全站仪，对拱肋、拱圈的挠度和横向位移、混凝土裂缝、墩台变位、安装设施的变形和变位等项目进行观测。

（4）拱肋吊装定位合龙时，应进行接头高程和轴线位置的观测，以控制、调整其拱轴线，使之符合设计要求。拱肋松索成拱以后，从拱上施工加载起，一直到拱上建筑完成，应随时对1/8跨、1/4跨及拱顶各点进行挠度和横向位移的观测。

（5）大跨度拱桥施工观测和控制宜在每天气温、日照变化不大的时候进行，尽量减少温度变化等不利因素的影响。

4. 钢管混凝土拱

1）钢管拱肋制作应符合的规定

（1）拱肋钢管的种类、规格应符合设计要求，应在工厂加工，具有产品合格证。

（2）钢管拱肋加工的分段长度应根据材料、工艺、运输、吊装等因素确定。在制作前，应根据温度和焊接变形的影响，确定合龙节段的尺寸，并绘制施工详图，精确放样。

（3）弯管宜采用加热顶压方式，加热温度不得超过800℃。

（4）拱肋节段焊接强度不应低于母材强度。所有焊缝均应进行外观检查；对接焊缝应100%进行超声波探伤，其质量应符合设计要求和国家现行标准规定。

（5）在钢管拱肋上应设置混凝土压注孔、倒流截止阀、排气孔及扣点、吊点节点板。

（6）钢管拱肋外露面应按设计要求做长效防护处理。

2) 钢管拱肋安装应符合的规定

（1）钢管拱肋成拱过程中，应同时安装横向连系，未安装连系的不得多于一个节段，否则应采取临时横向稳定措施。

（2）节段间环焊缝的施焊应对称进行，并应采用定位板控制焊缝间隙，不得采用堆焊。

（3）合龙口的焊接或栓接作业应选择在环境温度相对稳定的时段内快速完成。

（4）采用斜拉扣索悬拼法施工时，扣索采用钢绞线或高强度钢丝束时，安全系数应大于2。

6.5.6 斜拉桥施工技术

1. 斜拉桥类型与组成

1) 斜拉桥类型

斜拉桥通常分为预应力混凝土斜拉桥、钢斜拉桥、钢-混凝土叠合梁斜拉桥、混合梁斜拉桥、吊拉组合斜拉桥等。

2) 斜拉桥组成

斜拉桥由索塔、钢索和主梁组成。

2. 施工技术要点

1) 索塔施工的技术要求和注意事项

（1）索塔的施工可视其结构、体形、材料、施工设备和设计要求综合考虑，选用适合的方法。裸塔施工宜用爬模法，横梁较多的高塔，宜采用劲性骨架挂模提升法。

（2）斜拉桥施工时，应避免塔梁交叉施工干扰。必须交叉施工时，应根据设计和施工方法，采取保证塔梁质量和施工安全的措施。

（3）倾斜式索塔施工时，必须对各施工阶段索塔的强度和变形进行计算，应分高度设置横撑，使其线形、应力、倾斜度满足设计要求，并保证施工安全。

（4）索塔横梁施工时应根据其结构、自重及支撑高度，设置可靠的模板和支撑系统。要考虑弹性和非弹性变形、支承下沉、温差及日照的影响，必要时，应设支承千斤顶调控。体积过大的横梁可分两次浇筑。

（5）索塔混凝土现浇，应选用输送泵施工，超过一台泵的工作高度时，允许接力泵送，但必须做好接力储料斗的设置，并尽量降低接力站台高度。

（6）必须避免上部塔体施工时对下部塔体表面产生污染。

（7）索塔施工必须制定整体和局部的安全措施，如设置塔式起重机起吊重量限制器、断索防护器、钢索防扭器、风压脱离开关等；防范雷击、强风、暴雨、寒暑、飞行器对施工的影响；防范掉落和作业事故，并做好应急的措施；应对塔式起重机、支架安装、使用和拆除阶段的强度稳定等进行计算和检查。

2) 主梁施工的技术要求和注意事项

（1）斜拉桥主梁施工方法。

斜拉桥主梁施工方法与梁式桥基本相同，大体上可分为顶推法、平转法、支架法和悬臂法。悬臂法又分为悬臂浇筑法和悬臂拼装法。悬臂法适用范围较广，为斜拉桥主梁施工最常用的方法。

① 悬臂浇筑法，在塔柱两侧用挂篮对称逐段浇筑主梁混凝土。

② 悬臂拼装法，先在塔柱区浇筑（对采用钢梁的斜拉桥为安装）一段放置起吊设备的起始梁段，然后用适宜的起吊设备从塔柱两侧依次对称拼装梁体节段。

(2) 混凝土主梁施工方法。

① 斜拉桥的零号段是梁的起始段，一般在支架和托架上浇筑。支架和托架的变形将直接影响主梁的施工质量。在零号段浇筑前，应消除支架的温度变形、弹性变形、非弹性变形和支承变形。

② 当设计采用非塔、梁固结形式时，施工时必须采用塔、梁临时固结措施，必须加强施工期内对临时固结的观察，并按设计确认的程序解除临时固结。

③ 采用挂篮悬浇主梁时，挂篮设计和主梁浇筑时应考虑抗风振的刚度要求；挂篮制成后应进行检验、试拼、整体组装检验、预压，同时测定悬臂梁及挂篮的弹性挠度、调整高程性能及其他技术性能。

④ 主梁采用悬臂拼装法施工时，预制梁段宜选用长线台座或多段联线台座，每联宜多于5段，各端面要啮合密贴，不得随意修补。

⑤ 大跨径主梁施工时，应缩短双悬臂持续时间，尽快使一侧固定，以减少风振时的不利影响，必要时应采取临时抗风措施。

⑥ 为防止合龙梁段施工出现裂缝，在梁上下底板或两肋的端部预埋临时连接钢构件，或设置临时纵向预应力索，或用千斤顶调节合龙口的应力和合龙口长度，并应不间断地观测合龙前数日的昼夜环境温度场变化与合龙高程及合龙口长度变化的关系，确定适宜的合龙时间和合龙程序。合龙两端的高程在设计允许范围之内，可视情况进行适当压重。合龙浇筑后至预应力索张拉前应禁止施工荷载的超平衡变化。

(3) 钢主梁施工方法。

① 钢主梁应由资质合格的专业单位加工制作、试拼，经检验合格后，安全运至工地备用。堆放应无损伤、无变形和无腐蚀。

② 钢梁制作的材料应符合设计要求。焊接材料的选用、焊接要求、加工成品、涂装等项的标准和检验按有关规定执行。

③ 应进行钢梁的连日温度变形观测对照，确定适宜的合龙温度及实施程序，并应满足钢梁安装就位时高强度螺栓定位所需的时间。

3. 斜拉桥施工监测

1) 施工监测的目的与监测对象

施工过程中，必须对主梁各个施工阶段的拉索索力、主梁标高、塔梁内力以及索塔位移量等进行监测，并应及时将有关数据反馈给设计等单位，以便分析确定下一施工阶段的拉索张拉量值和主梁线形、高程及索塔位移控制量值等，直至合龙。

2) 施工监测的主要内容

(1) 变形：主梁线形、高程、轴线偏差、索塔的水平位移。

(2) 应力：拉索索力、支座反力，以及梁、塔应力在施工过程中的变化。

(3) 温度：温度场及指定测量时间内塔、梁、索的变化。

6.6 桥面及附属结构施工技术

桥面及附属结构包括伸缩缝、沉降缝、桥面防水、泄水管、桥面铺装、人行道、安全带、栏杆、灯柱、桥头搭板、锥形护坡、护岸、导流工程等。

6.6.1 桥梁支座安装

桥梁支座安装是指公路及城市桥梁工程中板式橡胶支座、盆式橡胶支座、球形支座的安装。

1. 施工准备

1) 技术准备

(1) 认真审核支座安装图纸,编制施工方案,经审批后,向有关人员进行交底。

(2) 进行补偿收缩砂浆及混凝土各种原材料的取样试验工作,设计砂浆及混凝土配合比。

(3) 进行环氧砂浆配合比设计。

(4) 支座进场后取样送至有资质的检测单位进行检验。

2) 材料要求

(1) 支座。进场应有装箱清单、产品合格证及支座安装养护细则,规格、质量和有关技术性能指标符合现行公路桥梁支座标准的规定,并满足设计要求。

(2) 配制环氧砂浆材料,如二丁酯、乙二胺、环氧树脂、二甲苯、细砂,除细砂外其他材料应有合格证及使用说明书,细砂品种、质量应符合有关标准规定。

(3) 配制混凝土及补偿收缩砂浆材料。

① 水泥。宜采用硅酸盐水泥和普通硅酸盐水泥。进场应有产品合格证或出厂检验报告,进场后应对强度、安定性及其他必要的性能指标进行取样复试,其质量必须符合国家现行标准《通用硅酸盐水泥》(GB 175—2023)等的规定。

当对水泥质量有怀疑或水泥出厂超过 3 个月时,在使用前必须进行复试,并按复试结果使用。不同品种的水泥不得混合使用。

② 砂。砂的品种、质量应符合国家现行标准《公路桥涵施工技术规范》(JTG/T 3650—2020)的要求,进场后按国家现行标准《公路工程集料试验规程》(JTG 3432—2024)的规定进行取样试验。

③ 石子。应采用坚硬的卵石或碎石,并根据产地、类别、加工方法和规格等不同情况,按国家现行标准《公路工程集料试验规程》(JTG 3432—2024)的规定分批进行检验,其质量应符合国家现行标准《公路桥涵施工技术规范》(JTG/T 3650—2020)的规定。

④ 外加剂。外加剂应标明品种、生产厂家和牌号。外加剂应有产品说明书、出厂检验报告及合格证、性能检测报告,有害物含量检测报告应由有相应资质等级的检测部门出具。进场后应取样复试合格,并应检验外加剂的匀质性及与水泥的适应性。外加剂的质量和应用技术应符合国家现行标准《混凝土外加剂》(GB 8076—2008)和《混凝土外加剂应用技术规范》(GB 50119—2013)的有关规定。

⑤掺合料。掺合料应标明品种、生产厂家和牌号。掺合料应有出厂合格证或质量证明书和法定检测单位提供的质量检测报告,进场后应取样复试合格。掺合料质量应符合国家现行相关标准规定,其掺量应通过试验确定。

⑥水。宜采用饮用水。当采用其他水源时,其水质应符合国家现行标准《混凝土用水标准(附条文说明)》(JGJ 63—2006)的规定。

(4)电焊条。其进场应有合格证,选用的焊条型号应与母材金属强度相适应,品种、规格和质量应符合国家现行标准的规定并满足设计要求。

(5)其他材料。如丙酮或酒精、硅脂等。

3)机具设备

(1)主要机械:空气压缩机、发电机、电焊机、汽车吊、水车、水泵等。

(2)工具:扳手、水平尺、铁錾、小铁铲、铁锅、铁锹、铁抹子、木抹子、橡皮锤、钢丝刷、钢楔、细筛、扫帚、小线、线坠等。

4)作业条件

(1)桥墩混凝土强度已达到设计要求,并完成预应力张拉。

(2)墩台(含垫石)轴线、高程等复核完毕并符合设计要求。

(3)墩台顶面已清扫干净,并设置护栏。

(4)上下墩台的梯子已搭设就位。

2. 施工工艺

1)工艺流程

(1)板式橡胶支座安装流程。垫石顶凿毛清理→测量放线→找平修补→拌制环氧砂浆→支座安装。

(2)盆式橡胶支座安装流程。

① 螺栓锚固盆式橡胶支座安装流程。墩台顶及预留孔清理→测量放线→拌制环氧砂浆→安装锚固螺栓→环氧砂浆找平→支座安装。

② 钢板焊接盆式橡胶支座安装流程。预留槽凿毛清理→测量放线→钢板就位,混凝土灌注→支座就位、焊接。

(3)球形支座安装流程。

① 螺栓连接球形支座安装流程。墩台顶凿毛清理→预留孔清理→拌制砂浆→安装锚固螺栓及支座→模板安装→砂浆灌注。

② 焊接连接球形支座安装流程。预留槽凿毛清理→测量放线→钢板就位,混凝土灌注→支座就位、焊接。

2)操作工艺

(1)板式橡胶支座安装。

① 垫石顶凿毛清理。人工用铁錾凿毛,凿毛程度满足桥梁混凝土施工关于施工缝处理的有关规定。

② 测量放线。根据设计图上标明的支座中心位置,分别在支座及垫石上画出纵横轴线,在墩台上放出支座控制标高。

③ 找平修补。将墩台垫石处清理干净,用干硬性水泥砂浆将支承面缺陷找平修补,并使其顶面标高符合设计要求。

④ 拌制环氧砂浆。

a. 将细砂烘干后，依次将细砂、环氧树脂、二丁酯、二甲苯放入铁锅中加热并搅拌均匀。

b. 环氧砂浆的配制严格按配合比进行，强度不低于设计规定，设计无规定时不低于 40MPa。

c. 在黏结支座前将乙二胺投入砂浆中并搅拌均匀，乙二胺为固化剂，不得放得太早或过多，以免砂浆过早固化而影响黏结质量。

⑤ 支座安装。

a. 安装前按设计要求及国家现行标准有关规定对产品进行确认。

b. 安装前对桥台和墩柱盖梁轴线、高程及支座面平整度等进行再次复核。

c. 支座安装在找平层砂浆硬化后进行。黏结时，宜先黏结桥台和墩柱盖梁两端的支座，经复核平整度和高程无误后，挂基准小线进行其他支座的安装。

d. 当桥台和墩柱盖梁较长时，应加密基准支座，防止高程误差超标。

e. 黏结时先将砂浆摊平拍实，然后将支座按标高就位，支座上的纵横轴线与垫石纵横轴线对应。

f. 严格控制支座平整度，每块支座都必须用铁水平尺测其对角线，误差超标应及时予以调整。

g. 支座与支承面接触应不空鼓，如支承面上放置钢垫板时，钢垫板应在桥台和墩柱盖梁施工时预埋，并在钢垫板上设排气孔，保证钢垫板底混凝土浇筑密实。

（2）盆式橡胶支座安装。

① 螺栓锚固盆式橡胶支座安装方法如下。

a. 将墩台顶清理干净。

b. 测量放线。在支座及墩台顶分别画出纵横轴线，在墩台上放出支座控制标高。

c. 拌制环氧砂浆。拌制方法见板式橡胶支座安装第④款"拌制环氧砂浆"的有关要求。

d. 安装锚固螺栓。安装前按纵横轴线检查螺栓预留孔位置及尺寸，无误后将螺栓放入预留孔内，调整好标高及垂直度后灌注环氧砂浆。

e. 用环氧砂浆将顶面找平。

f. 支座安装。在螺栓预埋砂浆固化后找平层环氧砂浆固化前进行支座安装；找平层要略高于设计高程，支座就位后，在自重及外力作用下将其调至设计高程，随即对高程及四角高差进行检验，误差超标应及时予以调整，直至合格。

② 钢板焊接盆式橡胶支座安装方法如下。

a. 预留槽凿毛清理。墩顶预埋钢板宜采用二次浇筑混凝土锚固，墩台施工时应注意预留槽的预留，预留槽两侧应较预埋钢板宽 100mm，锚固前进行凿毛并用空压机及扫帚将预留槽彻底吹扫干净。

b. 测量放线。用全站仪及水准仪放出支座的平面位置及高程控制线。

c. 钢板就位，混凝土灌注。钢板位置、高程及平整度调好后，将混凝土接触面适当洒水湿润，进行混凝土灌注，灌注时从一端灌入，从另一端流出并排气，直至灌满为止。支座与垫板间应密贴，四周不得有大于 1.0mm 的缝隙。灌注完毕应及时对高程及四角高差进行检验，误差超标应及时予以调整，直至合格。

d. 支座就位、焊接。校核平面位置及高程，合格后将下垫板与预埋钢板焊接，焊接时应对称间断进行，以减少焊接变形影响，适当控制焊接速度，避免钢板过热，并应注意对支座的保护。

③ 盆式橡胶支座安装要求如下。

a. 盆式橡胶支座安装前按设计要求及现行标准《公路桥梁盆式支座》（JT/T 391—2019）对成品进行检验，合格后安装。

b. 安装前对墩台轴线、高程等进行检查，合格后进行下步施工。

c. 安装单向活动支座时，应使上下导向挡板保持平行。

d. 安装活动支座前应对其进行解体清洗，用丙酮或酒精擦洗干净，并在聚四氟乙烯板顶面注满硅脂，重新组装应保持精度。

e. 盆式橡胶支座安装时上下各支座板纵横向应对中，安装温度与设计要求不符时，活动支座上下支座板错开距离应经过计算确定。

（3）球形支座安装。

① 螺栓连接球形支座安装方法如下。

a. 墩台顶凿毛清理。当采用补偿收缩砂浆固定支座时，应用铁錾对支座支承面进行凿毛，并将顶面清理干净；当采用环氧砂浆固定支座时，将顶面清理干净并保证支座支承面干燥。

b. 预留孔清理。清理前检查校核墩台顶锚固螺栓孔的位置、大小及深度，合格后彻底清理。

c. 拌制砂浆。环氧砂浆拌制方法见板式橡胶支座安装第④款"拌制环氧砂浆"的有关要求，补偿收缩砂浆的拌制按配合比进行，其强度不得低于35MPa。

d. 安装锚固螺栓及支座。使吊装支座平稳就位，在支座四角用钢楔将支座底板与墩台面支垫找平，支座底板底面宜高出墩台顶20～50mm，然后校核安装中心线及高程。

e. 模板安装。沿支座四周支侧模，模板沿桥墩横向轴线方向两侧尺寸应大于支座宽度各100mm。

f. 砂浆灌注。用环氧砂浆或补偿收缩砂浆把螺栓孔和支座底板与墩台面间隙灌满，灌注时从一端灌入，从另一端流出并排气，保证无空鼓。

g. 砂浆达到设计强度后撤除四角钢楔并用环氧砂浆填缝。

h. 安装支座与上部结构的锚固螺栓。

② 焊接连接球形支座安装方法：同钢板焊接盆式橡胶支座的安装方法。

③ 球形支座安装要求如下。

a. 按设计要求和订货合同规定标准对球形支座进行检查，合格后安装。

b. 安装时保证墩台和梁体混凝土强度不低于30MPa，对墩台轴线、高程等进行检查，合格后进行下步施工。

c. 安装就位前不得松动支座锁定装置。

d. 采用焊接连接时，应不使支座钢体过热，保持硅脂和聚四氟乙烯板完好。

e. 支座安装就位后，主梁施工应做好防止水泥浆渗入支座的保护措施。

f. 预应力张拉前应撤除支座锁定装置，解除支座约束。

3. 季节性施工

1) 雨期施工

(1) 雨天不得进行混凝土及砂浆灌注。

(2) 盆式橡胶支座及球形支座安装完毕后,在上部结构混凝土浇筑前应对其采取覆盖措施,以免雨水浸入。

2) 冬期施工

(1) 灌注混凝土及砂浆应避开寒流。

(2) 应采取有效的保温措施,确保混凝土及砂浆在达到临界强度前不受冻。

(3) 采用焊接连接时,温度低于-20℃时不得进行焊接作业。

6.6.2　桥面防水系统施工技术

桥面防水系统施工技术要求,包括基层要求、基层处理、防水卷材施工、防水涂料施工、其他相关要求和桥面防水质量验收。

桥面防水施工

1. 基层要求

(1) 基层混凝土强度应达到设计强度的80%以上,方可进行防水层施工。

(2) 当采用防水卷材时,基层混凝土表面的粗糙度应为1.5~2.0mm;当采用防水涂料时,基层混凝土表面的粗糙度应为0.5~1.0mm。对局部粗糙度大于上限值的部位,可在环氧树脂上撒布粒径为0.2~0.7mm的石英砂进行处理,同时应将环氧树脂上的浮砂清除干净。

(3) 混凝土的基层平整度应小于或等于1.67mm/m。

(4) 当防水材料为卷材及聚氨酯涂料时,基层混凝土的含水率应小于4%(质量比)。当防水材料为聚合物改性沥青涂料和聚合物水泥涂料时,基层混凝土的含水率应小于10%(质量比)。

(5) 基层混凝土表面粗糙度处理宜采用抛丸打磨。基层表面的浮灰应清除干净,并不应有杂物、油类物质、有机质等。

(6) 水泥混凝土铺装及基层混凝土的结构缝内应清理干净,结构缝内应嵌填密封材料。嵌填的密封材料应黏结牢固、封闭防水,并应根据需要使用底涂。

(7) 当防水层施工时,因施工原因需在防水层表面另加设保护层及处理剂时,应在确定保护层及处理剂的材料前,进行沥青混凝土与保护层及处理剂间、保护层及处理剂与防水层间的黏结强度模拟试验,试验结果满足规程要求后,方可使用与试验材料完全一致的保护层及处理剂。

2. 基层处理

(1) 基层处理剂可采用喷涂法或刷涂法施工,喷涂应均匀,覆盖完全,待其干燥后应及时进行防水层施工。

(2) 喷涂基层处理剂前,应采用毛刷对桥面排水口、转角等处先行涂刷,然后进行大面积基层面的喷涂。

(3) 基层处理剂涂刷完毕后,其表面应进行保护,且应保持清洁。涂刷范围内,严禁各种车辆行驶和人员踩踏。

（4）防水基层处理剂应根据防水层类型、防水基层混凝土龄期及含水率、敷设防水层前对处理剂的要求按《城市桥梁桥面防水工程技术规程》（CJJ 139—2010）表5.2.4的要求选用。

3. 防水卷材施工

（1）卷材防水层敷设前应先做好节点、转角、排水口等部位的局部处理，然后进行大面积敷设。

（2）当敷设防水卷材时，环境气温和卷材的温度应高于5℃，基面层的温度必须高于0℃；当下雨、下雪和风力大于或等于5级时，严禁进行桥面防水层体系的施工。当施工中途下雨时，应做好已敷设卷材周边的防护工作。

（3）敷设防水卷材时，任何区域的卷材不得多于3层，搭接接头应错开500mm以上，严禁沿道路宽度方向搭接形成通缝。接头处卷材的搭接宽度沿卷材的长度方向应为150mm，沿卷材的宽度方向应为100mm。

（4）敷设防水卷材应平整顺直，搭接尺寸应准确，不得扭曲、皱褶。卷材的展开方向应与车辆的运行方向一致，卷材应采用沿桥梁纵、横坡从低处向高处的敷设方法，高处卷材应压在低处卷材之上。

（5）当采用热熔法敷设防水卷材时，应满足下列要求。

① 应采取措施保证均匀加热卷材的下涂盖层，且应压实防水层。多头火焰加热器的喷嘴与卷材的距离应适中，并以卷材表面熔融至接近流淌为度，防止烧熔胎体。

② 卷材表面热熔后应立即滚铺卷材，滚铺时卷材上面应采用滚筒均匀辊压，并应完全粘贴牢固，且不得出现气泡。

③ 搭接缝部位应将热熔的改性沥青挤压溢出，溢出的改性沥青宽度应为20mm左右，并应均匀顺直地封闭卷材的端面。在搭接缝部位，应将相互搭接的卷材压薄，相互搭接卷材压薄后的总厚度不得超过单片卷材初始厚度的1.5倍。当接缝处的卷材有铝箔或矿物粒料时，应清除干净后再进行热熔和接缝处理。

（6）当采用热熔胶法敷设防水卷材时，应排除卷材下面的空气，并应辊压粘贴牢固。搭接部位的接缝应涂满热熔胶，且应辊压粘贴牢固。搭接缝口应采用热熔胶封严。

（7）敷设自黏性防水卷材时应先将底面的隔离纸完全撕净。

（8）卷材的储运、保管应符合现行行业标准《道桥用改性沥青防水卷材》（JC/T 974—2005）中的相应规定。

4. 防水涂料施工

（1）防水涂料严禁在雨天、雪天、风力大于或等于5级时施工。聚合物改性沥青溶剂型防水涂料和聚氨酯防水涂料施工环境气温宜为−5～35℃；聚合物改性沥青水乳型防水涂料施工环境气温宜为5～35℃；聚合物改性沥青热熔型防水涂料施工环境气温不宜低于−10℃；聚合物水泥涂料施工环境气温宜为5～35℃。

（2）防水涂料配料时，不得混入已固化或结块的涂料。

（3）防水涂料宜多遍涂布。防水涂料应保障固化时间，待涂布的涂料干燥成膜后，方可涂布后一遍涂料。用涂刷法施工防水涂料时，每遍涂刷的推进方向宜与前一遍相一致。涂层的厚度应均匀且表面应平整，其总厚度应达到设计要求并符合规程的规定。

(4) 涂料防水层的收头,应采用防水涂料多遍涂刷或采用密封材料封严。

(5) 涂层间设置胎体增强材料的施工,宜边涂布边铺胎体;胎体应铺贴平整,排除气泡,并应与涂料黏结牢固。在胎体上涂布涂料时,应使涂料浸透胎体,覆盖完全,不得有胎体外露现象。

(6) 涂料防水层内设置的胎体增强材料,应顺桥面行车方向铺贴。铺贴顺序应自最低处开始向高处铺贴并顺桥宽方向搭接,高处胎体增强材料应压在低处胎体增强材料之上。沿胎体的长度方向搭接宽度不得小于70mm、沿胎体的宽度方向搭接宽度不得小于50mm,严禁沿道路宽度方向胎体搭接形成通缝。采用两层胎体增强材料时,上下层应顺桥面行车方向敷设,搭接缝应错开,其间距不应小于幅宽的1/3。

(7) 防水涂料施工应先做好节点处理,然后进行大面积涂布。转角及立面应按设计要求做细部增强处理,不得有削弱、断开、流淌和堆积现象。

(8) 道桥用聚氨酯类涂料应按配合比准确计量、混合均匀,已配成的多组分涂料应及时使用,严禁使用过期材料。

(9) 防水涂料的储运、保管应符合现行行业标准《道桥用防水涂料》(JC/T 975—2005)中的相应规定。

5. 其他相关要求

(1) 防水层敷设完毕后,在敷设桥面沥青混凝土之前严禁车辆在其上行驶和人员踩踏,并应对防水层进行保护,防止潮湿和污染。

(2) 涂料防水层在未采取保护措施的情况下,不得在防水层上进行其他施工作业或直接堆放物品。

(3) 防水层上沥青混凝土的摊铺温度应与防水层材料的耐热度相匹配。卷材防水层上沥青混凝土的摊铺温度应高于防水卷材的耐热度,但同时应小于170℃;涂料防水层上沥青混凝土的摊铺温度应低于防水涂料的耐热度。

(4) 当沥青混凝土的摊铺温度有特殊需求时,防水层应另行设计。

6. 桥面防水质量验收

1) 一般规定

(1) 桥面防水施工应符合设计文件的要求。

(2) 从事防水施工验收检验工作的人员应具备规定的资格。

(3) 防水施工验收应在施工单位自行检查评定的基础上进行。

(4) 施工验收应按施工顺序分阶段验收。

(5) 检测单元应符合下列要求。

① 选用同一型号规格防水材料、采用同一种方式施工的桥面防水层且小于或等于10000m^2为一检测单元。

② 对选用同一型号规格防水材料、采用同一种方式施工的桥面,当一次连续浇筑的桥面混凝土基层面积大于10000m^2时,以10000m^2为单位划分后,剩余的部分单独作为一个检测单元;当一次连续浇筑的桥面混凝土基层面积小于10000m^2时,以一次连续浇筑的桥面混凝土基层面积为一个检测单元。

③ 每一检测单元各项目的检测数量应按表6-9的规定确定。

表 6-9 检测单元的检测数量

检测单元/m²	防水等级	
	I	II
≤1000	5	3
1000~5000	5~10	3~7
5000~10000	10~15	7~10

2) 混凝土基层

(1) 混凝土基层检测主控项目是含水率、粗糙度、平整度。

(2) 混凝土基层检测一般项目是外观质量，应符合下列要求。

① 表面应密实、平整。

② 蜂窝、麻面面积不得超过总面积的0.5%，并应进行修补。

③ 裂缝宽度不大于设计规范的有关规定。

④ 表面应清洁、干燥，局部潮湿面积不得超过总面积的0.1%，并应进行烘干处理。

3) 防水层

(1) 防水层检测应包括材料到场后的抽样检测和施工现场检测。

(2) 防水层材料到场后应按材料的产品标准进行抽样检测。

(3) 防水层施工现场检测主控项目为黏结强度和涂料厚度。

(4) 防水层施工现场检测一般项目为外观质量。

卷材防水层的外观质量要求如下。

① 基层处理剂：涂刷均匀，漏刷面积不得超过总面积的0.1%，并应补刷。

② 防水层不得有空鼓、翘边、油迹、皱褶。

③ 防水层和雨水口、伸缩缝、缘石衔接处应密封。

④ 搭接缝部位应有宽为20mm左右溢出热熔的改性沥青痕迹，且相互搭接卷材压薄后的总厚度不得超过单片卷材初始厚度的1.5倍。

涂料防水层的外观质量要求如下。

① 涂刷均匀，漏刷面积不得超过总面积的0.1%，并应补刷。

② 不得有气泡、空鼓和翘边。

③ 防水层和雨水口、伸缩缝、路缘石衔接处应密封。

特大桥、桥梁坡度大于3%等对防水层有特殊要求的桥梁，可选择进行防水层与沥青混凝土层黏结强度、抗剪强度检测。

4) 沥青混凝土层

在沥青混凝土摊铺之前，应对到场的沥青混凝土温度进行检测。

摊铺温度应高于卷材防水层的耐热度10~20℃，低于170℃；应低于防水涂料的耐热度10~20℃。

6.7 管涵和箱涵顶进施工

涵洞是城镇道路路基工程的重要组成部分。小型断面涵洞通常用作排水，一般采用管涵形式，统称为管涵。大型断面涵洞分为拱形涵、盖板涵、箱涵，用作人行通道或车行道。

6.7.1　管涵施工技术

以下内容主要涉及管涵、拱形涵、盖板涵与路基（土方）同步配合施工技术要点，不含道路建成后采用暗挖方法施工的内容。

1. 管涵施工技术要点

（1）管涵是采用工厂预制钢筋混凝土管成品管节做成的涵洞的统称。管节断面形式分为圆形（图 6.21）、椭圆形、卵形、矩形等。

圆管涵施工工序

图 6.21　高速公路圆形管涵

（2）当管涵设计为混凝土或砌体基础时，基础上面应设混凝土管座，其顶部弧形面应与管身紧密贴合，使管节均匀受力。

（3）当管涵为无混凝土（或砌体）基础、管体直接设置在天然地基上时，应按照设计要求将管底土层夯压密实，并做成与管身弧度密贴的弧形管座，安装管节时应注意保持完整。管底土层承载力不符合设计要求时，应按规范要求进行处理、加固。

（4）管涵的沉降缝应设在管节接缝处。

（5）管涵进出水口的沟床应整理直顺，与上下游导流排水系统连接顺畅、稳固。

（6）采用预制管埋设的管涵施工，应符合国家现行标准《给水排水管道工程施工及验收规范》（GB 50268—2008）的有关规定。

（7）管涵出入端墙、翼墙应符合国家现行标准《给水排水构筑物工程施工及验收规范》（GB 50141—2008）的规定。

2. 拱形涵、盖板涵施工技术要点

（1）与路基（土方）同步施工的拱形涵、盖板涵可分为预制拼装钢筋混凝土结构、现场浇筑钢筋混凝土结构和砌筑墙体、预制或现浇钢筋混凝土混合结构等结构形式。

（2）依据道路施工流程可采取整幅施工或分幅施工。分幅施工时，临时道路宽度应满足现况交通的要求，且边坡稳定。需支护时，应在施工前对支护结构进行施工设计。

（3）挖方区的涵洞基槽开挖应符合设计要求，且边坡稳定；填方区的涵洞应在填土至涵洞基底标高后，及时进行结构施工。

（4）遇有地下水时，应先将地下水降至基底以下 500mm 后方可施工，且降水应连续进行直至工程完成到地下水位 500mm 以上且具有抗浮及防渗漏能力方可停止。

（5）涵洞地基承载力必须符合设计要求，并应经检验确认合格。

（6）拱圈和拱上端墙应由两侧向中间同时、对称施工。

（7）涵洞两侧的回填土，应在主结构防水层的保护层完成，且保护层砌筑砂浆强度达到 3MPa 后方可进行。回填时，两侧应对称进行，高差不宜超过 300mm。

（8）伸缩缝、沉降缝止水带安装应位置准确、牢固，缝宽及填缝材料应符合要求。

（9）为涵洞服务的地下管线，应与主体结构同步配合进行。

6.7.2 箱涵顶进施工技术

箱涵模板体系整体滑移施工工法

当新建道路下穿铁路、公路、城市道路路基施工时，通常采用箱涵顶进施工技术。

1. 箱涵顶进准备工作

（1）作业条件。

① 现场做到"三通一平"，满足施工方案设计要求。

② 完成线路加固工作和既有线路监测的测点布置。

③ 完成工作坑作业范围内的地上构筑物、地下管线调查，并进行改移或采取保护措施。

④ 工程降水（如需要）达到设计要求。

（2）机械设备、材料按计划进场，并完成验收。

（3）技术准备。

① 施工组织设计已获批准，施工方法、施工顺序已经确定。

② 全体施工人员进行培训、技术安全交底。

③ 完成施工测量放线。

2. 工艺流程与施工技术要点

1）工艺流程

现场调查→工程降水→工作坑开挖→后背制作→滑板制作→润滑隔离层敷设→箱涵制作→顶进设备安装→既有线加固→箱涵试顶进→吃土顶进→监控量测→箱体就位→加固设施拆除→后背及顶进设备拆除→工作坑恢复。

2）箱涵顶进前检查工作

（1）箱涵主体结构混凝土强度必须达到设计强度，防水层及保护层按设计完成。

（2）顶进作业面包括路基下地下水位已降至基底 500mm 以下，并宜避开雨期施工；若在雨期施工，必须做好防洪及防雨排水工作。

（3）后背施工、线路加固达到施工方案要求；顶进设备及施工机具符合要求。

（4）顶进设备液压系统安装及预顶试验结果符合要求。

（5）将工作坑内与顶进无关人员、材料、物品及设施撤出现场。

（6）所穿越线路的管理部门的配合人员、抢修设备、通信器材准备完毕。

3）箱涵顶进启动

（1）启动时，现场必须由主管施工技术人员专人统一指挥。

（2）液压泵站应空转一段时间，检查系统、电源、仪表无异常情况后试顶。

（3）液压千斤顶顶紧后（顶力在 0.1 倍结构自重），应暂停加压，检查顶进设备、后背和各部位，无异常时可分级加压试顶。

（4）每当油压升高 5~10MPa 时，需停泵观察，应严密监控顶镐、顶柱、后背、滑板、箱涵结构等部位的变形情况，如发现异常情况，立即停止顶进；找出原因并采取措施解决后方可重新加压顶进。

（5）当顶力达到 0.8 倍结构自重时箱涵未启动，应立即停止顶进；找出原因并采取措施解决后方可重新加压顶进。

（6）箱涵启动后，应立即检查后背、工作坑周围土体稳定情况，无异常情况，方可继续顶进。

4）顶进挖土

（1）根据箱涵的净空尺寸、土质情况，可采取人工挖土或机械挖土方式。一般宜选用小型反铲按设计坡度开挖，每次开挖进尺宜为 0.5m，配装载机或直接用挖掘机装汽车出土。顶板切土，侧刃脚切土及底板前清土须由人工配合。顶进挖土应三班连续作业，不得间断。

（2）侧刃脚进土应在 0.1m 以上。当属斜交涵时，前端锐角一侧清土困难应优先开挖。如设有中刃脚时应紧切土前进，使上下两层隔开，不得挖通漏天，平台上不得积存土料。开挖面的坡度不得大于 1∶0.75；不得逆坡、超前挖土，不得扰动基底土体。应设专人监护。

（3）列车通过时严禁继续挖土，人员应撤离挖面。当挖土或顶进过程中发生塌方，影响行车安全时，应迅速组织抢修加固，做出有效防护。

（4）挖土工作应与观测人员密切配合，随时根据箱涵顶进轴线和高程偏差，采取纠偏措施。

5）顶进作业

（1）每次顶进应检查液压系统、顶柱（铁）安装和后背变化情况等。

（2）挖运土方与顶进作业循环交替进行。每前进一顶程，即应切换油路，并将顶进千斤顶活塞回复原位；按顶进长度补放小顶铁，更换长顶铁，安装横梁。

（3）箱涵身每前进一顶程，应观测轴线和高程，发现偏差及时纠正。

（4）箱涵吃土顶进前，应及时调整好箱涵的轴线和高程。在铁路路基下吃土顶进，不宜对箱涵做较大的轴线、高程调整动作。

6）监控与检查

箱涵顶进前，应对箱涵原始（预制）位置的里程、轴线及高程测定原始数据并记录。顶进过程中，每一顶程要观测并记录各观测点左右偏差值、高程偏差值、顶程及总进尺。观测结果要及时报告现场指挥人员，用于控制和校正。

自箱涵启动起，对顶进全过程的每一个顶程都应详细记录千斤顶开动数量、位置、油泵压力表读数、总顶力及着力点。如出现异常应立即停止顶进，检查原因，采取措施处理后方可继续顶进。

箱涵顶进过程中，每天应定时观测箱涵底板上设置的观测标钉高程，计算相对高差，展图，分析结构竖向变形。对中边墙应测定竖向弯曲，当底板侧墙出现较大变位及转角时，应及时分析研究采取措施。

顶进过程中要定期观测箱涵裂缝及开展情况，重点监测底板、顶板、中边墙、中继间牛腿或剪力铰和顶板前后悬臂板，发现问题应及时研究并采取措施。

3. 季节性施工技术措施

（1）箱涵顶进应尽可能避开雨期。需在雨期施工时，应在汛期之前对拟穿越的路基、工作坑边坡等采取切实有效的防护措施。

（2）雨期施工时应做好地面排水措施，工作坑周边应采取挡水围堰、排水截水沟等防止地面水流入工作坑的技术措施。

（3）雨期施工开挖工作坑（槽）时，应注意保持边坡稳定。必要时可适当放缓边坡坡度或设置支撑，并经常对边坡、支撑进行检查，发现问题要及时处理。

（4）冬雨期现浇箱涵场地上空宜搭设固定或活动的作业棚，以免受天气影响。

（5）冬雨期施工应确保混凝土入模温度满足规范规定或设计要求。

职业能力与拓展训练

职业能力训练

一、填空题

1. 桥梁的施工准备主要包括_____、_____、_____、_____等。
2. 桥梁基础按埋置深度一般可分为_____和_____。
3. 桩基础按施工方法不同一般可分为_____和_____等。
4. 装配式梁的施工方法常用_____、_____、_____、_____等。

二、单项选择题

1. 沉入桩的（　　）应通过沉桩试验后会同监理及设计单位研究确定。
   A. 设计标高　　　B. 承载力　　　C. 工艺　　　D. 贯入度
2. 沉入桩终止锤击的控制应以控制桩端（　　）为主。
   A. 设计标高　　　B. 承载力　　　C. 工艺　　　D. 贯入度
3. 在砂类土、黏性土中沉桩宜用（　　）法。
   A. 振动　　　B. 锤击　　　C. 射水　　　D. 静力
4. 人工挖孔桩必须在保证施工（　　）的前提下选用。
   A. 经济　　　B. 方便　　　C. 安全　　　D. 进度
5. 钻孔灌注桩施工中，成孔后压灌混凝土并将钢筋笼插至设计深度成桩的方法是（　　）。
   A. 旋挖钻　　　B. 潜水钻　　　C. 螺旋钻　　　D. 冲抓钻
6. 泥浆制备根据施工机械、工艺及穿越土层情况进行配合比设计，宜选用高塑性黏土或（　　）。
   A. 粉质黏土　　　B. 膨润土　　　C. 粉土　　　D. 低塑性黏土

7. 正、反循环钻孔达到设计深度,在灌注混凝土之前,孔底沉渣厚度应符合设计要求,设计未要求时摩擦型桩的沉渣厚度不应大于( )mm。
   A. 100　　　　　　B. 200　　　　　　C. 300　　　　　　D. 400

三、简答题

1. 比较先张法和后张法的优缺点。
2. 锚具和夹具有何区别?
3. 悬臂施工法的适用范围及特点是什么?
4. 桥梁施工组织设计变更的程序应如何进行?
5. 桥梁安全专项方案应包括哪些内容?

拓展训练

某城市桥梁工程采用钻孔灌注桩基础,承台最大尺寸为长8m、宽6m、高3m,梁体为现浇预应力钢筋混凝土箱梁。跨越既有道路部分,梁跨度30m,支架高20m。

桩身混凝土浇筑前,项目技术负责人到场就施工方法对作业人员进行了口头交底,随后立即进行1号桩桩身混凝土浇筑,导管埋深保持为0.5~1.0m。浇筑过程中,拔管指挥人员因故离开现场。后经检测表明1号桩出现断桩。在后续的承台、梁体施工中,施工单位采取了以下措施。

(1) 针对承台大体积混凝土施工编制了专项方案,采取了如下防裂缝措施。
① 混凝土浇筑安排在一天中气温较低时进行。
② 根据施工正值夏季的特点,决定采用浇水养护。
③ 按规定在混凝土中适量埋入大石块。
(2) 项目部新购买了一套性能较好、随机合格证齐全的张拉设备,并立即投入使用。
(3) 跨越既有道路部分为现浇梁施工,采用支撑间距较大的门洞支架,为此编制了专项施工方案,并对支架强度进行验算。

问题:

1. 指出项目技术负责人在桩身混凝土浇筑前技术交底中存在的问题,并给出正确做法。
2. 指出桩身混凝土浇筑过程中的错误之处,并改正。
3. 补充大体积混凝土裂缝防治措施。
4. 施工单位在张拉设备的使用上是否正确?说明理由。
5. 关于支架还应补充哪些方面的验算?

学习情境 3

排水工程认知

情境概述

党的二十大报告提出，实施全面节约战略，推进各类资源节约集约利用，加快构建废弃物循环利用体系。在城镇，从居住区、工业企业和各种公共建筑中，不断地排出各种各样的污水和废弃物，需要及时妥善地处理、排放或利用，做好污水和废弃物的循环利用和节约利用，有利于实现我国高质量发展。随着我国工业的飞速发展和居民生活水平的不断提高，污水量日益增多、成分日趋复杂。如不加以控制，使其任意直接排放到江、河、湖泊或土壤中，有毒有害物质就会随着污水污染环境，甚至造成公害。同时，雨雪水如不及时排除，将会造成路面积水，影响交通，甚至危害人民生命财产安全。为保护环境、避免上述情况发生，现代城市需要建设一整套的工程设施来收集、输送、处理和利用污水。

本情境以认知城市排水工程为主线，了解排水工程的作用，熟悉排水系统的体制和组成，掌握排水管道的构造和排水管道施工技术。

知识目标

（1）排水工程的作用；
（2）排水系统的体制和组成；
（3）排水管材；
（4）排水管道构造；
（5）排水管道工程图；
（6）排水管道开槽施工；
（7）排水管道不开槽施工。

技能目标

（1）能够描述排水工程的作用、排水系统的体制和组成；
（2）能够根据不同环境条件选用排水管材；
（3）能够识读排水管道工程图；
（4）能根据排水管道工程图计算各分部分项工程的工程量；

任务 7　排水工程基础知识学习

任务导入

2012 年 7 月 21 日，北京遭遇了 61 年以来的最大暴雨，导致 70 多人遇难，其中多数溺亡，北京受灾面积 16000km²，受灾人口约 190 万人。北京全市道路、桥梁、水利工程多处受损，民房多处倒塌，几百辆汽车严重受损，引起了全社会的广泛关注。

2016 年 7 月 5 日晚至 6 日，武汉市出现罕见特大暴雨，全城渍水严重，部分交通瘫痪，排水和调蓄设施已全力运行，但难以外排渍水，城市被淹的悲剧再次重演。

很难想象，作为现代化的大都市，一场暴雨会给城市带来如此大的打击，其所暴露出来的城市排水问题值得我们反思。

7·21北京特大暴雨

而暴雨之中，故宫像浮在水面上的小岛，数百年来几乎未发生过内涝现象，原因之一就在于故宫周围有环故宫可起调蓄作用的护城河，故宫的排水系统何以如此强大？

故宫排水系统

当前城市排水工程存在哪些问题？什么是雨污分流管网？有哪些排水管道构筑物？

7.1　排水工程的作用

城市排水工程是处理和排除城市污水和雨水的工程设施系统，是城市公用设施的重要组成部分。排水工程具有以下几方面的作用。

第一，从环境保护角度看，排水工程具有保护和改善环境、消除污水危害的作用。而消除污染、保护环境，是社会主义市场经济建设必不可少的条件，是保障人民健康和造福子孙后代的大事。

第二，从卫生角度看，排水工程的兴建对保障人民的健康具有深远的意义。水被污染后，水中含有的致病微生物会引起传染病的蔓延；水中的有毒物质会导致人们急性或者慢性中毒，甚至患上癌症或其他各种"公害病"。兴建完善的排水工程，将污水进行妥善处理，对于预防和控制各种传染病、癌症或"公害病"有重要作用。

第三，从经济角度看，排水工程意义重大。首先，水是非常宝贵的自然资源，它在国民经济的各部门中都是不可缺少的。排水工程是保护水体，防止公共水体水质污染，以充分发挥其经济效益的基本手段之一。其次，污水的妥善处理，以及雨雪水的及时排除，是保证工农业正常运行的必要条件之一。同时，废水能否妥善处理，对工业生产新工艺的发展有着重要影响。此外，污水的资源化利用本身也有很大的经济价值，如工业废水中有价值原料的回收，不仅消除了污染，而且为国家创造了财富，降低了产品成本。

总之，在实现现代化的过程中，排水工程作为国民经济的一个组成部分，对保护环境、促进工农业生产和保障人民的健康，具有巨大的现实意义和深远的影响。

7.2 排水系统的体制和组成

7.2.1 排水系统的体制

在城市和工业企业中产生的污水通常有生活污水、工业废水和雨水。这些污水采用一个管渠系统来排除，或是采用两个或两个以上各自独立的管渠系统来排除，称为排水制度（也称排水体制）。它一般分为合流制和分流制两种基本方式。

1. 合流制

合流制排水系统是将生活污水、工业废水和雨水混合在同一个管渠内排除的系统。最早出现的合流制排水系统，是将排除的混合污水不经处理直接就近排入水体，即直排式合流制，国内外很多老城市以往几乎都采用这种合流制排水系统。以前工业还不发达，人口不多，污水量不大，直接排入水体后对环境造成的污染还不明显。但是，随着城市和工业的发展，城市人口增加，污水量增多，水质成分日趋复杂，污水未经无害化处理就直接排放，使受纳水体遭受严重污染。现在常采用的是截流式合流制排水系统（图 7.1）。这种系统是在临河岸边建造一条截流干管，同时在合流干管与截流干管相交前或相交处设置截流井，并在截流干管下游设置污水厂。晴天时，管道中只输送旱流污水，排放至污水厂经处理后排入水体。降雨初期，旱流污水和初降雨水排放至污水厂经处理后排入水体。随着降雨量的增加，旱流污水和雨水的混合液也在不断增加，当混合液的流量超过截流干管的输水能力后，就有部分混合液经截流井溢出，直接排入水体。截流式合流制排水系统较直排式合流制前进了一大步，但仍会有部分混合污水未经处理直接排放，使水体遭受污染。国内外在改造老城市的合流制排水系统时，通常采用这种方式。

2. 分流制

分流制排水系统（图 7.2）是将生活污水、工业废水和雨水分别在两个或两个以上各自独立的管渠内排除的系统。排除生活污水和工业废水的管渠系统称为污水排水系统；排除雨水的管渠系统称为雨水排水系统。

由于排除雨水方式的不同，分流制排水系统又分为以下两种情况。

1）完全分流制

完全分流制［图 7.3(a)］是将城市的生活污水和工业废水用一条管道

排除，而雨水用另一条管道来排除的排水方式。这样，城市的生活污水和工业废水送至污水厂进行处理，克服了合流制使水体遭受污染的缺点，同时使污水管道的管径减小。但完全分流制的管道总长度大，且雨水管道只有在雨雪季节才发挥作用，因此完全分流制排水系统造价高，初期投资大。

完全分流制排水系统

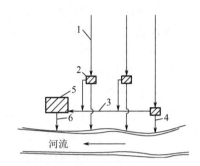

1—合流干管；2—截流井；3—截流干管；
4—溢流出水口；5—污水厂；
6—出水口

图 7.1 截流式合流制排水系统

1—污水干管；2—雨水干管；3—污水主干管；
4—污水厂；5—出水口

图 7.2 分流制排水系统

2）不完全分流制

不完全分流制［图 7.3(b)］只具有污水排水系统，不修建雨水排水系统，雨水沿天然地面、街道边沟、水渠等排除，或者为了补充原有渠道系统输水能力的不足只修建部分雨水管道，待城市发展后再修建雨水排水系统而使其转变成完全分流制排水系统。

不完全分流制排水系统

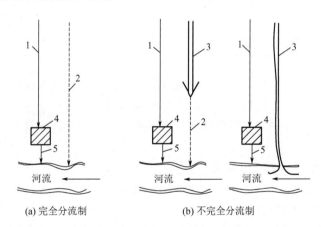

(a) 完全分流制　　　　　(b) 不完全分流制

1—污水管道；2—雨水管道；3—原有渠道；4—污水厂；5—出水口

图 7.3 完全分流制及不完全分流制排水系统

在一座城市中，有时既有分流制也有合流制的排水系统，称为混合制排水系统。混合制排水系统一般是在具有合流制的城市需要扩建排水系统时才出现的。在大城市中，因各区域的自然条件以及修建情况可能相差较大，因地制宜地在各区域采用不同的排水制度也是合理的。例如，上海市便是混合制排水系统。

合理地选择排水制度，是城市排水系统规划和设计的重要问题，应分别从环境保护、投资和维护管理等方面分析，通过技术经济比较确定。

从环境保护方面看，如果采用合流制排水系统将生活污水、工业废水、雨水全部截流送往污水厂处理后再排放，从控制和防止水体污染来看是较好的措施。但在实际运行中，暴雨径流初期，原沉淀在合流管渠的污泥被冲起，沉淀污泥和部分雨污混合污水经截流井溢入水体。实践证明，采用截流式合流制排水系统的城市，水体仍会遭受污染，甚至达到不能容忍的程度。分流制是将城市污水全部送至污水厂进行处理，雨水未加处理直接排放至水体。但分流制的径流初期雨水会对水体造成污染，虽然有此不足，但该系统比较灵活，符合城市卫生的一般要求，所以在国内外获得了较广泛的应用。

从投资方面看，合流制排水管道的造价比完全分流制低20%～40%，合流制的泵站和污水厂造价比完全分流制高，完全分流制的总造价比合流制高。不完全分流制因只建污水管道，初期投资较省，又可缩短工期，发挥工程效益快。所以，我国过去很多新建的工业基地和居住区均采用不完全分流制排水系统。

从维护管理方面看，合流制管径大，在晴天时只有污水，流速较低，污物易于沉淀。而且，通过合流制排水系统进入污水厂的污水量在晴天和雨天差别特别大，增加了污水厂运行管理的复杂性。而分流制排水系统可以保持管内的流速，不易发生沉淀，同时污水厂的水量和水质不会发生大的变化，污水厂的运行易于控制。

混合制排水系统的优缺点介于合流制排水系统和分流制排水系统之间。

总之，排水制度的选择是一项复杂的工作，应根据城镇的总体规划，并结合当地的地形、水文、气候、原有排水设施、污水处理和利用情况等因素综合考虑后确定。同一城镇的不同地区可以采用不同的排水体制。新建地区宜采用分流制；老城区的直排式合流制宜改成截流式合流制；在缺水地区，宜对雨水进行收集、处理和综合利用。

7.2.2 排水系统的组成

排水系统是指排水的收集、输送、处理和利用，以及排放等设施以一定方式组合成的总体。在分流制排水系统中包括污水管道系统和雨水管道系统；在合流制排水系统中只有合流制管道系统。下面分别介绍城市生活污水排水系统、城市雨水排水系统和工业废水排水系统的组成。

1. 城市生活污水排水系统的组成

城市生活污水排水系统由下列几个主要部分组成。

1）室内污水管道系统及设备

室内污水管道系统的作用是收集生活污水，并排送至室外居住小区污水管道中。

在住宅和公共建筑内，大便器、洗脸盆等各种卫生设备是生活污水排水系统的起端设备。生活污水经器具排水管、排水横支管、排水立管和排出管等室内管道，流入居住小区污水管道系统。排出管与室外居住小区污水管道相接的连接点设检查井，供检查和清通管道之用。

2) 室外污水管道系统

建筑外地面下输送污水至泵站、污水厂或水体的管道系统称室外污水管道系统。它又分为居住小区污水管道系统及街道污水管道系统。

(1) 居住小区污水管道系统。居住小区污水管道系统主要是收集小区内各建筑物排出的污水，并将其输送到街道污水管道系统中。它分为接户管、小区支管和小区干管。接户管是指布置在建筑物周围接纳建筑物各污水排出管的污水管道。小区支管是指布置在小区内与接户管连接的污水管道，一般布置在居住区内道路下。小区干管是指在居住小区内，接纳各居住区内小区支管的污水管道，一般布置在小区道路或市政道路下。

(2) 街道污水管道系统。敷设在街道下，用以排除居住小区污水管道系统排入的污水，称为街道污水管道系统。它由城市支管、干管、主干管等组成。城市支管接纳居住小区干管流来的污水或集中流量排出的污水；干管汇集输送由城市支管流来的污水；主干管汇集输送由两个或两个以上干管流来的污水，把污水输送至泵站、污水厂。

3) 污水泵站及压力管道

污水一般靠重力排除，但也有受地形限制的情况，需要设置污水泵站。而从泵站输送污水至高地重力流管道或至污水厂的承压管段，就是压力管道。

4) 污水厂

污水厂是包括处理和利用污水、污泥的一系列构筑物及附属构筑物的总和。

5) 出水口和事故排出口

污水排入水体的渠道和出口称为出水口。在污水排水系统的中途，在某些易于发生故障的设施之前设置的辅助性出水渠称为事故排出口。图 7.4 是城市污水排水系统总平面。

2. 城市雨水排水系统的组成

城市雨水排水系统由下列几个主要部分组成。

(1) 建筑物的雨水管道系统和设备。
(2) 居住小区或工厂雨水管渠系统。
(3) 街道雨水管渠系统。
(4) 排洪沟。
(5) 出水口。

工业、公共或大型建筑的屋面雨水，采用雨水斗或天沟收集后排入室外的雨水管渠系统中。地面的雨水通过雨水口收集后流入居住小区、工厂或街道雨水管渠系统。雨水排水系统的室外管渠系统基本上和污水排水系统相同，在雨水管渠系统中也同样设有检查井等附属构筑物。雨水一般既不处理也不利用，直接将其排入水体。此外，因雨水径流较大，一般应尽量不设或少设雨水泵站，但在必要时也要设置，如上海、武汉等城市设置了雨水泵站用以抽升部分雨水。

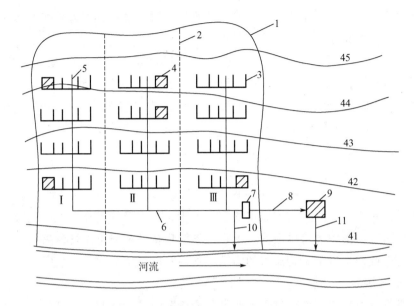

1—城市边界；2—排水流域分界线；3—支管；4—工厂；5—干管；6—主干管；
7—总泵站；8—压力管道；9—城市污水厂；10—事故排出口；11—出水口

图 7.4　城市污水排水系统总平面

3. 工业废水排水系统的组成

在工业企业中，某些工业废水不需处理而允许直接排放，经管道收集后直接排入厂外的城市污水管道中。若需要处理，则用管道收集后，送至废水处理构筑物。经处理后的水可再利用，或排入水体，或排入城市排水系统中。

工业废水排水系统由下列几个主要部分组成。

（1）车间内部管道系统和设备：用于收集各生产设备排出的工业废水，并将其排至厂区管道系统中。

（2）厂区管道系统：用于收集并输送各车间排出的工业废水的管道系统。

（3）污水泵站和压力管道。

（4）废水处理站：处理废水和污泥的场所。

在管道系统上，同样也设置检查井等附属构筑物，且在接入城市排水管道前宜设置检测设施。

图 7.5 为某工厂排水系统总平面，包括上述工业废水排水系统组成部分。

合流制排水系统的组成与分流制相似，有室内排水设备、室外居住小区以及街道管道系统。住宅和公共建筑的生活污水经庭院或街坊管道流入街道管道系统。雨水经雨水口进入合流管道。在合流管道系统的截流干管处设有截流井。

上述各排水系统的组成，对于每一个具体的排水系统来说并不一定都完全具备，必须结合当地条件来确定排水系统内所需要的组成部分。

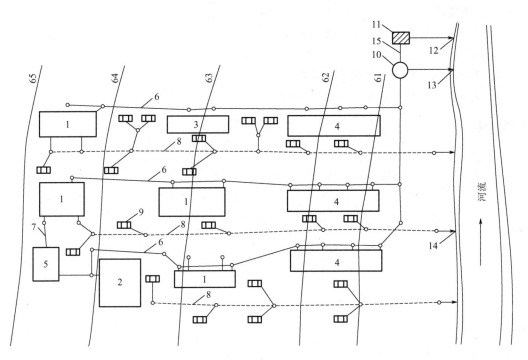

1—生产车间；2—办公楼；3—值班宿舍；4—职工宿舍；5—废水利用车间；6—生产与生活污水管道；7—特殊污染生产污水管道；8—生产废水与雨水管道；9—雨水口；10—污水泵站；11—废水处理站；12—出水口；13—事故排出口；14—雨水出水口；15—压力管道

图 7.5　某工厂排水系统总平面

职业能力与拓展训练

职业能力训练

一、填空题

1. 城市排水工程是处理和排除城市_____和_____的工程设施系统。
2. 排水工程具有_____、_____和_____等几方面的作用。
3. 排水系统的体制，一般分为_____和_____两种基本方式。
4. 由于排除雨水方式的不同，分流制排水系统又分为_____和_____。
5. 街道污水管道系统由_____、_____和_____等组成。
6. 污水排入水体的渠道和出口称为_____。
7. 废水处理站是处理_____和_____的场所。

二、单项选择题

1. 下列不属于城市雨水排水系统组成的是（　　）。
   A. 雨水泵站　　　B. 排洪沟　　　C. 废水处理站　　　D. 出水口
2. 下列系统排水管道不排除雨水的是（　　）。
   A. 直排式合流制　　　B. 截流式合流制　　　C. 完全分流制　　　D. 不完全分流制

三、简答题

1. 污水污染对人类健康的危害有哪些？
2. 从经济角度看，为什么说排水工程意义重大？
3. 分析合流制和分流制的适用情况。
4. 城市生活污水排水系统的组成有哪些？

拓展训练

1. 排水工程的任务有哪些？
2. 城市污水如何进行再生利用？

任务 8　城市排水管道构造认知

> **任务导入**

我国古代排水设施的杰出代表为福寿沟。福寿沟位于江西赣州，修建于北宋时期，堪称罕见的成熟、精密的古代城市排水系统，是赣州居民日常排放污水的主要通道。福寿沟工程通过科学合理的设计，利用城市地形的高低差，全部采用自然流向的办法，使城市的雨水和污水排入江中和濠塘内。

福寿沟

福寿沟工程分为三大部分：一是将简易的下水道改造成断面为矩形、用砖石砌垒的宽渠，主沟断面宽约 90cm，高约 180cm，沟顶用砖石垒盖，纵横遍布城市各个角落，将城市的污水收集、排放到贡江和赣江；二是将福寿沟与城内的几十口池塘连通起来，增加暴雨时城市的雨水调节容量，减少街道被淹没的面积和时间；三是建设了 12 个防止洪水季节江水倒灌造成城中内涝灾害的"水窗"。这种"水窗"结构精巧，运用水力学原理，在江水上涨时外闸门自动关闭，水位下降到低于"水窗"时，排出的水流又能将内闸门冲开。

8.1　排水管道布置

8.1.1　排水管道系统的布置原则

排水管道系统的布置原则有以下几个。

（1）按照城市总体规划，结合当地实际情况布置排水管道，并对多方案进行经济比较。

（2）首先确定排水区界、排水流域和排水体制，其次布置排水管道，应按主干管、干管、支管的顺序进行布置。

（3）充分利用地形，尽量采用重力流排除污水和雨水，力求管线最短、埋深最小。

（4）协调好与其他地下管线和道路工程等的关系，考虑好与企业内部管网的连接。

（5）规划时要考虑使管线的施工、运行和维护方便。

（6）规划布置时应远近相结合，考虑分期建设的可能性，并留有充分的发展余地。

8.1.2 排水管道系统的布置形式

在城市中,排水管道系统在平面上的布置应根据地形、竖向规划、污水厂位置、土壤条件、河流情况,以及污水的种类和污染程度等因素来确定。图 8.1 介绍了几种以地形为主要因素的城市排水管道系统的布置形式。

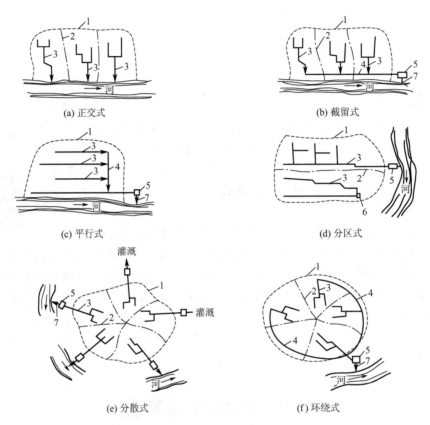

1—城市边界;2—排水流域分界线;3—干管;4—主干管;5—污水厂;6—泵站;7—出水口

图 8.1　城市排水管道系统的布置形式

在地势向水体适当倾斜的地区,各排水流域的干管可以最短距离沿与水体垂直相交的方向布置,这种布置称为正交式布置。这种布置的优点是干管长度短、管径小、经济、排水迅速。但污水未经处理直接排放,容易造成水体污染,影响环境。因此正交式布置仅适合于雨水管道系统。

在正交式布置的基础上,若沿水体岸边再敷设主干管,并将各干管的污水截留至污水厂,这种布置称为截留式布置。截留式布置减轻了水体的污染,保护了环境,适用于分流制中的污水管道系统。

在地势向河流方向有较大倾斜的地区,为避免干管坡度及流速过大,管道遭受严重冲刷,可使干管与等高线及河道基本平行,主干管与等高线成一定斜角,这种布置称为平行式布置。

在地势高低相差很大时，可采用分区式布置。即在地势高的地区和地势低的地区分别敷设独立的管道，使地势高的地区的污水或雨水靠重力流到污水厂或出水口，而地势低的地区的污水或雨水用泵抽送到地势高的地区的污水厂或干管。这种布置适用于个别阶梯地形或起伏很大的地区，它的优点是能充分利用地形，节省电力。

当城市周围有河流，或城市中央部分高，且向四周倾斜时，可采用分散式布置。即各排水流域具有独立的排水系统，其干管呈辐射状分布。其优点是干管长度短、管径小、埋深浅，但须建造多个污水厂。分散式布置适合排除雨水。

在分散式布置的基础上，敷设截流主干管，将各排水流域的污水截留至污水厂进行处理，便形成环绕式布置。它是分散式布置发展的结果，适用于建造大型污水厂的城市。

8.1.3　排水管道系统的布置要求

排水管道系统布置时在遵循基本原则下，一般按主干管、干管、支管的顺序进行。其方法是首先确定污水厂或出水口的位置，然后依次确定主干管、干管和支管的位置。

污水厂应设在城市夏季主导风向的下风向，位于河流下游，并与出水口尽量靠近，以减少排放渠道的长度，并与城市、工矿企业和农村居民点保持500m以上的卫生防护距离。污水主干管一般平行于等高线布置，在地势较低处，沿河岸边敷设，以便于收集干管来水。污水干管一般沿城市街道布置，通常设置在污水量较大、地下管线较少、地势较低一侧的人行道、绿化带或慢车道下，并与街道平行。当街道宽度大于40m时，可考虑在街道两侧设两条污水干管，以减少连接支管的长度和数量。污水支管一般布置在城市的次要道路上。当街坊面积较小而街坊内污水又采用集中出水方式时，支管敷设在服务街坊较低侧的街道下。当街坊面积较大且地势平坦时，宜在街坊四周的街道下敷设支管。当街坊或小区已按规划确定，其内部的污水管网已按建筑物需要设计，组成一个系统时，可将该系统穿过其他街坊，并与所穿街坊的污水管网相连。

雨水管道应尽量利用自然地形坡度，以最短的距离靠重力将雨水排入附近的水体中。当地形坡度大时，雨水干管宜布置在地形低处的主要道路下；当地形坡度平坦时，雨水干管宜布置在排水流域中间的主要道路下。雨水支管一般沿城市的次要道路敷设。

进行管线综合规划时，所有地下管线都应尽量设置在人行道、非机动车道和绿化带下。当道路红线宽度大于50m时，应双侧布置，这样可以减少过街管道，以便于施工和养护管理。

由于污水管道为重力流管道，其埋深大，连接支管多，使用过程中难免渗漏损坏。所有这些都增加了排水管道的施工和维修难度，还会对附近建筑物和构筑物的基础造成危害，甚至污染生活饮用水。因此，排水管道与建筑物应有一定间距，排水管道与其他地下管线或构筑物应有一定的水平和垂直距离。

8.1.4　城市地下管线综合管廊

城市地下管线综合管廊，又叫共同沟，如图8.2所示，是在城市地下建造一个隧道空间，将燃气、电力、通信、给水、雨水、污水等各种管线集于一身，设有专门的检修口、吊装口和监测系统，实施统一规划、设计、建设和管理。

图 8.2　城市地下管线综合管廊

与传统的管线埋设方式相比，以城市地下管线综合管廊方式设置管线，有如下优点。
(1) 有利于国家综合财力有效合理的利用。
(2) 减少道路的反复开挖，避免由此引起的对正常交通的影响，有利于城市路网的畅通。
(3) 有利于满足各种市政管网对通道、路径的需求，比较有效地解决了城市发展过程中对电力、燃气、通信、给水、排水逐步持续性增长的需求。
(4) 管线不易损坏，并且维护与更换方便，降低了施工事故。
(5) 减少或避免城市的灰尘污染及噪声。
(6) 有利于城市管线的灵活配置，提高地下空间的利用率。
(7) 有利于城市景观的美化。

当前，国际上很多国家都已实施了城市地下管线综合管廊，如东京、莫斯科和巴黎等国际著名大都市都建有数百千米的地下管廊。城市地下管线综合管廊在国内也受到了相当高的重视，目前很多城市，如北京、上海、南京、杭州、济南等都已经或正在建设规模不等的城市地下管线综合管廊。

8.2　排水管材

8.2.1　对排水管材的基本要求

排水管材应满足以下要求。
(1) 必须具有足够的强度，能承受土壤、外部荷载和内部的水压，以保证在运输和施工中不致破坏。
(2) 应具有较好的抗渗性能，以防止污水渗出和地下水渗入。若污水从管渠中渗出，将污染地下水及附近的房屋基础；若地下水渗入管渠，将影响正常的排水能力，增加排水泵站和处理构筑物的负荷。

（3）应具有抗冲刷、耐腐蚀及耐磨损的能力，以使管材经久耐用。
（4）应具有良好的水力条件，内壁光滑，阻力小，排水通畅。
（5）排水管材应就地取材，可预制管件，加快进度，减少工程投资。

8.2.2 常用排水管材

目前，我国城市和工业企业中常用的排水管材有混凝土管、钢筋混凝土管、陶土管、金属管、沥青混凝土管、低压石棉管、塑料管等。下面介绍几种常用的排水管材。

常用排水管材

1. 混凝土管和钢筋混凝土管

混凝土管和钢筋混凝土管适用于排除雨水和污水，管口有承插式、企口式和平口式三种形式，如图 8.3 所示。

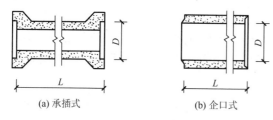

L—管道长度；D—管道内径

图 8.3 混凝土管和钢筋混凝土管

混凝土管的管径一般不超过 450mm，长度多为 1m，一般在工厂预制，也可以现场浇制。

当管道埋深较大或敷设在土质不良地段，以及穿越铁路、城市道路、河流、谷地时，通常采用钢筋混凝土管。其按照承受荷载要求分为轻型钢筋混凝土管和重型钢筋混凝土管两种。

混凝土管和钢筋混凝土管可就地取材，制造方便，价格较低，在排水管道工程中应用广泛。其主要缺点是抗酸碱侵蚀性差；管节短，接口多，抗沉降、抗震性差；大口径管的自重大，搬运不便。

2. 陶土管

陶土管由塑性黏土制成，为防止焙烧中产生裂缝，通常加入耐火黏土及石英砂，经过研细、调和、制坯、烘干、焙烧等一系列过程制成。根据需要可制成无釉、单面釉和双面釉的陶土管。若采用耐酸黏土和耐酸填充物，可制成特种耐酸陶土管。

陶土管一般为圆形断面，有平口式和承插式两种形式，如图 8.4 所示。

普通陶土管的最大公称直径为 300mm，有效长度为 800mm，适用于居民区室外排水管。特种耐酸陶土管最大公称直径为 800mm，一般为 400mm 以内，管节长度有 300mm、500mm、700mm、1000mm 几种。带釉陶土管适用于排酸性废水，其内外壁光滑、水流阻力小、耐磨损、防腐蚀。

陶土管质脆易碎，不宜远运；不能受内压，抗弯、抗拉强度低；不宜敷设在松土或埋深较大的地方；管节短，接头多，施工麻烦。

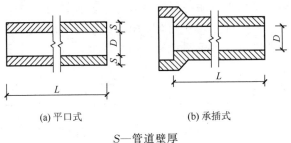

(a) 平口式　　　　　(b) 承插式

S—管道壁厚

图 8.4　陶土管

3. 金属管

金属管质地坚固，抗压、抗震、抗渗性能好，内壁光滑，水流阻力小，管长，接头少，施工方便。但其价格高，因此在市政排水管道工程中很少采用，只有在外力很大或对渗漏要求特别高的场合、穿越铁路、土崩或地震地区、距给水管道或房屋基础较近时才使用。

常用的金属管有铸铁管和钢管。排水铸铁管耐腐蚀性好，经久耐用，但质地较脆，抗震和弯折性差，自重较大。钢管抗高压，抗震，自重比铸铁管轻，但耐腐蚀性差。

4. 大型排水管渠

排水管道的预制管径一般小于 2m，实际上当管径大于 1.5m 时，通常采用大型排水管渠。排水管渠一般有砖砌、石砌、钢筋混凝土渠道，断面形状有圆形、矩形、半椭圆形等。

砖砌渠道应用普遍，在石料丰富的地区，可采用毛石或料石砌筑，也可用预制混凝土砌块砌筑，大型排水管渠可采用钢筋混凝土现场浇筑。一般大型排水管渠由基础、渠底、渠身、渠顶等部分组成。

5. 新型管材

随着新型市政材料的不断研制，用于制作排水管道的材料也日益增多，如玻璃钢管、强化塑料管、聚氯乙烯管等，具有弹性好、耐腐蚀、自重轻、不漏水、管节长、接口施工方便等优点。但新型管材价格昂贵，使用时受到了一定程度的限制，如英国的玻璃纤维筋混凝土管，美国的聚氯乙烯、丙烯腈、丁二烯、苯乙烯、热固性树脂管，日本的离心混凝土管、强化塑料管，我国的硬聚氯乙烯（PVC-U）管等。

8.2.3　排水管材的选择

排水管材的选择，应根据污水性质、管道承受的内外压力、埋设地区的土质条件等因素确定，并尽可能就地取材，以降低施工费用。

根据排除污水性质，当排除生活污水及中性或弱碱性（pH＝8～11）的工业废水时，上述各种管材都能使用。排除强碱性（pH＞11）工业废水时可用铸铁管或砖砌渠道，也可在钢筋混凝土渠道内涂塑料衬层。排除弱酸性（pH＝5～6）工业废水时可用陶土管或砖砌渠道。排除强酸性（pH＜5）工业废水时可用特种耐酸陶土管及耐酸水泥砌筑的砖砌渠道或用塑料衬砌的钢筋混凝土渠道。

根据管道受压情况、埋设地点及土质条件，压力管道一般采用金属管、玻璃钢夹砂管、钢筋混凝土管或预应力钢筋混凝土管。在地震区、施工条件差的地区，以及穿越铁路、城市道路等地区，可采用金属管。

一般情况下，市政排水经常采用混凝土管和钢筋混凝土管。

8.3 排水管道构造

排水管道为重力流管道，由上游至下游管道坡度逐渐增大，一般情况下管道埋深也会逐渐增加，在施工时除保证管材及接口强度满足要求外，管道的地基与基础也要有足够的承受荷载的能力和可靠的稳定性，否则会产生不均匀沉陷，造成管道错口、断裂、渗漏等现象，污染附近地下水，甚至影响附近建筑物的基础。排水管道的构造一般包括基础、管道、覆土厚度三部分。管道布置前已述及，本节不再重述。

8.3.1 排水管道的基础

排水管道的基础包括地基、基础和管座三部分，有时还设有垫层，如图 8.5 所示。地基是指沟槽底的土壤部分，它承受管道和基础的重力、管内水重、管上土压力和地面上的荷载。基础是指管道和地基间经人工处理或专门建造的设施，使管道较为集中的荷载能均匀分布，以减少对地基单位面积的压力。管座是管道下侧与基础之间的部分，它使管道与基础连成一个整体，以增加管道的刚度和稳定性。管道基础应根据管道材料、接口形式和地基条件确定。

目前常用的排水管道的基础有以下三种。

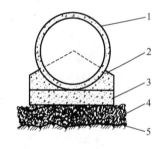

1—管道；2—管座；3—基础；
4—垫层；5—地基

图 8.5 排水管道的基础

1. 砂土基础

砂土基础又叫素土基础，包括弧形素土基础和砂垫层基础两种，如图 8.6 所示。

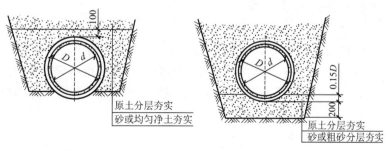

(a) 弧形素土基础　　(b) 砂垫层基础

D—管道外径；d—管道内径

图 8.6 砂土基础

(1) 弧形素土基础是在沟槽底原土上挖一个弧形管槽,管道敷设在弧形管槽里。弧形素土基础适用于无地下水且原土能挖成弧形的干燥土壤,管径小于600mm的混凝土管、钢筋混凝土管、陶土管,管顶覆土厚度为0.7~2.0m的街坊污水管线,不在车行道下的次要管道及临时性管道。

(2) 砂垫层基础适用于无地下水、坚硬岩石地区,管径小于600mm的混凝土管、钢筋混凝土管、陶土管,管顶覆土厚度为0.7~2.0m的排水管道。

2. 混凝土枕基

混凝土枕基是在管道接口处设置的管道局部基础,如图8.7所示。通常在管道接口下用C10混凝土做成枕状垫块。此种基础适用于干燥土壤中的雨水管道及不太重要的污水支管上,常与砂土基础同时使用。

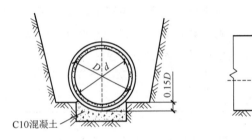

图 8.7 混凝土枕基

3. 混凝土带形基础

混凝土带形基础是沿管道全长敷设的基础,分为90°、135°、180°三种管座形式。

混凝土带形基础适用于各种潮湿土壤,以及土质较差、地下水位较高和地基软硬不均匀的排水管道,管径为200~2000mm。

无地下水时可在槽底原土上直接浇混凝土基础。有地下水时常在槽底铺100~150mm卵石或碎石垫层,然后在上面浇混凝土基础。根据地基承载力的实际情况,可采用强度等级不低于C10的混凝土。当管道覆土厚度为0.7~2.5m时,采用90°管座;管道覆土厚度为2.6~4.0m时,采用135°管座;管道覆土厚度为4.1~6.0m时,采用180°管座。在地震区或地基松软和不均匀沉降地段,管道基础还应采取加固措施,最好采用钢筋混凝土带形基础。

8.3.2 排水管道的覆土厚度

排水管道埋设在地面以下,其管顶以上应有一定厚度的覆土,以保证管道内的水在冬季不会因为冰冻而结冰;在正常使用时管道不会因为各种地面荷载作用而被破坏;同时满足管道衔接的要求,保证上游管道中的污水能够顺利排除。排水管道的覆土厚度与埋设深度如图8.8所示。

1. 防止冰冻膨胀而损坏管道

生活污水温度较高,即使在冬天水温也不会低于4℃,很多工业废水的温度也比较高。此外,污水管道按一定的坡度敷设,管内污水经常保持一定的流量,以一定的流速不断流动。因此,污水在管道内是不会冰冻的,管道周围的土壤也不会冰冻,不必把整个污水管道都埋设在土壤冰冻线以下。但如果将管道全部埋设在冰冻线以上，则可能会因土壤冰冻膨胀损坏管道基础，从而损坏管道。

《室外排水设计标准》（GB 50014—2021）规定，冰冻地区的排水管道宜埋设在冰冻线以下，当该地区或条件相似地区有浅埋经验或采取相应措施时，也可埋设在冰冻线以上，其浅埋数值应根据该地区经验确定，但应保证排水管道安全运行。

2. 防止管壁因地面荷载而被破坏

在非冰冻地区，管道覆土厚度的大小主要取决于地面荷载、管材强度、管道衔接情况以及敷设位置等因素，以保证管道不受破坏为主要目的。一般情况下，排水管道的最小覆土厚度在车行道下为 0.7m，在人行道下为 0.6m。

3. 满足街坊污水连接管衔接的要求

略。

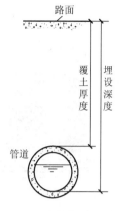

图 8.8　排水管道的覆土厚度与埋设深度

8.4　排水管道附属构筑物

8.4.1　检查井

在排水管道系统上，为便于管渠的衔接以及对管道进行定期的检查和清通，必须设置检查井。检查井通常设置在管道的交汇、转弯处，管径、坡度和高程变化处，以及相隔一定距离的直线管段上。检查井在直线管段上的最大间距应根据疏通方法等的具体情况确定，在不影响街坊接户管的前提下，宜按表 8-1 的规定取值。无法实施机械养护的区域，检查井的间距不宜大于 40m。

表 8-1　检查井在直线管段上的最大间距

管径/mm	300～600	700～1000	1100～1500	1600～2000
最大间距/m	75	100	150	200

根据检查井的平面形状，可将其分为圆形、方形、矩形或其他形状检查井。方形和矩形检查井用在大直径管道上，一般情况下均采用圆形检查井。检查井由井底（包括基础）、井身和井盖（包括盖座）三部分组成，如图 8.9 所示。

1. 井底

井底一般采用低强度等级的混凝土，基础采用碎石、卵石、碎砖夯实或低强度等级混凝土。为使水力条件好并减小阻力，井底多为半圆形或弧形，流槽直壁向上伸展。污水管道的检查井流槽顶与上下游管道的管顶相平或与 0.85 倍大管管径处相平；雨水管渠和合流管渠的检查井流槽顶可与 0.5 倍大管管径处相平。流槽两侧至检查井井壁间的底板（沟肩）应有一定的宽度，一般应不小于 20cm，以便养护人员下井立足，并有 0.02～0.05 的

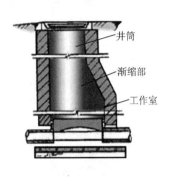
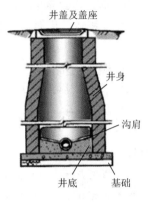
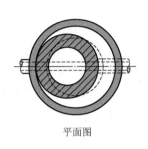

图 8.9 检查井

坡度坡向流槽，以防淤积。在管渠转弯或几条管渠交汇处，流槽中心线的弯曲半径应按转角大小和管径大小确定，但不得小于大管管径。图 8.10 为检查井井底流槽的平面形式。

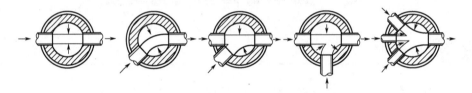

图 8.10 检查井井底流槽的平面形式

2. 井身

井身是砖、石砌结构，水泥砂浆抹面。其构造与是否需要工人下井有关系。不需要工人下井的浅检查井，构造简单，为直壁圆筒形；需要工人下井的检查井，井身在构造上分为工作室、渐缩部、井筒三部分。工作室是养护工人下井进行临时操作的地方，不能过分狭小，为了检修时出入方便，其直径不能小于 1m，高度在埋设深度允许时一般采用 1.8m。为降低检查井的造价，缩小井盖尺寸，井筒直径一般比工作室小，但为了让工人检修时出入方便，其直径不应小于 0.7m。井筒与工作室之间用锥形渐缩部连接，渐缩部的高度一般为 0.6~0.8m，也可在工作室顶偏向出水管渠一侧加钢筋混凝土盖板梁，井筒则砌筑在盖板梁上。为便于养护工人下井，井身在偏向进水管渠的一边应保持一壁直立。井身通常为圆形，在大管径交汇处，可采用矩形、扇形（图 8.11）。

3. 井盖

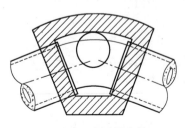

图 8.11 扇形检查井

井盖一般采用铸铁、混凝土、新型复合材料或其他材料制作。车行道上一般采用铸铁井盖。为防止雨水流入，通常盖顶略高于地面。盖座采用铸铁、钢筋混凝土或混凝土材料制作。图 8.12 为轻型铸铁井盖及井座，图 8.13 为轻型钢筋混凝土井盖及井座。

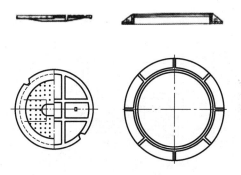
图 8.12　轻型铸铁井盖及井座

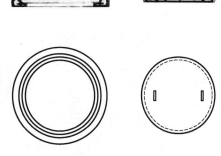
图 8.13　轻型钢筋混凝土井盖及井座

8.4.2　雨水口

雨水口是设在雨水管道或合流管道上，用来收集地面雨水径流的构筑物。地面上的雨水经过雨水口和连接管流入管道上的检查井后进入排水管道。

雨水口的设置应根据道路（广场）情况、街坊，以及建筑情况、地形、土壤条件、绿化情况、降雨强度的大小和雨水口的泄水能力等因素决定。

雨水口的设置位置，应能保证迅速有效地收集地面雨水，一般应设在交叉路口、路侧边沟的一定距离处，以及设有路边石的低洼地方，防止雨水漫过道路造成道路及低洼地区积水而妨碍交通。在道路交叉口处，应根据雨水径流情况布置雨水口，如图 8.14 所示。雨水口在直线道路上的间距一般为 25～50m，在低洼和易积水的地段，要适当缩小雨水口的间距。但道路纵坡大于 0.02 时，雨水口的间距可大于 50m，其形式、数量和布置应根据具体情况和计算而定。

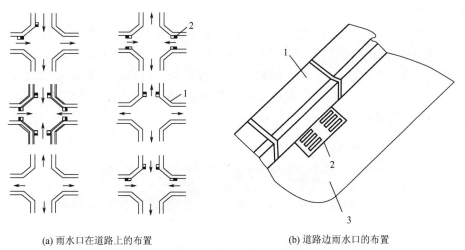

(a) 雨水口在道路上的布置　　(b) 道路边雨水口的布置

1—路边石；2—雨水口；3—道路路面

图 8.14　道路交叉口雨水口的布置

雨水口的构造包括进水箅、井筒和连接管三部分，如图 8.15 所示。

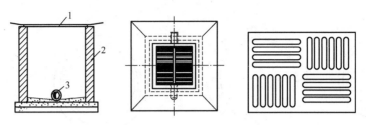

1—进水箅；2—井筒；3—连接管

图 8.15 雨水口的构造

进水箅通常为铸铁制，也有混凝土制。箅条与水流方向平行比垂直进水效果好，可纵横交错设置，以便排泄不同方向的来水。一般一个平箅雨水口可排泄 15～20L/s 的地面径流量。进水箅通常设在道路交叉口、低洼地、路侧边沟等处，间距 25～50m。

井筒通常采用砖砌结构或钢筋混凝土浇制，深度小于 1m。其形式有带沉泥井的和不带沉泥井的两种。

连接管的管径大于 200mm，坡度大于 0.01，长度小于 25m。在同一连接管上雨水口的个数不多于 3 个。

根据需要，在路面等级较低、积秽多的街道或者菜市场的雨水管道上，可将雨水口做成有沉泥槽的雨水口。它可截留雨水所夹带的砂砾，避免砂砾进入管道造成淤塞，增加养护工作量。

8.4.3 出水口

出水口是排水管道的终点构筑物，具体位置和形式根据排水水质、下游用水情况、水体流量、水位变化、波浪等确定。出水口与受纳水体的岸边应采取防冲和加固等措施，在受冻地区，还应采取防冻措施。

常见的出水口形式有淹没式出水口和非淹没式出水口两种，污水管渠出水口采用淹没式，管顶标高在常水位下。常见的出水口有江心分散式出水口，如图 8.16(a) 所示。或考虑冰冻线，出水口区应用耐冻胀材料砌筑，出水口的基础必须设在冰冻线以下，如图 8.16(b)、(c) 所示。雨水管渠出水口采用非淹没式，其管底标高在水体最低水位以上，以免水倒灌，如图 8.16(d) 所示。

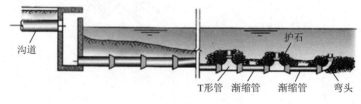

(a) 江心分散式出水口

图 8.16 出水口形式

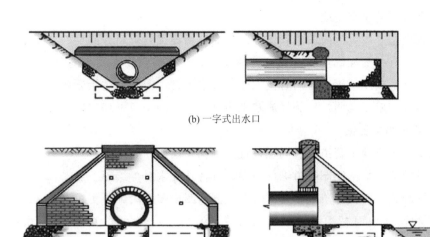

(b) 一字式出水口

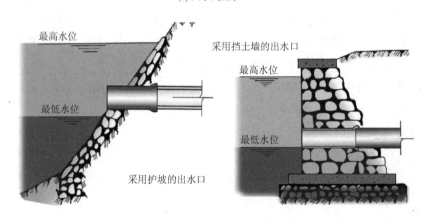

(c) 八字式出水口

(d) 非淹没式出水口

图 8.16　出水口形式（续）

8.5　排水管道工程图识读

排水管道平面图、纵剖面图和附属构筑物详图，是污水管道设计的主要工程图纸。根据设计阶段的不同，图纸上的内容和表现的深度也不相同。

1. 排水管道平面图

初步设计阶段的管道平面图就是管道的总体布置图。在平面图上应有地形、地物、风玫瑰或指北针等，并标出干管和主干管的位置。已有和设计的污水管道用粗单实线（0.9mm）表示，其他均用细单实线（0.3mm）表示。在管线上画出设计管段起止点的检查井并编上号码，标出各设计管段的服务面积和可能设置的泵站或其他附属构筑物的位置，以及污水厂和出水口的位置。每一设计管段都应注明管段长度、设计管径和设计坡度。图纸的比例尺通常采用（1∶10000）～（1∶5000）。此外，图上应有管道的主要工程项目表、图例和必要的工程说明。

技术设计或施工图设计阶段的管道平面图要包括详细的资料。除反映初步设计的要求外，还要标明检查井的准确位置及其与其他地下管线或构筑物交叉点的具体位置、高程；建筑小区污水干管或工厂废水排出管接入城市污水支管、干管或主干管的位置和标高；图例、工程项目表和施工说明。比例尺通常采用（1∶5000）～（1∶1000）。

2. 排水管道纵剖面图

管道纵剖面图反映了管道沿线高程位置，是和平面图相对应的。

初步设计阶段一般不绘制管道纵剖面图，有特殊要求时可绘制。

技术设计或施工图设计阶段要绘制管道纵剖面图。图上用细单实线（0.3mm）表示原地面高程线和设计地面高程线，用粗双实线（0.9mm）表示管道高程线，用细双竖线（0.3mm）表示检查井。图中应标出沿线旁侧支管接入处的位置、管径、标高；与其他地下管线、构筑物或障碍物交叉点的位置和高程；沿线地质钻孔位置和地质情况等。在纵剖面图下方用细实线（0.3mm）画一个表格，表中注明检查井编号、管段长度、设计管径、设计坡度、地面标高、管内底标高、埋设深度、管道材料、接口形式、基础类型等。有时也将设计流量、设计流速和设计充满度等数据注明。采用的比例尺，一般横向比例尺与平面图一致；纵向比例尺为（1∶200）～（1∶50），并与平面图的比例尺相适应，以确保纵剖面图纵、横两个方向的比例相协调。

3. 排水附属构筑物详图

施工图设计阶段，除绘制管道平面图、纵剖面图外，还应绘制管道附属构筑物的详图和管道交叉点特殊处理的详图。附属构筑物的详图可参照《给水排水标准图集》中的标准图结合本工程的实际情况绘制。

详图主要是指检查井、雨水口等施工详图。

职业能力与拓展训练

职业能力训练

一、填空题

1. 常见的排水管材主要有_____、_____、_____等。
2. 排水管道基础是由_____、_____和_____组成的。
3. 排水管道附属构筑物主要有_____、_____、_____等。

二、单项选择题

1. 排水管道系统布置时应遵循的基本原则是（   ）。
   A. 按主管、干管、支管的先后顺序　　B. 按干管、主管、支管的先后顺序
   C. 按支管、干管、主管的先后顺序　　D. 按支管、主管、干管的先后顺序
2. 属于质地坚固，抗压、抗震、抗渗性能好的是（   ）。
   A. 陶土管　　　B. 混凝土管　　　C. 金属管　　　D. PVC-U管

三、简答题

1. 排水管道布置的顺序有何要求?
2. 排水管道的布置形式有哪些?
3. 排水管材有哪些技术指标的要求?

拓展训练

城市地下管线综合管廊的应用前景如何?

任务 9 排水管道工程施工

任务导入

市政工程施工过程中,通常由于施工单位强调工期紧、影响交通、影响道路的施工等客观原因,未做排水管道闭水试验或先行填土再做闭水试验,结果导致管段局部地方(如管堵、井墙、管道接口、管道与井墙接缝、混凝土基础、混凝土管座以及管材本身等处)漏水。

分析产生此类问题的原因,并提出防治措施。

9.1 施工准备

认真做好市政排水管道工程的施工准备工作,可以为工程开工和顺利施工创造良好的条件,有利于降低施工风险、加快施工速度,有利于降低工程成本、提高企业经济效益、保证工程质量。市政排水管道工程的施工准备工作主要包括施工技术准备、生产物资准备和施工现场准备三方面。

9.1.1 施工技术准备

施工技术准备主要有以下几方面工作。

(1) 在熟悉图纸的基础上,核对各种管道的坐标、标高是否有交叉,管道排列所用空间是否合理,有问题及时与设计和有关人员研究解决,做好设计变更。

(2) 学习和掌握有关技术规范和规程。

(3) 对原始资料进行调查与分析。

(4) 编制施工预算和施工组织设计。

(5) 根据施工方案确定的施工方法和技术交底的具体措施做好施工准备工作,对关键的分部分项工程应分别编制专项施工方案,使参与施工的人员对施工任务、工期、质量要求等都有一个明确的认识,并明确自己的工作任务。

9.1.2 生产物资准备

生产物资准备是指根据施工进度计划,提出材料计划和施工机械计划,组织材料采购和主要设备的订购。

在排水管道工程施工中，管道的质量直接影响到工程的质量。因此，施工前必须做好管道的质量检查工作，保证其质量符合设计要求，确保不合格或已经损坏的管道不予使用，检查的内容主要有以下几个方面。

（1）管道必须有出厂质量合格证，管道工程所用的原材料、半成品、成品等产品的品种、规格、性能必须符合国家有关标准的规定和设计要求。

（2）按设计要求认真核对管道的规格、型号、材质等。

（3）进行外观质量检查。管道内外表面应平整、光洁，不得有裂纹、凹凸不平、露筋、残缺、蜂窝、空鼓、剥落、浮渣、露石碰伤等缺陷。承插口部分不得有黏砂及凸起，其他部分不得有大于2mm的黏砂和不高于5mm的凸起。承插口配合的环向间隙，应满足接口嵌缝的需要。

（4）工程所用的管材、管道附件、构（配）件和主要原材料等产品进入施工现场时必须进行验收并妥善保管。进场验收时应检查每批产品的订购合同、质量合格证书、性能检验报告、使用说明书等，并按国家有关标准规定进行复验，验收合格后方可使用。

9.1.3　施工现场准备

施工现场在满足以下条件时方可开始施工：现场实现"七通一平"，满足施工要求，并且施工图纸及其他技术文件应齐全；施工机具已到场，并安装固定到位；管材、管件已运抵现场，并已经放置一段时间；施工人员分工明确，并经过技术培训，持证上岗。施工现场准备工作具体包括以下几个方面。

1. 现场调查

施工单位应按照合同文件、设计文件和有关规范、标准要求，根据建设单位提供的施工界域内地下管线等构（建）筑物资料、工程水文地质资料，组织有关施工技术管理人员深入沿线调查，掌握现场实际情况，做好施工准备工作。

2. 桩橛交接

工程开工前，建设单位应组织设计单位与施工单位进行现场交接桩工作。交接时，由设计单位备齐有关图表，并按图表将逐个桩橛进行交接。交接桩完毕后，施工单位应立即组织人员进行复测，并根据实际情况设置护桩。原测桩有遗失或变位时，应及时补钉桩校正，并应经相应的技术质量管理部门和人员认定。

3. 设置临时水准点

工程开工前，施工单位应根据施工图纸和建设单位指定的水准点设置临时水准点，临时水准点应设置在不受施工影响的固定构筑物上，间距不大于200m，并应妥善保护，详细记录在测量手册上。

4. 工程复测

排水管道施工测量的主要工作是进行中心线测量和高程测量。中心线测量应以建设单位提供的中心控制桩或道路中心线为依据；高程测量应以施工单位设置的临时水准点为依据。因此，施工前应对各种桩点进行复测。

9.2 排水管道开槽施工

排水管道开槽施工是传统的施工方法，也是城镇排水施工的主要方法，随着新管材、新技术和新设备的产生和利用，工程进度也随之加快，工期缩短。

管道开槽根据管道种类、地质条件、管材、施工机械条件等不同，其施工工艺也有所不同，但主要工艺步骤基本相同，如图9.1所示。其中，沟槽支撑与拆除和沟槽排水是管道开槽施工的临时安全措施，在沟槽开挖或开挖前进行，在沟槽回填或回填后拆除。

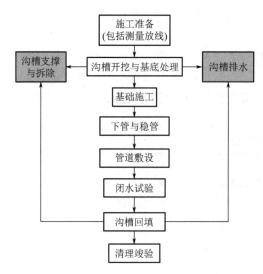

图 9.1 管道开槽施工的工艺步骤

9.2.1 测量放线

测定管道中线桩并放出沟槽开挖边线的过程即为测量放线。沟槽的测量控制工作是保证管道施工质量的先决条件。管道工程开工前，应进行以下测量工作。

（1）核对水准点，建立临时水准点。
（2）核对接入原有管道或河道的高程。
（3）测设管道中心线、开挖沟槽边线、坡度线及附属构筑物的位置。
（4）划分堆土堆料界限及其他临时用地范围。

在施工单位与设计单位进行交接后，施工人员按设计图纸及施工方案的要求，用全站仪等测量仪器测定管道中心线（中线桩）、高程水准点。排水管道一般每隔10m设中心桩，但在阀门井、管道分支、检查井等处均应设中心桩。管道中心线测定后，在中心线两侧各量1/2沟槽上口宽度，拉线撒白灰，定出沟槽开挖边线。

施工测量应实行施工单位复核制、监理单位复测制，并填写相关记录，需符合表9-1的规定，对有特定要求的管道还应遵守其特殊规定。

表 9-1　施工测量允许偏差

项　　目		允　许　偏　差
水准测量高程闭合差	平地	$\pm 20\sqrt{L}$（mm）
	山地	$\pm 6\sqrt{n}$（mm）
导线测量方位角闭合差		$\pm 40\sqrt{n}$（″）
导线测量相对闭合差	开槽施工管道	1/1000
	其他方法施工管道	1/3000
直接丈量测距的两次较差		1/5000

注：1. L 为水准测量闭合线路的长度（km）。
　　2. n 为水准或导线测量的测站数。

9.2.2　施工排水

沟槽施工时，常会遇到地下水、雨水及其他地表水，如果没有一个可靠的排水措施，让这些水流入沟槽中，将会引起基底湿软、隆起、滑坡、流砂、管涌等事件。

坑（槽）开挖时，坑（槽）内的水位也可能低于原地下水位，导致地下水流入坑（槽）内，使施工条件恶化，严重时，也会导致坑（槽）壁土体坍落，地基承载力下降，影响土的强度和稳定性，从而导致管道、新建的构筑物或附近的已建构筑物被破坏。因此，在施工时必须做好施工排水。

施工排水主要指地下水的排除，也包括地面水的排除。地面水一般采用在沟槽的周围筑堤截水，利用地面坡度设置沟渠，把地面水疏导出去的排除方法；地下水的排除主要有明沟排水和人工降低地下水位两种方法。不论采用哪种方法，都应将地下水位降到槽底以下一定深度，以改善槽底的施工条件，稳定边坡和槽底，防止地基承载力下降。

1. 明沟排水

坑（槽）开挖时，为排除渗入坑（槽）的地下水和流入坑（槽）内的地面水，一般可采用明沟排水。明沟排水是将流入坑（槽）内的水，经排水沟将水汇集到集水井，然后用水泵抽走的排水方法，如图 9.2 所示。明沟排水是一种常用的简易降水方法，适用于少量地下水的排除，以及槽内的地面水和雨水的排除。若软土或土层中含有细砂、粉砂或淤泥层，不宜采用这种方法。

明沟排水通常是当坑（槽）开挖到接近地下水位时，先在坑（槽）中央开挖排水沟，使地下水不断地流入排水沟，再开挖排水沟两侧土。如此一层层挖下去，直至挖到接近槽底设计高程时，将排水沟移至沟槽一侧或两侧。

1) 排水沟尺寸

排水沟的断面尺寸，应根据地下水量及沟槽的大小来决定。一般排水沟的底宽不小于 0.3m，排水沟深应大于 0.3m，排水沟的纵向坡度应不小于 1‰～5‰，且坡向集水井。

2) 集水井

集水井直径或宽度一般为 0.7～0.8m，集水井井底与排水沟沟底应有

集水井排水法

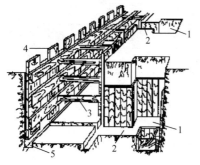

1—集水井；2—进水口；
3—横撑；4—竖撑；5—排水沟

图 9.2 明沟排水系统

一定的高差，一般开挖过程中集水井井底始终低于排水沟沟底 0.7～1.0m，当坑（槽）挖至设计标高后，集水井井底应低于排水沟沟底 1～2m。集水井间距应根据土质、地下水量及水泵的抽水能力确定，一般间隔 50～150m 设置一个集水井。一般在开挖坑（槽）之前就已挖好。

3）集水井排水设备

常用的集水井排水设备有离心泵、潜水泵和潜污泵等。

（1）离心泵，主要根据流量和扬程进行选择。离心泵的安装，应注意吸水管接头不漏气及吸水头部至少沉入水面以下 0.5m，以免吸入空气，影响水泵的正常使用。

（2）潜水泵，具有整体性好、体积小、质量轻、移动方便及开泵时不需灌水等优点，在施工排水中应用广泛。潜水泵使用时，应注意不得脱水空转，也不得抽升含泥沙量过大的泥浆水。

（3）潜污泵，是泵与电动机连成一体潜入水下工作的设备，该设备叶轮前部装有搅拌叶轮，它可将作业面下的泥砂等杂质搅起抽吸排送。

2. 人工降低地下水位

人工降低地下水位就是在含水层中布设井点进行抽水，地下水位下降后形成降落漏斗。如果坑（槽）底位于降落漏斗以上，就基本消除了地下水对施工的影响。地下水位应在坑（槽）开挖前预先降落，并应维持到坑（槽）土方回填，如图 9.3 所示。

人工降低地下水位一般有轻型井点、喷射井点、电渗井点、管井井点、深井井点等方法，在此主要阐述轻型井点和喷射井点。

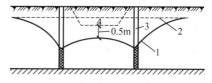

1—抽水时水位；2—原地下水位；
3—井管；4—某坑（槽）

图 9.3 人工降低地下水位

1）轻型井点

轻型井点是目前广泛采用的降水方法，并有成套设备可选用，根据地下水位降落深度不同，可分为单层轻型井点和多层轻型井点两种。市政排水管道的施工降水一般采用单层轻型井点系统。轻型井点系统适用于渗透系数为 0.1～50m/d，降深小于 6m 的砂土等土层。

（1）轻型井点系统组成。轻型井点系统由滤水管、井管、弯联管、总管和抽水设备等组成，如图 9.4 所示。

① 滤水管。滤水管是轻型井点系统的重要组成部分，一般采用直径 38～55mm、长度 1～2m 的镀锌钢管制成，管壁上呈梅花状开设直径为 5mm 的孔眼，孔眼间距为 30～40mm，常用定型产品有 1.0m、1.2m、2.0m 三种规格。滤水管埋设在含水层中，地下水经孔眼涌入管内。

滤水管外壁应包扎滤水网，以防止土颗粒进入滤水管内。滤水网的材料和网眼规格应根据含水层中土颗粒的粒径和地下水水质确定，一般可用黄铜丝网、钢丝网、尼龙丝网、玻璃丝网等。滤水网一般包扎两层，内层滤网网眼为 30～50 个/cm²，外层滤网网眼为 3～10 个/cm²。为使水流通畅避免滤孔堵塞，在滤水管与滤网之间用 10 号钢丝绕成螺旋形将其隔开，滤网外面再围一层 6 号钢丝。也可用棕皮代替滤水网包裹滤水管，以降低造价。

滤水管下端应用管堵封闭，也可安装沉砂管，使地下水中夹带的砂粒沉积在沉砂管内。滤水管的构造如图 9.5 所示。

为了防止土颗粒涌入井内，提高滤水管的进水面积和土的竖向渗透性，可在滤水管周围建立直径为 400～500mm 的过滤层（也称过滤砂圈），如图 9.6 所示。

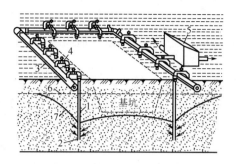

1—井管；2—滤水管；3—总管；
4—弯联管；5—抽水设备；
6—原地下水位线；7—降低后地下水位线

图 9.4　轻型井点系统组成

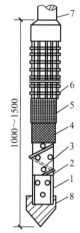

1—钢管；2—孔眼；3—缠绕的塑料管；
4—细滤网；5—粗滤网；6—粗钢丝保护网；
7—直管；8—铸铁堵头

图 9.5　滤水管的构造

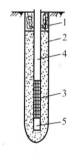

1—黏土；2—填料；3—滤水管；
4—直管；5—沉砂管

图 9.6　井点的过滤层

② 井管。井管一般采用镀锌钢管制成，管壁上不设孔眼，直径与滤水管相同，其长度视含水层深度而定，一般为 5～7m，直管与滤水管间用管箍连接。

③ 弯联管。弯联管用于连接井管和总管，一般采用长度为 1m、内径为 38～55mm 的加固橡胶管，内有钢丝，以防止井管与总管不均匀沉降时其被拉断。弯联管安装和拆卸方便，允许偏差较大，套接长度应大于 100mm，套接后应用夹子箍紧。有时也可用透明的聚乙烯塑料管，以便观察井管的工作情况。金属管材与管件也可作为弯联管，但安装不方便，故施工中使用较少。

④ 总管。总管一般采用直径为 100～150mm 的钢管，每节长为 4～6m，总管之间用法兰盘连接。在总管的管壁上开设三通以连接弯联管，三通间距应与井点布置间距相同。

但由于不同的土质、不同的降水要求，所计算的井点布置间距与三通间距可能不同。因此，应根据实际情况确定三通间距。总管上三通间距通常由井点布置间距的模数确定，一般为 1.0～1.5m。

⑤ 抽水设备。轻型井点系统通常采用射流式抽水设备，也可采用自引式抽水设备。

射流式抽水设备由射流器和离心水泵共同工作来实现，其设备组成简单，使用方便，工作安全可靠，便于保养和维修。

射流式抽水设备的工作原理如图 9.7 所示，运行前将水箱加满水，离心水泵从水箱抽水，水经水泵加压后，高压水在射流器的喷口出流形成射流，产生真空，使地下水经井管、弯联管和总管进入射流器，经过能量变换，将地下水提升到水箱内，一部分水经过水泵加压，使射流器工作，另一部分水经出水口排出。

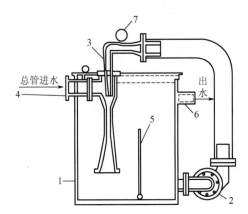

1—水箱；2—离心水泵；3—射流器；4—总管；
5—隔板；6—出水口；7—压力表

图 9.7 射流式抽水设备的工作原理

自引式抽水设备用离心水泵直接自总管抽水，地下水位降落深度仅为 2～4m，适用于降水深度较小的情况。

无论采用哪种抽水设备，为了提高水位降落深度，保证抽水设备的正常工作，除保证整个系统连接的严密性外，还要在井管外地面 1m 深度处填黏土密封，避免井点与大气相通，破坏系统的真空。

(2) 轻型井点系统的布置。沟槽降水时，轻型井点系统一般为线状布置，通常应根据沟槽宽度、涌水量、施工方法、设备能力、降水深度等实际情况确定。一般当槽宽小于 2.5m，水量不大且要求降水深度不大于 4.5m 时布置单排井点，井点宜布置在地下水来水方向的一侧，如图 9.8 所示；当槽宽大于 2.5m，且水量较大时，采用双排井点，如图 9.9 所示。

轻型井点系统的平面布置如下。

① 井点的布置。井点应布置在沟槽上口边缘外 1.0～1.5m 处，布置过近，容易影响施工，而且可能使空气从槽壁进入轻型井点系统，破坏抽水系统的真空，影响正常运行。井点布置时，应超出沟槽端部 10～15m，以保证降水的可靠性。

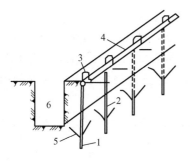 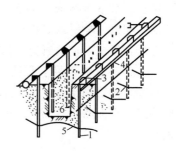

1—滤水管；2—直管；3—弯联管；
4—总管；5—降水曲线；6—沟槽

图9.8 单排井点系统

1—滤水管；2—直管；3—弯联管；
4—总管；5—降水曲线；6—沟槽

图9.9 双排井点系统

② 总管的布置。为了增加轻型井点系统的降水深度，总管的设置高程应尽可能接近原地下水位，并应有1‰～2‰的上倾坡度，最高点设在抽水机组的进水口处，标高与水泵标高相同。当采用多个抽水设备时，应在每个抽水设备所负担的总管长度分界处设阀门，将总管分段，以便分组抽吸。

③ 抽水设备的布置。抽水设备通常布置在总管的一端或中部，水泵进水管的轴线尽量与地下水位接近，常与总管在同一标高上，使水泵轴心与总管齐平。

④ 观察井的布置。为了观测水位降落情况，应在降水范围内设置一定数量的观察井，观察井的位置及数量视现场的实际情况而定，一般设在总管末端、局部挖深等控制点处。观察井与井管完全一致，只是不与总管连接。

(3) 轻型井点系统的施工、运行和拆除。

① 轻型井点系统施工的顺序是测量定位、埋设井管、敷设集水总管、用弯联管将井管与集水总管相连、安装抽水设备、试抽后正式运行。

② 轻型井点系统运行过程中，应经常检查各井点出水是否澄清，滤网是否堵塞造成死井现象，并随时做好降水记录。轻型井点系统从开始抽水就要连续不断地运行，直至管道工程验收合格，土方回填至原来的地下水位以上不小于50cm时方可停止运行。

③ 井管的埋设深度是指滤水管底部到井点埋设地面的距离，应根据降水深度、含水层所在位置、集水总管的标高等因素确定。

④ 轻型井点系统拆除时用起重机拔出井管。井管拔除后的孔一般用砂石填实，地下静水位以上部分可用黏土填实。

2) 喷射井点

当沟槽开挖较深，降水深度大于6m时，单层轻型井点系统不能满足要求，此时可采用喷射井点降水。喷射井点降水深度可达8～12m，在渗透系数为3～20m/d的砂土中最为有效；在渗透系数为0.1～3m/d的砂质粉土或黏土中效果也较显著。

根据工作介质的不同，喷射井点可分为喷气井点和喷水井点两种，目前多采用喷水井点。

喷射井点主要由喷射井管、高压水泵（或空气压缩机）和管路系统组成，如图9.10 (a) 所示。

喷射井管由内管和外管组成，内管下端装有喷射器，并与滤水管相连。喷射器由喷嘴、混合室、扩散室等组成。如图9.10(b)所示，喷水井点工作时，高压水经过内外管之间的环形空隙进入喷射器，由于喷嘴处截面突然缩小，高压水高速进入混合室，使混合室内压力降低，形成一定的真空，这时地下水被吸入混合室与高压水汇合，经扩散室由内管排出，流入集水池中，用水泵抽走一部分水，另一部分由高压水泵压入井管内循环使用。如此不断地供给高压水，地下水便不断地被抽出。

喷射井点的平面布置[图9.10(c)]、高程布置、井管数量与间距、抽水设备等均与轻型井点相同。

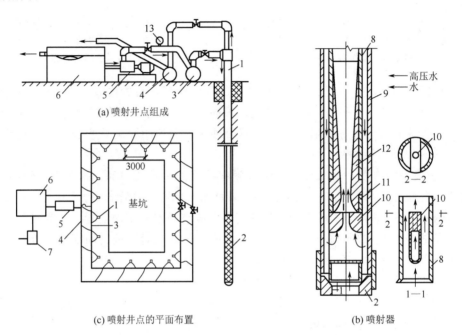

1—喷射井管；2—滤水管；3—进水总管；4—排水总管；5—高压水泵；6—集水池；7—水泵；
8—内管；9—外管；10—喷嘴；11—混合室；12—扩散室；13—压力表

图9.10 喷射井点

9.2.3 沟槽开挖与地基处理

沟槽降水进行一段时间后，水位降落达到一定深度时，即可进行沟槽的开挖工作，开挖沟槽前，应先确定其断面形式，以利于计算土方工程量。

沟槽断面的形式有直槽、梯形槽、混合槽和联合槽四种形式，如图9.11所示。沟槽断面的选择通常根据土的种类、地下水情况、现场条件及施工方法，并按照设计规定的基础、管道的断面尺寸、长度和埋设深度等进行。正确地选择沟槽的开挖断面，可以为后续施工创造良好的条件，保证工程质量和施工安全，并减少土方开挖量。

直槽适用于深度小、土质坚硬的地段；梯形槽适用于深度较大、土质较松软的地段；混合槽是直槽和梯形槽的结合，即上梯下直，适用于深度大且土质松软的地段；联合槽适用于两条或多条管道共同敷设且各埋设深度不同，深度均不大，土质较坚硬的地段。

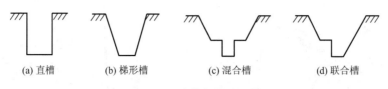

图 9.11　沟槽断面的形式

1. 沟槽开挖

在工程施工中，沟槽开挖是先行工序，沟槽开挖前应认真阅读施工图，合理确定沟槽断面形式，合理确定开挖顺序和方法，做好技术交底工作；沟槽开挖不得超挖，以减少对地基土的扰动；膨胀土、软土地区开挖土方或进入季节性施工时，应遵照有关规定进行。沟槽开挖分为人工法和机械法两种。

1）人工法开挖

用锹、镐、锄头等工具开挖沟槽称为人工法。人工法开挖沟槽适用于土质松软、地下水位低、地下其他管线在开挖时需进行保护的地段。

人工法开挖管道沟槽劳动强度大，作业辛苦，施工进度慢，在沟槽深度大且易塌方的区域不易保证工作人员的安全。

2）机械法开挖

用挖土机等机械开挖沟槽称为机械法。机械法开挖具有施工进度快、安全和劳动强度小等特点。采用机械法开挖管道沟槽，应特别注意查明地下其他管线、电缆及构筑物，避免使其受到破坏。

（1）单斗挖土机。单斗挖土机在沟槽开挖施工中应用广泛，分为正向铲和反向铲两种，如图 9.12 所示。正向铲挖土机是开挖停机面以上的土壤，挖掘力大、生产率高，适用于无地下水、开挖高度为 2m 以上的土壤；反向铲挖土机是开挖停机面以下的土壤，不需设置进出口通道，适用于开挖管沟和基槽，也可开挖小型基坑，尤其适用于开挖地下水位较高或泥泞的土壤。

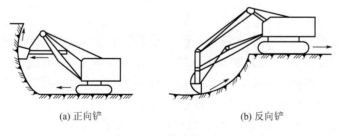

图 9.12　单斗挖土机

（2）拉铲挖土机。拉铲挖土机的开挖方式基本上与反向铲挖土机相似，如图 9.13 所示。

（3）抓铲挖土机。抓铲挖土机可用以挖掘面积较小、深度较大的沟槽，最适用于进行水下挖土，如图 9.14 所示。

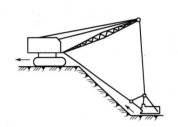

图 9.13 拉铲挖土机

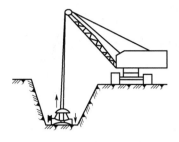

图 9.14 抓铲挖土机

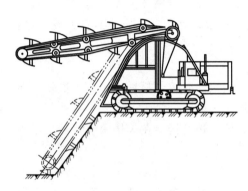

图 9.15 多斗挖土机

（4）多斗挖土机。多斗挖土机又称挖沟机、纵向多斗挖土机，如图 9.15 所示。多斗挖土机的土斗装设在围绕斗架的无极斗链上，土斗前端用铰链连接于斗链，后端自由地悬挂，斗架位于机械后部，前端有钢索连接于升降斗架的卷筒，并有滚子嵌在凹槽形的导轨内，开动卷筒，通过钢索使斗架沿导轨升降，改变沟槽开挖深度。动力装置通过传动机构使主动链轮转动，带动斗链转动，使没入土中的土斗切土。当土斗上升至主动链轮处时，其后端即与斗链分开而卸土，土沿堆土板滑下，由装设在堆土板下方的皮带运输器卸至机器一侧，皮带运输器由电动机带动，其运行的方向与多斗挖土机的开行方向垂直。

沟槽开挖不宜在雨天进行，否则应做好防滑措施；人工开挖大于 3m 的沟槽应分层开挖，每层深度不宜超过 2m；人工挖槽时，堆土高度不宜超过 1.5m，距槽口边缘不宜小于 0.8m；采用机械开挖时，机械操作间距不应小于 10m，机械行走应保证沟槽槽壁稳定。

2. 地基处理

在工程上，无论是给水排水构筑物，还是给水排水管道，其荷载都作用于地基土上，导致地基土产生附加应力，引起地基土沉降，沉降量取决于土的孔隙率和附加应力的大小。在荷载作用下，若同一高度的地基各点沉降量相同，则这种沉降称为均匀沉降；反之，称为不均匀沉降。无论是均匀沉降还是不均匀沉降，都有一个容许范围值，称为极限均匀沉降量和最大不均匀沉降量。当沉降量在允许范围内时，构筑物才能稳定安全，否则，结构就会失去稳定或遭到破坏。

地基在构筑物荷载作用下，不会因地基土产生的剪应力超过土的抗剪强度而导致地基和构筑物被破坏的承载力称为地基容许承载力。因此，地基应同时满足容许沉降量和容许承载力的要求，如不满足时，则采取相应措施对地基进行加固处理。

地基处理可以改善土的剪切性能，提高抗剪强度；可以降低软弱土的压缩性，减少基础的沉降或不均匀沉降；能够改善土的透水性，起到截水、防渗的作用；可以改善土的动力特性，防止砂土液化；减少或消除湿陷性黄土和膨胀土的胀缩性等。

1) 地基处理的方法

地基处理的方法有换土垫层、挤密振实、碾压夯实、排水固结和浆液加固五大类，具体方法见表 9-2。

表 9-2 地基处理分类及方法

分 类	处理方法	原理及作用	适用范围
换土垫层	素土垫层 砂垫层 碎石垫层	挖除浅层软土，用砂、石等强度较高的土料代替，以提高持力层土的承载力，减少部分沉降量，部分消除或消除土的湿陷性、胀缩性及防止土的冻胀作用；改善土的抗液化性能	适用于处理浅层较弱土地基、湿陷性黄土地基（只能用灰土垫层）、膨胀土地基、季节性冻土地基
挤密振实	砂桩挤密法 灰土桩挤密法 石灰桩挤密法 振冲法	通过挤密法或振动使深层土密实，并在振动挤压过程中，回填砂、石等材料，形成砂桩或碎石桩，与桩周土一起组成复合地基，从而提高地基承载力，减少沉降量	适用于处理砂土、粉土或部分黏土颗粒含量不高的黏性土
碾压夯实	机械碾压法 振动压法 重锤夯实法 强夯法	通过机械碾压或夯击压实土的表面，强夯法则利用强大的夯击，迫使深层土液化和动力固结而密实，从而提高地基的强度，减少部分沉降量，部分消除或消除黄土的湿陷性，改善土的抗液化性能	一般用于砂土、含水量不高的黏性土及填土地基。强夯法应注意其振动对附近（约 30m 内）建筑物的影响
排水固结	堆载顶压法 砂井堆载顶压法 排水纸板法 井点降水顶压法	通过改善地基的排水条件和施加顶压荷载，加速地基的固结和强度增长，提高地基的强度和稳定性，并使基础沉降提前完成	适用于处理厚度较大的饱和软土层，但需要具有顶压的荷载和时间，对于厚的泥炭层则要慎重对待
浆液加固	硅化法 旋喷法 碱液加固法 水泥灌浆法 深层搅拌法	通过注入水泥、化学浆液，将土粒黏结；或通过化学作用、机械拌和等方法，改善土的性质，提高地基承载力	适用于处理砂土、黏性土、粉土、湿陷性黄土等地基，特别适用于已建成的工程地基的事故处理

2) 基底处理的规定

(1) 超挖深度不超过 150mm 时，可用挖槽原土回填夯实，其压实度不应低于原地基土的密实度。

(2) 槽底地基土的含水量较大，不适于压实时，应采取换填等有效措施。

(3) 排水不良造成地基土扰动时，扰动深度在 100mm 以内，宜填天然级配砂石或砂砾处理。扰动深度在 300mm 以内，但下部坚硬时，宜换填卵石或块石，并用砾石填充空隙并找平表面。

(4) 设计要求换填时，应按要求清槽，并经检查合格；回填材料应符合设计要求。

9.2.4 沟槽支撑

沟槽支撑是防止沟槽土壁坍塌的一种临时性挡土结构。一般情况下，沟槽土质较差、深度较大而又挖成直槽时，或高地下水位、砂性土质并采用表面排水措施时，均应设支撑。

1. 沟槽支撑的形式

沟槽支撑一般有撑板撑和板桩撑两种，其中，撑板撑又分为横撑和竖撑两种，如图 9.16 所示。支撑材料一般有木材或钢材两种。

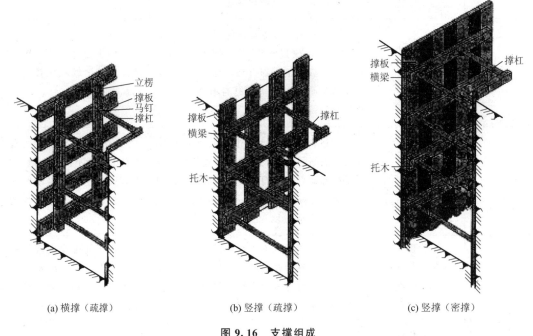

(a) 横撑（疏撑）　　　(b) 竖撑（疏撑）　　　(c) 竖撑（密撑）

图 9.16　支撑组成

横撑一般用于土质较好、地下水较少的沟槽，由撑板、立柱（立楞）和横撑（撑杠）、马钉组成，有疏撑和密撑之分。

竖撑一般用于土质较差、地下水较多的沟槽，由撑板、横梁（横木）、横撑（撑杠）、托木组成。竖撑的撑板可在开挖沟槽过程中先于挖土插入土中，在回填以后再拔出，所以，支撑和拆撑都较安全。竖撑也有疏撑和密撑之分。

板桩撑，俗称板桩，常用于地下水严重、有流砂的弱饱和土层中的沟槽。在沟槽开挖前用打桩机将板桩打入土中，并深入槽底一定长度，可以保证沟槽开挖的安全，还可以有效地防止流砂渗入。板桩撑有钢板桩和企口木板桩两种，其中以钢板桩使用较多，如图 9.17 所示。

2. 沟槽支撑的材料要求

支撑的材料尺寸应满足设计的要求，一般取决于现场已有材料的规格，施工时常根据经验确定。

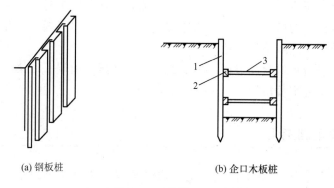

(a) 钢板桩　　　　　　　(b) 企口木板桩

1—木板桩；2—横梁；3—木撑杠

图 9.17　板桩撑

(1) 木撑板，一般木撑板长 2～4m，宽 20～30cm，厚 5cm。

(2) 横梁，截面尺寸为（10cm×15cm）～（20cm×20cm）。

(3) 纵梁，截面尺寸为（10cm×15cm）～（20cm×20cm）。

(4) 横撑，采用（10cm×10cm）～（15cm×15cm）的方木或采用直径大于 10cm 的圆木。为支撑方便尽可能采用工具式撑杠。

3. 沟槽支撑的支设和拆除

1) 沟槽支撑的支设

沟槽挖到一定深度时，开始支设支撑，先校核沟槽开挖断面是否符合要求宽度，然后用铁锹将槽壁找平，按要求将撑板紧贴于槽壁上，再将纵梁或横梁紧贴撑板，继而将横撑支设在纵梁或横梁上，若采用木撑板时，使用木模、扒钉将撑板固定于纵梁或横梁上，下边钉一托木防止横撑下滑。支设施工中一定要保证横平竖直，支设牢固可靠。

施工中，如原支撑妨碍下一工序施工时、原支撑不稳定时、一次拆撑有危险时或因其他原因必须重新安设支撑时，需要更换纵梁和横撑位置，这一过程为倒撑，倒撑操作应特别注意安全，必须先制定好安全措施。

2) 沟槽支撑的拆除

沟槽内管道全部工序施工完毕并经严密性试验、隐蔽工程验收合格后，应将支撑拆除。拆除支撑作业的基本要求如下。

(1) 拆除支撑前应对沟槽两侧的建筑物、构筑物、沟槽槽壁及两侧地面沉降、裂缝、支撑的位移、松动等情况进行检查。如果需要应在拆除支撑前采取必要的加固措施。

(2) 根据工程实际情况制定拆撑具体方法、步骤及安全措施。进行技术交底，确保施工顺利进行。支撑的拆除应与回填土的填筑高度配合进行。

(3) 横排撑板支撑拆除应按自下而上的顺序进行。当拆除尚感危险时，应考虑倒撑。用横撑将上半槽加撑好，然后将下半槽横撑、撑板依次拆除，还土夯实后，用同样的方法继续拆除上部支撑，还土夯实。

(4) 立排撑板支撑和板桩拆除时，宜先填土夯实至下层横撑底面，再将下层横撑拆除，而后回填至半槽后再拆除上层横撑和撑板。最后用起重机、倒链或电动葫芦将撑板拔出，拔除撑板所留孔洞应及时用砂填实。对控制地面沉降有要求时，宜采取边拔桩边注浆的措施。采用排水沟的沟槽，应从两座相邻排水井的分水岭向两端延伸拆除。

（5）拆除支撑时，应继续排除地下水。

（6）尽量减少或避免材料的损耗。拆下的撑板、横撑、横梁、纵梁、板桩等材料应及时清理、修整，并整齐堆放待用。

9.2.5 管道基础施工

排水管道基础的设置可避免管道产生不均匀沉陷，减少管道漏水、淤积、错口、断裂。排水管道基础不同于其他构筑物基础。管体受到浮力、土压、自重等作用，在基础中保持平衡。因此选择管道基础的形式，应考虑外部荷载的情况、覆土的厚度、土的性质及管道本身的情况，经综合论证后确定。

1. 材料选择

管道基础多选用含泥量不大于2%的中砂或粗砂，配合粒径不大于20mm的碎石或卵石制成，宜选用强度等级不低于32.5级的普通硅酸盐水泥或矿渣水泥。

2. 基础形式

根据工程的实际地质资料，考虑外部荷载的情况、覆土的厚度、土的性质及管道本身的情况，排水管道多采用中心包角90°的条形混凝土基础。

3. 基础施工

基础施工的顺序：验槽→支模→浇筑混凝土与振捣→养护。

1）验槽

沟槽开挖好后在做管道垫层及基础前应进行验槽。验槽时施工单位、设计单位、建设单位、监理单位均应参加，必要时还要有勘察单位参加。验槽主要是检验槽底工程地质情况，判断地基的承载力、土质的均匀性及稳定性等。一般是通过目测及用竹签扞插凭手感等判断。如凭手感难以确定时，就要由勘察单位进行N10轻便触探方法来确定其承载力。此外，还要检查沟槽的平面位置、断面尺寸及槽底高程。验槽合格，应填写书面验槽记录，各参与方均应进行隐蔽工程验收签字。

根据验槽结果，地基的强度不能满足设计要求时，应对地基进行处理，使其满足设计要求，也可以用加深沟槽或加宽管道基础的方法来解决问题，主要看哪个方案更能满足成本和进度的要求。

2）支模

由测量员测放出底面的宽度及高程具体位置，放线支模，模板采用5cm×10cm方钢进行支撑。

3）浇筑混凝土与振捣

浇筑C15底部混凝土，用插入式振捣器振捣密实，保证基础平整、密实。在基础表面做拉毛处理，以加强混凝土间的连接。

4）养护

在管道基础上覆盖草袋子，浇水养护，以达到设计强度。

9.2.6 排管、下管与稳管

1. 排管

排管应在沟槽和管材质量检查合格后进行。排管是指根据施工现场条件，将管道在沟槽堆土的另一侧沿铺设方向排成一长串。排管时，要求管道与沟槽边缘的净距不得小于 0.5m。

排管时，对承插接口的管道，应使承口迎着水流方向排列，并满足接口环向间隙和对口间隙的要求。不管何种管口的排水管道，排管时均应扣除沿线检查井等构筑物所占的长度，以确定管道的实际用量。

当施工现场条件不允许排管时，也可以集中堆放，但管道敷设安装时需在槽内运管。

2. 下管

按设计要求经过排管，核对管节、位置无误后方可下管。下管应在沟槽和管道基础已经验收合格后进行。重力流管道一般从最下游开始逆水流方向敷设。

下管的方法要根据管材种类、管节的质量和长度、现场条件及机械设备等情况来确定，一般分为人工下管和机械下管两种形式。

1) 人工下管

人工下管多用于施工现场狭窄、不便于机械操作或质量不大的中小型管子，以方便施工、操作安全为原则，常见的方法有以下两种。

（1）压绳下管法。此法适用于管径为 400~800mm 的管子。下管时，可在管子两端各套一根大绳在立管上，并把管子下面的半段绳用脚踩住，上半段用手拉住，两组大绳用力一致，将管子徐徐下入沟槽，如图 9.18 所示。

（2）木架下管法。此法适用于管径 900mm 以内、长度 3m 以下的管子。下管前预先特制一个木架，下管时沿槽岸跨沟方向放置木架，将绳绕于木架上，管子通过木架缓缓下入沟内。

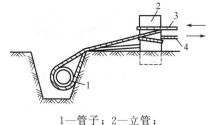

1—管子；2—立管；
3—放松绳；4—固定绳

图 9.18 压绳下管法

2) 机械下管

机械下管一般是用起重机械进行下管。机械下管施工方便，安全快捷，不易造成人员伤害和管道损伤，但要求施工现场容许起重机械行走和工作。机械下管如图 9.19 所示。

图 9.19 机械下管

机械下管

3. 稳管

稳管是指将管子按设计的高程和位置稳定在沟槽基础上。对距离较长的重力流管道，一般由下游向上游进行施工，以便使已安装的管道先期投入使用，同时也有利于地下水的排除。

稳管时，控制管道的中线位置和高程是十分重要的，这也是检查验收的主要项目。

1）中线控制

中线控制即指使管中心与设计位置在一条线上，主要有中心线法和边线法两种。对于大型管道也可采用经纬仪或全站仪直接控制。

（1）中心线法。在连接两块坡度板的中心钉之间的中线上挂一铅锤，当铅锤线通过水平尺中心时，表示管子已对中，如图 9.20 所示。

（2）边线法。将边线两端拴在槽底或槽壁的边桩上，稳管时控制管子水平直径处外皮与边线间的距离为一常数，则管道处于中心位置，如图 9.21 所示。用这种方法对中，比中心线法速度快，但准确度不如中心线法。

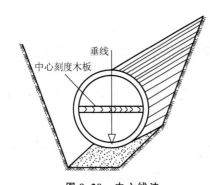

图 9.20 中心线法

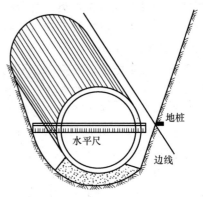

图 9.21 边线法

2）高程控制

通过水准仪测量管顶或管底标高，使之符合设计的高程要求称为高程控制。管节较短的钢筋混凝土管也可用测设的坡度板来间接控制高程。高程控制必须与中线控制同时进行，一般是沿管线每 10~15m 埋设一坡度板（又称龙门板、高程样板），如图 9.22 所示，在稳管前由测量员将管道的中心钉和高程钉测设在坡度板上，两高程钉之间的连线即为管底坡度的平行线，称为坡度线。坡度线上的任何一点到管内底的垂直距离为一常数，称为下反数。稳管时用一木制样尺（或称高程尺）垂直放入管内底中心处，根据下反数和坡度线则可控制高程。

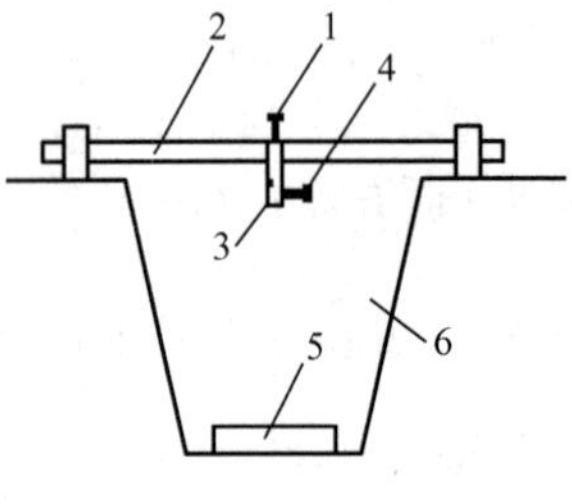

1—中心钉；2—坡度板；
3—立板；4—高程钉；
5—管道基础；6—沟槽

图 9.22 坡度板

9.2.7 混凝土管道敷设

排水管道属于重力流系统，施工中，对管道的中心与高程控制要求较高。

排水管道敷设的方法较多，常用的方法有平基法、垫块法、"四合一"施工法等，应根据管道种类、管径大小、管座形式、管道基础、接口方式选择敷设方法。

1. 平基法

排水管道平基法施工，首先浇筑平基（通基）混凝土，待平基达到一定强度再下管、稳管、浇筑管座及抹带接口。这种方法常用于雨水管。

管道平基法施工流程

平基法施工的程序：支平基模板→浇筑平基混凝土→下管→稳管→支管座模板→浇筑管座混凝土→抹带接口→养护。

平基法施工的操作要点如下。

（1）浇筑混凝土平基顶面高程不能高于设计高程，且低于设计高程不超过10mm。

（2）平基混凝土强度达到5MPa以上时，方可直接下管。

（3）下管前可直接在平基面上弹线，以控制稳管中心线。

（4）安管的对口间隙，管径大于700mm时，按10mm控制；管径小于700mm时，可不留间隙。稳管时，管内底高程偏差应在±10mm以内，中心线偏差不超过10mm为合格。

2. 垫块法

排水管道施工中，将在预制混凝土垫块上稳管，然后浇筑混凝土基础和接口的施工方法称为垫块法。采用这种方法可避免平基、管座分开浇筑，是污水管道常用的施工方法。

垫块法的施工程序：预制垫块→安放垫块→下管→在垫块上稳管→支模→浇筑混凝土基础→接口→养护。

预制混凝土垫块强度等级同混凝土基础，垫块的几何尺寸：长为管径的0.7倍，高等于平基厚度，允许偏差为±10mm，宽大于或等于高；每节管垫块一般为2个，一般放在管两端。

3. "四合一"施工法

排水管道施工时，将混凝土平基、稳管、管座、抹带四道工序合在一起施工的做法称为"四合一"施工法。这种方法速度快，质量好，是管径小于600mm的管道普遍采用的方法，其施工顺序为验槽→支模→下管→排管→"四合一"施工→养护。其中"四合一"施工的具体做法如下。

（1）平基。灌注平基混凝土时，一般应使平基面高出设计平基面20～40mm（视管径大小而定），并进行捣固，管径400mm以下者，可将管座混凝土与平基混凝土一次灌齐，并将平基面做成弧形以利稳管。

（2）稳管。将管子从模板上滚至平基面弧形内，前后揉动，将管子揉至设计高程（一般高于设计高程1～2mm，以备下一节时又稍有下沉），同时控制管子中心线位置准确。

（3）管座。完成稳管后，应立即支设管座模板，浇筑两侧管座混凝土，捣固管座两侧三角区，补填对口砂浆，抹平管座两肩。如管道接口采用钢丝网水泥砂浆抹带接口时，混凝土的捣固应注意钢丝网位置正确。为了配合管内缝勾捻，管径在600mm以下时，可用麻袋球或其他工具在管内来回拖动，将管口内溢出的砂浆抹平。

（4）抹带。管座混凝土灌注后，马上进行抹带，随后勾捻内缝，抹带与稳管至少相隔2～3节管，以免稳管时不小心碰撞管子，影响接口质量。

9.2.8 管道接口

混凝土管的管口形式有承插口、平口、圆弧口、企口四种，其接口形式有刚性和柔性两种。刚性接口有抹带接口、套环接口、承插管水泥砂浆接口；柔性接口有沥青麻布（玻璃布）、沥青砂浆、承插管沥青油膏柔性接口，塑料止水带接口。下面介绍两种常用的刚性接口。

1. 抹带接口

1）水泥砂浆抹带接口

水泥砂浆抹带接口是一种常用的刚性接口，一般在地基较好、管径较小时采用。水泥砂浆抹带接口施工程序：浇管座混凝土→勾捻管座部分管内缝→管带与管外皮及基础结合处凿毛清洗→管座上部内缝支垫托→抹带→勾内缝→接口养护。

（1）材料要求。水泥采用 32.5 级普通硅酸盐水泥，砂子应过 2mm 孔径筛子，含泥量不得大于 2%，质量配合比为水泥∶砂＝1∶2.5。

（2）具体操作。抹带前将管口及管带覆盖到的管节外皮刷干净，并刷水泥浆一遍；抹第一层砂浆时，应注意找正使管缝居中；待第一层砂浆初凝后抹第二层，用弧形抹子捻压成形，待初凝后再用抹子赶光压实；带、基相接处三角形灰要饱实，大管径可用砖模，防止砂浆变形。

（3）勾捻管内缝。管径 $D \geqslant 700$mm 的管道勾捻管内缝时，应在管内先用水泥砂浆将内缝填实抹平，然后反复捻压密实，灰浆不得高出管内壁；管径 $D < 700$mm 的管道勾捻管内缝时，应配合浇筑管座，用麻袋球或其他工具在管内来回拖动，将流入管内的灰浆拉平。

2）钢丝网水泥砂浆抹带接口

钢丝网水泥砂浆抹带接口的闭水性较好，常用于污水管道接口，其管座常采用 135°或 180°。

钢丝网水泥砂浆抹带接口应选择粒径为 0.5～1.5m、含泥量不大于 2% 的洁净砂及 20 号 10mm×10mm 方格的钢丝网。

抹带接口操作的施工顺序：管口凿毛清洗（管径≤500mm 者刷去浆皮）→浇筑管座混凝土→将钢丝网片插入管座的对口砂浆中，并以抹带砂浆补充肩角→勾捻管内下部管缝→勾上部内缝支托架→抹带→勾捻管内上部管缝→内外管口养护。具体要求如下。

（1）抹带前将已凿毛的管口洗刷干净并刷水泥浆一道；在抹带的两侧安装好弧形边模。

（2）抹第一层水泥砂浆应压实，与管壁粘牢，厚 15mm 左右，待底层砂浆稍晾干有浆皮后将两片钢丝网包拢使其挤入砂浆浆皮中，用 20 号或 22 号细钢丝（镀锌）扎牢，同时把所有的钢丝网头塞入网内，使网面平整，以免产生小孔漏水。

（3）第一层水泥砂浆初凝后，再抹第二层水泥砂浆使之与模板平齐，砂浆初凝后赶光压实。

（4）抹带完成后立即养护，一般 4～6h 可以拆模，应轻敲轻卸，避免碰坏抹带的边角，然后继续养护。

(5) 勾捻内缝及接口养护方法与水泥砂浆抹带接口相同。

2. 套环接口

套环接口的刚度好,常用于污水管道的接口,分为现浇套环接口和预制套环接口两种。

现浇套环接口一般采用 C18 混凝土和 HPB300 级钢筋,捻缝水泥砂浆配合比为水泥:砂:水=1:3:0.5。

9.2.9 质量检验

1. 无压管道严密性试验

(1) 污水管道、雨污合流管道、倒虹吸管及设计要求闭水试验的其他排水管道,回填前应采用闭水法进行严密性试验。

试验管段应按井距分隔,长度不大于 1km,带井试验。雨水管道和与其性质相似的管道,除大孔性土壤及水源地区外,可不做渗水量试验。污水管不允许渗漏。

(2) 闭水试验管段应符合下列规定:管道及检查井外观质量已验收合格,管道未回填,且沟槽内无积水;全部预留孔(除预留进出水管外)应封填坚固,不得渗水;管道两端堵板承载力经核算应大于水压的合力。

(3) 闭水试验应符合下列规定:试验段上游设计水头不超过管顶内壁时,试验水头应以试验段上游管顶内壁加 2m 计;当上游设计水头超过管顶内壁时,试验水头应以上游设计水头加 2m 计;当计算出的试验水头小于 10m,但已超过上游检查井井口时,试验水头应以上游检查井井口高度为准。无压管道闭水试验如图 9.23 所示。

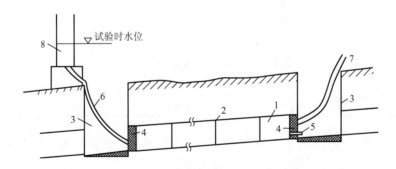

1—试验管段;2—接口;3—检查井;4—堵头;5—闸门;6、7—胶管;8—水筒

图 9.23 无压管道闭水试验示意

(4) 试验管段灌满水后浸泡时间不少于 24h。当试验水头达到规定水头时开始计时,观测管道的渗水量,观测时间不少于 30min,期间应不断向试验管段补水,以保持试验水头恒定。

(5) 管道内径大于 700mm 时,可按管道井段数量抽样选取 1/3 进行试验;试验不合格时,抽样井段数量应在原抽样基础上加倍进行。

2. 市政排水管道质量检验与验收

工程验收制度是检验工程质量必不可少的一道程序，也是保证工程质量的一项重要措施。如质量不符合规定时，可在验收中发现和处理，并避免影响使用和增加维修费用，为此，必须严格执行工程验收制度。

排水管道工程验收分为中间验收和竣工验收。中间验收主要是验收埋在地下的隐蔽工程。凡是在竣工验收前被隐蔽的工程项目，都必须进行中间验收，并且前一工序验收合格后，方可进行下一工序。当隐蔽工程全部验收合格后，方可回填沟槽。竣工验收是全面检验市政管道工程是否符合工程质量标准的验收，它不仅要检查工程质量，还应该找出产生质量问题的原因，对不符合质量标准的工程项目必须经过整修，甚至返工，经验收达到质量标准后，方可投入使用。

地下排水管道工程属隐蔽工程，应严格按照《给水排水管道工程施工及验收规范》（GB 50268—2008）进行施工及验收。排水管道工程竣工后，应分段进行工程质量检查，包括以下内容。

（1）外观检查，对管道基础、管座、管子接口、节点、检查井、支墩及其他附属构筑物进行检查。

（2）断面检查，主要对管子的高程、中线和坡度进行复测检查。

（3）接口严密性检查，排水管道一般通过闭水试验进行检查。

给水排水管道工程竣工后，施工单位应提交下列文件。

（1）施工设计图并附设计变更图和施工洽商记录。

（2）管道及构筑物的地基及基础工程记录。

（3）材料、制品和设备的出厂合格证或试验记录。

（4）管道支墩、支架、防腐等工程记录。

（5）管道系统的标高和坡度测量记录。

（6）隐蔽工程验收记录及有关资料。

（7）闭水试验记录。

（8）竣工后管道平面图、纵断面图及管件结合图等。

9.2.10 沟槽回填

管道施工完毕并经检验合格后应及时进行沟槽回填，以保证管道的正常位置，避免沟槽（基坑）坍塌，而且尽可能早日恢复地面交通。

1. 沟槽回填的要求

沟槽回填应符合以下规定。

（1）沟槽内砖、石、木块等杂物清除干净。

（2）沟槽内不得有积水；无压管在闭水或闭气试验合格后应及时回填。

（3）井室周围的回填，应与管道沟槽回填同时进行；不便同时进行时，应留台阶形接槎。

（4）井室周围回填压实时应沿井室中心对称进行，不得漏夯，回填材料压实后应与井壁紧贴。

（5）严禁在槽壁取土回填。

（6）每层回填土的虚铺厚度，应根据所采用的压实机具按表9-3的规定选取。

表 9-3　每层回填土的虚铺厚度

压实机具	虚铺厚度/mm	压实机具	虚铺厚度/mm
木夯、铁夯	≤200	压路机	200～300
轻型压实设备	200～250	振动压路机	≤400

（7）管道两侧和管顶以上 500mm 范围内的回填材料，应由沟槽两侧对称运入槽内，不得直接回填在管道上；回填其他部位时，应均匀运入槽内，不得集中推入；需要拌和的回填材料，应在运入槽内前拌和均匀，不得在槽内拌和。

（8）回填压实应逐层进行，且不得损伤管道。

（9）分段回填压实时，相邻段的接槎应呈台阶形，且不得漏夯。

（10）采用轻型压实设备时，应夯夯相连，采用压路机时，碾压的重叠宽度不得小于 200mm。

（11）接口工作坑回填时底部凹坑应先回填压实至管底，然后与沟槽同步回填。

2. 施工方法

沟槽回填前，应完成闭水试验。管道基础混凝土强度和抹带水泥砂浆接口强度不应小于 5MPa，现浇混凝土管渠的强度达到设计规定，砖沟或管渠顶板应装好盖板，并按沟槽排水方向由高向低分层进行回填。

应根据不同的夯实机具、土质、密实度要求、夯击遍数、走夯形式等确定回填土厚度和夯实后厚度。

回填土一般用沟槽原土，槽底到管顶以上 50cm 范围内，不得含有机物、冻土，以及大于 50mm 的砖、石等硬块，冬季回填时在此范围以外可均匀掺入冻土，其数量不得超过填土总体积的 15%，并且冻块尺寸不得超过 100mm。

回填时，槽内不得有积水，不得回填淤泥、腐殖土及有机质；沟槽两侧应同时回填夯实，以防管道位移。回填土时不得将土直接砸在抹带接口和防腐绝缘层上。夯实时，胸腔和管顶上 50cm 内，夯击力过大，将会使管壁和接口或管沟壁开裂，因此，应根据管道及管沟强度确定夯实方法。管道两侧和管顶以上 50cm 范围内，应采用轻夯压实，两侧压实面的高度不应超过 30cm。

每层土夯实后，应检测密实度。测定的方法有环刀法和贯入法两种。采用环刀法时，应确定取样的数目和地点。由于表面土常易夯碎，每个土样应在每层夯实土的中间部分切取。土样切取后，根据自然密度、含水量、干密度等数值，即可算出密实度。

回填应使槽上土面略呈拱形，以免日久因土沉陷而造成地面下凹。拱高一般为槽宽的 1/20，常取 15cm。

9.3　排水管道不开槽施工

管道的不开槽施工是在不开挖地表的条件下完成管线的敷设、更换、修复、检测和定位的施工技术。与开槽施工比较，不开槽施工具有施工面占地面积小、不影响交通、不污染环境、土方开挖量小等优点。

管道的不开槽施工一般适用于管道穿越铁路、公路、河流或建筑物时；在街道狭窄，两侧建筑物多时；在交通量大的市区街道施工，管道又不能改线或阻断交通时；现场条件复杂，与地面工程交叉作业，相互干扰，易发生危险时；管道覆土较深，开挖土方量大，并需要支撑时。不开槽施工的方法很多，常用的有顶管法、盾构法、水平定向钻法、夯管锤法等。

9.3.1 顶管法施工

顶管法是最早使用的一种非开挖施工技术，它是将新管用大功率的顶推设备顶进至终点来完成管道敷设任务的施工方法。如图 9.24 所示，施工前先在管道两端开挖工作坑，再按照设计管线的位置和坡度，在起点工作坑内修筑基础、安装导轨，把管道安放在导轨上顶进。顶进前，在管前端开挖坑道，然后用千斤顶将管道顶入。一节顶完，再连接一节管道继续顶进，直到将管道顶入终点工作坑为止。在顶进过程中，千斤顶支承于后背，后背支承于原土后座墙或人工后座墙上。

顶管法施工介绍

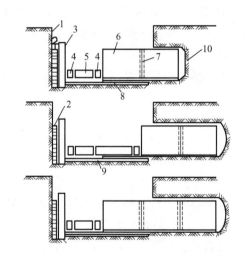

1—后座墙；2—后背；3—立铁；4—横铁；5—千斤顶；6—管子；7—内胀圈；
8—基础；9—导轨；10—掘进工作面

图 9.24 顶管法

根据管道前端开挖坑道的不同方式，顶管法可分为人工取土掘进顶管和机械取土掘进顶管两种方法。

1. 人工取土掘进顶管法

人工取土掘进顶管法是指依靠人力在管内前端掘土，然后在工作坑内借助顶进设备，把敷设的管道按设计中线和高程的要求顶入，并用小车将前方挖出的土从管中运出。这是目前应用较为广泛的施工方法，适用于管径不小于 800mm 的大口径管道的顶进施工，否则人工操作不便。

1)顶管施工的准备工作

顶管施工前,应进行详细的勘察研究,编制可行的施工方案。熟悉管道埋深、管径、管材和接口要求;管道沿线水文地质资料;顶管地段内地下管线的交叉情况;现场地势、交通运输、水源情况;可能提供的掘进、顶管设备情况;等等。顶管施工前还应该制定详细的施工方案。

2)工作坑的布设

工作坑是掘进顶管施工的工作场所,应根据地形、管道设计、地面障碍物等因素布置。尽量选在有可利用的坑壁原状土做后背处和检查井处;与被穿越的障碍物应有一定的安全距离且距水源和电源较近处;应便于排水、出土和运输,并具有堆放少量管材和暂时存土的场地;单向顶进时应选在管道下游以利排水。

工作坑有单向坑、双向坑、转向坑、交汇坑、多向坑、接收坑之分,如图9.25所示。只向一个方向顶进管道的工作坑称为单向坑。向一个方向顶进而又不会因顶力增大而导致管端压裂或后背破坏所能达到的最大长度,称为一次顶进长度。双向坑是向两个方向顶进管道的工作坑,因而可增加从一个工作坑顶进管道的有效长度。转向坑是使顶进管道改变方向的工作坑。多向坑是向多个方向顶进管道的工作坑。接收坑是不顶进管道,只用于接收管道的工作坑。若几条管道同时由一个接收坑接收,则这样的接收坑称为交汇坑。

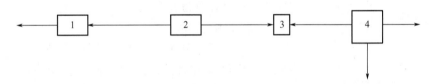

1—单向坑;2—双向坑;3—交汇坑;4—多向坑

图 9.25 工作坑类型

3)工作坑的施工

工作坑的尺寸要考虑管道下放、各种设备进出、人员上下、坑内操作等必要空间以及排弃土的位置等,其平面多采用矩形。

工作坑的施工一般采用开槽法、沉井法和连续墙法等。

开槽法是常用的施工方法。根据操作要求,工作坑最下部的坑壁应为直壁,其高度一般不少于3.0m。如需开挖斜槽,则管道顶进方向的两端应为直壁。土质不稳定的工作坑,坑壁应加设支撑,如图9.26所示。撑杠到工作坑底的距离一般不小于3.0m,工作坑的深度一般不超过7.0m,以便于操作施工。

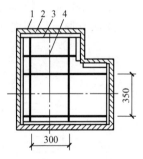

1—坑壁;2—撑板;
3—横木;4—撑杠

图 9.26 工作坑壁支撑

在地下水位下修建工作坑,如不能采取措施降低地下水位,可采用沉井法施工,即首先预制不小于工作坑尺寸的钢筋混凝土井筒,然后在钢筋混凝土井筒内挖土,随着不断挖土,井筒靠自身的重力不断下沉,当沉到要求的深度后,再用钢筋混凝土封底。在整个下沉的过程中,依靠井筒的阻挡作用,可消除地下水对施工的影响。

连续墙法工作坑，即先钻深孔成槽，用泥浆护壁，然后放入钢筋网，浇筑混凝土时将泥浆挤出来形成连续墙段，再在井内挖土封底而形成工作坑。连续墙法比沉井法的工期短、造价低。

为了防止工作坑地基沉降，导致管道顶进误差过大，应在坑底修筑基础或加固地基。基础的形式取决于坑底土质、管节自重和地下水位等因素。一般有土槽木枕基础、卵石木枕基础和混凝土木枕基础三种形式。

4) 导轨

导轨的作用是保证管道在将要入土时的位置正确。安装时应满足如下要求。

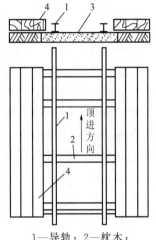

1—导轨；2—枕木；
3—混凝土基础；4—木板

图 9.27 导轨的安装

(1) 宜采用钢导轨。钢导轨有轻轨和重轨之分，管径大时采用重轨。导轨的安装如图 9.27 所示。

(2) 导轨用道钉固定于基础的轨枕上，两导轨应平行、等高，其高程应略高于该处管道的设计高程，坡度与管道坡度一致。

(3) 安装应牢固，不得在使用过程中产生位移，并应经常检查校核。

导轨安装好后，应按设计检查轨面高程和坡度。首节管道在导轨上稳定后，应测量导轨承受荷载后的变化，并加以纠正，确保管道在导轨上不产生偏差。

5) 后座墙与后背

后座墙与后背是千斤顶的支承结构，在顶进过程中始终承受千斤顶顶力的反作用力，该反作用力称为后座力。顶进时，千斤顶的后座力通过后背传递给后座墙。因此，后背和后座墙要有足够的强度和刚度，以承受此荷载，保证顶进工作顺利进行。

后背是紧靠后座墙设置的受力结构，一般由横排方木、立铁和横铁构成，其作用是减少对后座墙单位面积的压力。

后座墙有原土后座墙和人工后座墙两种，工程中原土后座墙比较常用，如图 9.28 所

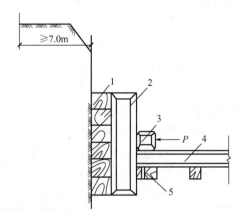

1—方木；2—立铁；3—横铁；4—导轨；5—导轨方木

图 9.28 原土后座墙与后背

示。原土后座墙修建方便,造价低。黏土、粉质黏土均可做原土后座墙。当无法建立原土后座墙时,可修建人工后座墙(图9.29),即用块石、混凝土、钢板桩填土等方法构筑后背,或加设支撑来提高后座墙的强度。

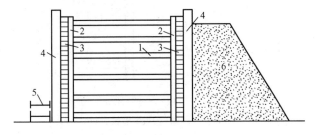

1—撑杠;2—立柱;3—后背方木;4—立铁;5—横铁;6—填土

图 9.29 人工后座墙

6) 顶进设备

顶进设备主要包括千斤顶、高压油泵、顶铁、刃脚等。

(1) 千斤顶。目前多采用液压千斤顶。液压千斤顶的构造形式分为活塞式和柱塞式两种,作用方式有单作用液压千斤顶和双作用液压千斤顶。液压千斤顶按其驱动方式分为手压泵驱动、电泵驱动和引擎驱动三种方式。在顶管施工中一般采用双作用活塞式液压千斤顶、电泵驱动或手压泵驱动。

(2) 高压油泵。顶管施工中的高压油泵一般采用轴向柱塞泵,借助柱塞在缸体内的往复运动,造成封闭容器体积的变化,不断吸油和压油。施工时电动机带动油泵工作,把工作油加压到工作压力,由管路输送,经分配器和控制阀进入千斤顶。电能经高压油泵转换为压力能,千斤顶又把压力能转换为机械能,进而顶入管道。机械能输出后,工作油以一个大气压状态回到油箱,进行下一次顶进。

(3) 顶铁。顶铁的作用是延长短冲程千斤顶的顶程、传递顶力并扩大管节断面的承压面积。要求它能承受顶力而不变形,并且便于搬动。顶铁由各种型钢焊接而成,根据安放位置和传力作用的不同,可分为横铁、顺铁、立铁、弧铁和圆铁等。

横铁安放在千斤顶与顺铁之间,将千斤顶的顶力传递到两侧的顺铁上。顺铁安放在横铁和被顶的管道之间,使用时与顶力方向平行,起柱的作用。在顶管过程中,顺铁还起调节间距的作用,因此顺铁的长度取决于千斤顶的顶程、管节长度和出口设备等。立铁安放在后背与千斤顶之间,起保护后背的作用。弧铁和圆铁安放在管道端面,顺铁作用在其上。弧铁和圆铁的作用是使顺铁传递的顶力较均匀地分布到被顶管端断面上,以免管端局部顶力过大压坏混凝土管端。

(4) 刃脚。刃脚是装于首节管前端,先贯入土中以减少贯入阻力,并防止土方坍塌的设备,一般由外壳、内环和肋板三部分组成,如图9.30所示。外壳以内环为界分成两部分,前面为遮板,后面为尾板。遮板端部呈20°~30°,尾板长度为150~200mm。

7) 顶进施工

准备工作完毕,经检查各部位处于良好状态后,即可进行顶进施工。

(1) 下管就位。首先用起重设备将管道由地面下到工作坑内的导轨上,就位以后装好顶铁,校测管中心和管底标高是否符合设计要求,满足要求后即可挖土顶进。

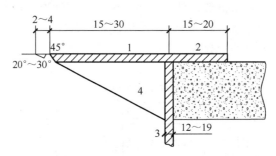

1—遮板；2—尾板；3—环梁；4—肋板

图 9.30　刃脚（尺寸单位：cm）

（2）管前挖土与运土。管前挖土是保证顶进质量和地上构筑物安全的关键，挖土的方向和开挖的形状，直接影响到顶进管位的准确性。因此，应严格控制管前周围的超挖现象。对于密实土质，管端上方可有不超过 15mm 的间隙，以减少顶进阻力，管端下部 135°范围内不得超挖，保持管壁与土基表面吻合，也可预留 10mm 厚土层，在管道顶进过程中切去，这样可防止管端下沉。在不允许上部土层下沉的地段顶进时，管周围一律不得超挖。

管前挖土深度，一般等于千斤顶冲程长度，如土质较好，可超越管端 300～500mm。超挖过大，不易控制土壁开挖形状，容易引起管位偏差和土方坍塌。管内人工挖土，工作条件差，劳动强度大，应组织专人轮流操作。

管前挖出的土，应及时外运，避免管端因堆土过多下沉而引起施工误差，可用推车或双筒卷扬机运土。土运至管外，再用工作平台上的起重设备提升到地面，运至他处或堆积于地面上。

（3）顶进。顶进是利用千斤顶出镐，在后背不动的情况下，将被顶进的管道推向前进。其操作过程如下：

① 安装好顶铁并挤牢，当管前端已挖掘出一定长度的坑道后，启动油泵，千斤顶进油，活塞伸出一个工作冲程，将管道向前推进一定距离。

② 关闭油泵，打开控制阀，千斤顶回油，活塞缩回。

③ 添加顶铁，重复上述操作，直至安装下一整节管道为止。

④ 卸下顶铁，下管，在混凝土管接口处放一圈麻绳，以保证接口缝隙和受力均匀。

⑤ 管道接口。

⑥ 重新装好顶铁，重复上述操作。

顶进时应遵循"先挖后顶，随挖随顶"的原则，连续作业，避免中途停止，造成阻力增大，增加顶进困难。顶进开始时，应缓慢进行，待各接触部位密合后，再按正常顶进速度顶进。顶进过程中，要及时检查并校正首节管道的中线方向和管内底高程，确保顶进质量。

（4）顶管测量与偏差校正。顶管施工比开槽施工复杂，容易产生施工偏差，因此对管道的中心线和顶管的起点、终点标高等都应精确地确定，并加强顶进过程中的测量与偏差校正。

（5）顶管接口。顶管施工中，一节管道顶完后，再将另一节管道下入工作坑，继续顶进。继续顶进前，相邻两管间要连接好，以提高管段的整体性和减少误差。

钢筋混凝土管的连接分为临时连接和永久连接两种。顶进过程中，一般在工作坑内采用钢内胀圈进行临时连接。钢内胀圈是用6～8mm的钢板卷焊而成的圆环，宽度为260～380mm，环外径比钢筋混凝土管内径小30～40mm。接口时将钢内胀圈放在两个管节的中间，先用一组小方木插入钢内胀圈与管内壁的间隙内，将钢内胀圈固定。然后两个木楔为一组，反向交错地打入缝隙内，将钢内胀圈牢固地固定在接口处。该法安装方便，但刚性较差。

顶管完毕，检查无误后，拆除钢内胀圈进行永久性内接口，常用的内接口有以下方法。

① 平口管。先清理接缝，用清水湿润，然后填塞石棉水泥或填塞膨胀水泥砂浆，填缝完毕及时养护。

② 企口管。先清理接缝，填打1/3深度的油麻，然后用清水湿润缝隙，再填打石棉水泥或填塞膨胀水泥砂浆；也可填打聚氯乙烯胶泥代替油毡。

2. 机械取土掘进顶管法

人工取土掘进顶管法挖土劳动强度大、效率低、劳动环境恶劣，管径小时工人无法进入挖土，而采用机械取土掘进顶管法就可避免上述缺点。

机械取土掘进与人工取土掘进除掘进和管内运土方法不同外，其余基本相同。机械取土掘进顶管法是在被顶进管道前端安装机械钻进的挖土设备，配以机械运土，从而代替人工挖土和运土的顶管方法。

机械取土掘进一般分为切削掘进、纵向切削挖掘和水力掘进等方法。

1) 切削掘进

切削掘进的钻进设备主要由切削轮和刀齿组成。切削轮用于支承或安装切削臂，固定于主轮上，并通过主轮旋转而转动。切削轮有盘式和刀架式两种。盘式切削轮是在盘面上安装刀齿；刀架式是在切削轮上安装悬臂式切削臂，将刀架做成锥形。

切削掘进设备有两种安装方式。一种是将机械固定在工具管内，把工具管安装在被顶进的管道前端。工具管是壳体较长的刃脚，称为套筒式装置。工作时刃脚起切土作用并保护钢筋混凝土管，同时还起导向作用。另一种是将机械直接固定在被顶进的首节管内，顶进时安装，竣工后拆卸，称为装配式装置。

套筒式钻机构造简单，现场安装方便，但一机只适用于一种管径，顶进过程中遇到障碍物，只能开槽取出，否则无法顶进。装配式钻机自重大，适用于土质较好的土层。在弱土层中顶进时，容易产生顶进偏差；在含水土层内顶进时，土方不易从刀架上卸下，容易产生顶进困难。

切削掘进一般采用输送带连续运土或车辆往复循环运土。

2) 纵向切削挖掘

纵向切削挖掘设备的掘进机构为球形框架或刀架，刀架上安装刀臂，切齿装于刀臂上。切削旋转的轴线垂直于管中心线，刀架纵向掘进，切削面呈半球状。这种装置的电动机装在工具管内顶上，增大了工作空间。该设备构造简单，拆装维修方便，挖掘效率高，便于调向，适用于在粉质黏土和黏土中掘进。

3）水力掘进

水力掘进是利用高压水枪射流将切入工具管管口的土冲碎，将水和土混合成泥浆状态输送至工作坑。

水力掘进的主要设备是在首节管前端安装一个三段双铰型工具管，工具管内包括封板、喷射管、真空室、高压水枪和排泥系统等。三段双铰型工具管的前段为冲泥舱，冲泥舱的后面是操作室。操作人员在操作室内操纵水枪冲泥，通过观察窗和各种仪表直接掌握冲泥和排泥情况。中段是校正环，在校正环内安装校正千斤顶和校正铰，从而调整掘进方向。后段是控制室，根据设置在控制室的仪表可以了解工具管的纠偏和受力纠偏状态，以及偏差、出泥、顶力和压浆等情况，从而发出纠偏、顶进和停止顶进等指令。

水力掘进法适用于在高地下水位的流砂层和弱土层中掘进。该法生产效率高，冲土和排泥连续进行；设备简单，成本低廉；改善了劳动条件，减轻了劳动强度。但该法需耗用大量的水，并需有充足的储泥场地；顶进时，方向不易控制，易发生偏差。

机械取土掘进顶管法改善了工作条件，减轻了劳动强度，但操作技术水平要求高，其应用受到了一定限制。

9.3.2 盾构法施工

盾构是融地下掘进和衬砌为一体的施工设备，广泛应用于地下给水排水管沟、地下隧道、水下隧道、水工隧洞、城市综合管廊等工程。

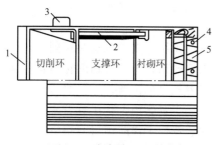

1—刀刃；2—千斤顶；3—导向板；
4—灌浆口；5—砌块
图 9.31 盾构构造

盾构为一钢制壳体，称为盾构壳体，主要由三部分组成，按掘进方向，前部为切削环，中部为支撑环，尾部为衬砌环，如图 9.31 所示。

盾构法与顶管法相比，需顶进的是盾构本身，在同一土层中所需顶力为一常数，不受顶力大小的限制，不需要中继间、泥浆套等附加设施；并且盾构断面形状可以任意选择，形成曲线走向；同时盾构操作安全，可以在盾构设备的掩护下，进行土层开挖和衬砌。

盾构类型可按照不同的分类方法进行分类。

（1）按支护地层的形式分类，主要分为自然支护式、机械支护式、压缩空气支护式、泥浆支护式、土压平衡支护式五种类型。

（2）按开挖面是否封闭划分，可分为密闭式和敞开式两类。按平衡开挖面土压与水压的原理不同，密闭式盾构又可分为土压式（常用泥土压式）和泥水式两种。敞开式盾构按开挖方式划分，可分为手掘式、半机械挖掘式和机械挖掘式三种。

（3）按盾构的断面形状划分，有圆形和异形盾构两类，其中异形盾构主要有多圆形、马蹄形、类矩形和矩形，目前在国内轨道交通建设中，已有双圆马蹄形、矩形和类矩形盾构应用。

盾构法施工工艺主要包括盾构的始顶、盾构掘进、衬砌和灌浆。

任务 9 排水管道工程施工

1. 盾构的始顶

盾构在工作坑导轨上至盾构完全进入土中的这一段距离，借助外部千斤顶顶进，称为始顶，如图 9.32(a) 所示。

当盾构进入土中以后，在起点工作坑后背与盾构衬砌环，各设置一个木环，其大小尺寸与衬砌环相等，在两个木环之间用圆木支撑，如图 9.32(b) 所示。

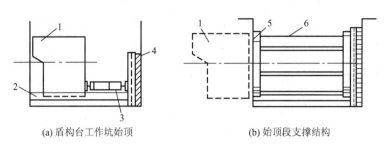

(a) 盾构台工作坑始顶　　(b) 始顶段支撑结构

1—盾构；2—导轨；3—千斤顶；4—后背；5—木环；6—撑木

图 9.32　始顶工作坑

2. 盾构掘进

完成始顶后，即可起用盾构本身千斤顶，将切削环的刃口切入土中，在切削环掩护下进行挖土。局部挖出的工作面应支设支撑，如图 9.33 所示。盾构内运土如图 9.34 所示。

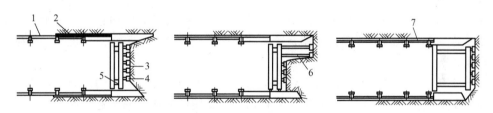

1—砌块；2—灌浆；3—立柱；4—撑板；5—支撑千斤顶；6—千斤顶；7—盾壳

图 9.33　手挖盾构的工作面支撑

3. 衬砌和灌浆

(1) 一次衬砌和灌浆。衬砌的目的是使砌块作为盾构千斤顶的后背，承受顶力，掘进施工过程中作为支撑，盾构施工结束后作为永久性承载结构。矩形砌块和中缺形砌块分别如图 9.35 和图 9.36 所示。

为了在衬砌后用水泥砂浆灌入砌块外壁与土壁间留有的盾壳厚度的空隙，一部分砌块应有灌注孔。这种填充空隙的作业称为"缝隙填灌"。填灌的材料有水泥砂浆、细石混凝土、水泥净浆等。砌块砌筑和缝隙填灌合称为盾构的一次衬砌。

图 9.34　盾构内运土

(2) 二次衬砌。完成初期支护施工后，需进行洞体二次衬砌，二次衬砌采用现浇钢筋混凝土结构。

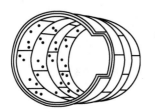
图9.35 矩形砌块

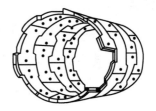
图9.36 中缺形砌块

9.3.3 水平定向钻法施工

定向钻源于海上钻井平台钻进技术，现用于敷设管道，钻进方向由垂直方向变成水平方向，所以称为"水平定向钻"，简称"定向钻"。我国采用水平定向钻始于1985年，目前，水平定向钻已被广泛用于敷设直径1m以下管道的穿越工程。

水平定向钻在管道非开挖施工中对地面破坏最小，施工速度最快。管轴线一般为曲线，可以非常方便地穿越河流、道路、地下障碍物。因其有显著的环境效益，施工成本低，目前已在天然气、自来水、电力和电信部门广泛采用，适用于黏性土和砂土，或含有粒径小于150mm砾石的土壤。水平定向钻常用于敷设聚氯乙烯管、高密度聚乙烯管和钢管。

1. 定向原理

钻进方向可定向的钻机称为定向钻机。用于敷设水平管道的定向钻机称为水平定向钻机。水平定向钻机敷管的关键技术就是钻头的定向钻进，这是水平定向钻机与一般钻机的主要区别。

水平定向钻机的钻头在钻进时受到两个来自钻机的力，即推力和切削力。水平定向钻机的钻头前面带有一个斜面，随着钻头的转动而改变倾斜方向。钻头连续回转时，在推力和切削力的联合作用下则钻出一个直孔；钻头不回转时，斜面的倾斜方向不变，这时钻头在钻机的推力作用下向前移动，并朝斜面指着的方向偏移，则使钻进方向发生改变。所以只要控制斜面的朝向，就控制住了钻进的方向。

2. 施工方法

用定向钻敷管分为以下两步。

水平定向钻机原理演示

第一步，钻导向孔。水平定向钻机在管轴线的一侧下钻，钻头在受控的情况下穿过河床、穿越公路或铁路、绕过地下障碍物，最后在管轴线的另一侧钻出地面，完成导向孔的施工。管轴线两端一般不设发射坑和接收坑，钻机直接从地面以小角度下钻。只有当管道纵向刚度较大难以变向，或者施工场地较小等特殊情况下才设发射坑、接收坑。

第二步，扩孔和敷管。导向孔完成后将钻杆回拖。回拖前钻杆末端装上扩孔器，在回拖过程中同时扩孔，视工程需要可回扩数次。最后一次回扩时，将需要敷设的管道通过回转接头与扩孔器连接，并随着钻杆的回拖将其拉入扩大的钻孔内，直至拖出地面（图9.37）。

任务 9 排水管道工程施工

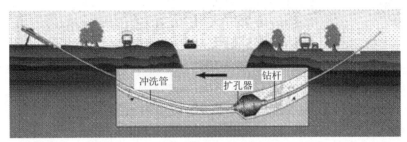

(a) 钻导向孔和扩孔

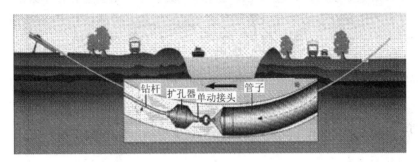

(b) 敷管

图 9.37 定向钻敷管

导向孔施工和扩孔时一般采用循环泥浆（钻进液），泥浆从钻杆尾部压向钻头，可起到以下作用：润滑、冷却钻头，减少钻杆与土的摩阻力；软化土体；防止孔壁坍塌；运输弃土。

3. 钻机

水平定向钻机是水平定向钻法的主要机具。水平定向钻机可大致分为坑内发射钻机和地表发射钻机两类，其中，地表发射钻机最为普遍。

（1）坑内发射钻机固定在发射坑中，利用坑的前后壁承受给进力和回拉力。采用这类钻机，施工用地较小，一般用于穿越长度较短、轴线比较平缓的工程。

（2）地表发射钻机一般用锚固桩固定，固定方式较多，其中用液压方式固定较为方便。这类钻机通常为履带式，可依靠自身的动力行走。敷设新管时不需要设发射坑和接收坑。图 9.38 为某大型水平定向钻机。

4. 导向系统

水平定向钻机钻孔时一般要依靠导向系统。导向系统有两大类，最常用的是手持式导向系统，它由安装在钻头后部空腔内的探头（信号棒）和地面接收器组成，探头发出的无线信号由地面接收器接收。从地面接收器除可

图 9.38 某大型水平定向钻机

以得到钻头的位置、深度外，还可以得到钻头的倾角、钻头斜面的面向角、电池电量和探头温度等。手持式导向系统使用时要求其地面接收器必须能直接到达钻头的上方，而且能接收到足够强的信号。因此它的使用受到某些条件限制，如穿越较大的河流、地面

299

有较大的建筑物、附近有强磁场干扰区域时就不能使用。另一种是有缆式导向系统。有缆式导向系统仍要求在钻头后部安装探头，通过钻杆内的电缆向控制台发送信号，可以得到钻头倾角、钻头斜面的面向角、电池电量和探头温度等，但不能提供深度信号，因此仍然需要地面接收器。虽然电缆线增加了施工的操作，但由于不依靠无线传送信号，因此避免了手持式导向系统的不足，适用于长距离穿越。

5. 钻机附属设备

1）泥浆系统

泥浆系统一般是集装式的，包括泥浆搅拌桶、储浆池、泥浆泵和管路系统。有的较大钻机将储浆池分离出来。泥浆液通过钻杆内孔泵送到钻头，再从钻杆与孔之间的环形通道返回，并把破碎下来的弃土和钻屑携带至过滤系统进行分离和再循环。

2）钻杆

水平定向钻机的钻杆要求有很高的机械性能，必须有足够的强度承受钻机的给进力和回拉力，有足够的抗扭强度承受钻进时的扭矩；有足够的柔韧性以适应钻进时的方向改变；还要耐磨，并且尽可能地轻，以方便运输和操作。

3）回扩器

回扩器形状大多为子弹头形状，上面安装有碳化钨合金齿和喷嘴。回扩器的后部有一个回转接头与工作管的拉管接头相连。

4）拉管接头

拉管接头不但要牢固地和敷设管道连接，而且要求管道密封，防止钻进液或碎屑进入管道，这对饮用水管特别重要。

5）回转接头

回转接头是扩孔和拉管操作中的基本构件，安装在拉管接头与回扩器之间。拖入的管道是不能回转的，而回扩器是要求回转的，因此两者之间需要安装回转接头。回转接头必须密封可靠，严格防止泥浆和碎屑进入回转接头中的轴承。

9.3.4 夯管锤法施工

夯管锤类似于卧放的气锤，以压缩空气为动力。夯管锤法可用于敷设距离较短、直径较大的管道，适用于排水、自来水、电力、通信、油气等穿越公路、铁路、建筑物和小型河流的管道，是一种简单、经济、有效的施工技术。

夯管锤是一个低频、大冲击力的气动冲击器，将敷设的钢管沿设计轴线直接夯入地层。它适用于除岩层和有大量地下水以外的所有地层，但在坚硬土层、干砂层和卵石含量超过50%的地层中敷管难度较大，因此，常用于敷设长度不大于80m的钢管。

1. 施工方法

夯管锤法施工比较简单，只需要在平行的工字钢上正确地校准夯管锤与第一节钢管轴线，使其一致，同时又与设计轴线符合即可，不需要牢固的混凝土基础和复杂的导轨。为了避免损坏第一节钢管的管口，并防止变形，可装配上一个外径较大、内径较小的钢质切削管头。这样可以减少土体对钢管内外表面的摩擦，同时也对管道的内外涂层起到保护作用。

夯管锤依靠锤击的力量将钢管夯入土中。当前一节钢管入土后，后一节钢管焊接接长再夯，如此重复直至夯入最后一节钢管。钢管到位后，取下管头，再将管中的土排出管外。排除土可用高压水枪将其冲成泥浆后流出管外。

夯管锤法敷管长度与土质好坏、锤击力大小、管径的大小、要求轴线的精度有关，一般为80m左右。如果使用适当，还可增加，最长可达150m。夯管锤法敷管效率高，每小时可夯管10～30m，施工精度一般可控制在2‰范围内。

2. 夯管锤

目前，夯管锤锤体直径一般为95～600mm，敷管直径可从几厘米到几米。夯管锤可水平夯管也可垂直夯管。水平夯管的管径较小，一般小于800mm。因此，水平夯管的夯管锤也较小，锤体直径为300mm左右，冲击力为3000kN，撞击频率一般为280～430次/min。

3. 主要配套设备

（1）空压机。夯管锤动力是空压机，压力为0.5～0.7MPa，其排量根据不同型号夯管锤的耗气量而定。

（2）连接固定系统。连接固定系统由夯管头、出土器、调节锥套和张紧器组成。夯管头用于防止钢管端部因承受巨大的冲击力而损坏；出土器用于排出在夯管过程中进入钢管内又从钢管的另一端挤出的土体；调节锥套用于调节钢管直径、出土器直径和夯管锤直径间的相配关系。夯管锤通过调节锥套、出土器和夯管头与钢管相连，并用张紧器将它们紧固在一起。

职业能力与拓展训练

职业能力训练

一、填空题

1. 埋地排水混凝土管的管道一般采用_____基础。
2. 给水排水管道采用开槽施工时，人工在槽内进行槽底地基处理等作业时，必须在_____条件下进行。
3. 管道常用不开槽施工方法有_____、_____、_____和_____等。

二、单项选择题

1. 管道开槽施工，土方回填时间选在一昼夜中气温（　　）的时刻，从管两侧同时回填，同时夯实。
   A. 适宜　　　　B. 最高　　　　C. 最低　　　　D. 温暖
2. 普通顶管法施工时工作坑的支撑应形成（　　）。
   A. 一字撑　　　　　　　　B. 封闭式框架
   C. 横撑　　　　　　　　　D. 竖撑
3. 挤压式盾构只能在空旷地区或江河底下等区域的（　　）中使用。
   A. 含承压水的砂层　　　　B. 软弱黏性土层
   C. 砂、卵石层　　　　　　D. 无黏性土层

三、多项选择题

1. 给水排水管道采用开槽施工时，沟槽断面可采用直槽、梯形槽、混合槽等形式，下列规定中正确的是（　　）。

    A. 开槽施工时应注意机械安全施工

    B. 不良地质条件，混合槽开挖时，应编制专项安全技术施工方案，采取切实可行的安全技术措施

    C. 沟槽外侧应设置截水沟及排水沟，防止雨水浸泡沟槽，且应保护回填土源

    D. 沟槽支护应根据沟槽的土质、地下水位、开槽断面、荷载条件等因素进行设计；施工单位应按设计要求进行支护

    E. 开挖沟槽堆土高度不宜超过 2.5m，且距槽口边缘不宜小于 1.0m

2. 管道基础采用天然地基时，地基因排水不良被扰动时，应将扰动部分全部清除，可回填（　　）。

    A. 卵石   B. 级配碎石   C. 碎石   D. 低强度混凝土

    E. 砂垫层

四、简答题

1. 怎样选择管道沟槽开挖的断面形式？
2. 沟槽土方开挖有哪些方法？如何避免超挖现象？出现超挖时，应如何处理？
3. 沟槽支撑有什么作用？有哪些支撑方法？
4. 为什么要进行施工排水？有哪些排水方法？轻型井点系统由哪些部分组成？
5. 简述排水管道的施工工艺。
6. 排水管道闭水试验的要求及具体方法有哪些？
7. 简述一般的顶管施工工艺。
8. 简述水平定向钻的定向原理。

拓展训练

某排水工程位于市区的城乡接合部，全长 11.12km，雨污合流，汇入已修建的运河截流管道，排水管道为钢筋混凝土管，管径 DN 为 1200～1600mm，管道基础为 C10 混凝土基础 135°包角，接口采用钢丝网片水泥砂浆抹带接口，每 30～40m 设排水检查井一座，工期为当年 11 月至次年 7 月，排水工程完成后续建道路工程。

排水工程管线较长，沿线与现况道路交叉，沿线构筑物、建筑物大部分已拆迁，其余多为荒地和农田。设计要求道路交叉口施工采用顶管，其他部分开槽施工。

问题：

1. 针对该工程特点，项目部施工前应做好哪些现场准备工作？
2. 本工程施工中应如何控制排水管道的施工质量？
3. 管道闭水试验时，对试验段有哪些要求？
4. 检查井周围回填时应注意什么？

参 考 文 献

白建国，2019. 市政管道工程施工［M］. 4版. 北京：中国建筑工业出版社.
曹永先，2010. 道路工程施工［M］. 北京：化学工业出版社.
建设部人事教育司，建设部城市建设司，2006. 施工员专业与实务［M］. 北京：中国建筑工业出版社.
全国一级建造师执业资格考试用书编写委员会，2019. 市政公用工程管理与实务［M］. 北京：中国建筑工业出版社.
王云江，2020. 市政工程概论［M］. 4版. 北京：中国建筑工业出版社.